U0206774

BLUE BOOK

智库成果出版与传播平台

中国海洋大学一流大学建设专项经费资助

北极蓝皮书
BLUE BOOK OF ARCTIC REGION

北极地区发展报告
（2023~2024）

REPORT ON ARCTIC REGION DEVELOPMENT
(2023-2024)

主　编 / 刘惠荣
副主编 / 陈奕彤　张佳佳

社会科学文献出版社
SOCIAL SCIENCES ACADEMIC PRESS（CHINA）

图书在版编目（CIP）数据

北极地区发展报告 . 2023~2024 / 刘惠荣主编 .
北京：社会科学文献出版社，2024.12. --（北极蓝皮
书）. --ISBN 978-7-5228-5033-7

Ⅰ. P941. 62

中国国家版本馆 CIP 数据核字第 2024J1P111 号

北极蓝皮书

北极地区发展报告（2023~2024）

主　　编 / 刘惠荣
副 主 编 / 陈奕彤　张佳佳

出 版 人 / 冀祥德
组稿编辑 / 黄金平
责任编辑 / 吕　剑
责任印制 / 王京美

出　　版 / 社会科学文献出版社·文化传媒分社（010）59367156
　　　　　地址：北京市北三环中路甲 29 号院华龙大厦　邮编：100029
　　　　　网址：www.ssap.com.cn
发　　行 / 社会科学文献出版社（010）59367028
印　　装 / 天津千鹤文化传播有限公司

规　　格 / 开本：787mm×1092mm　1/16
　　　　　印张：20.5　字数：306 千字
版　　次 / 2024 年 12 月第 1 版　2024 年 12 月第 1 次印刷
书　　号 / ISBN 978-7-5228-5033-7
定　　价 / 138.00 元

读者服务电话：4008918866

中国海洋大学极地研究中心简介

　　中国海洋大学极地研究中心始建于 2009 年，依托法学和政治学两个一级学科，专注于极地问题的国际法和国际关系研究。2017 年，极地法律与政治研究所升格为教育部国别与区域研究基地（培育），正式命名为中国海洋大学极地研究中心。2020 年 12 月，经教育部国别与区域研究工作评估，中心被认定为高水平建设单位备案 I 类。

　　中心致力于建设成为国家极地法律与战略核心智库和国家海洋与极地管理事业的人才培养高地；就国家极地立法与政策制定提供权威性的政策咨询和最新的动态分析，提出具有决策影响力的咨询报告；以极地社会科学研究为重心建设国际知名、中国特色的跨学科研究中心；强化和拓展与涉极地国家的高校、智库以及原住民等非政府组织的交往，通过"二轨外交"建设极地问题的国际学术交流中心。

主编简介

刘惠荣　中国海洋大学法学院教授、博士生导师，中国海洋大学极地研究中心主任、中国海洋大学海洋发展研究院高级研究员、中国海洋法学会常务理事、中国太平洋学会理事、中国太平洋学会海洋管理分会常务理事、中国海洋发展研究会理事、最高人民法院"一带一路"司法研究中心研究员、最高人民法院涉外商事海事审判专家库专家。2012年获"山东省十大优秀中青年法学家"称号，2019年获首届"山东省十大法治人物"、首届"山东省法学领军人物"称号。主要研究领域为国际法、南北极法律问题。2013年、2017年分别入选中国北极黄河站科学考察队和中国南极长城站科学考察队。主持国家社科基金"新时代海洋强国建设"重大专项（20VHQ001）、国家社科基金重点项目"国际法视角下的中国北极航道战略研究"、国家社科基金一般项目"海洋法视角下的北极法律问题研究"等多项国家级课题，主持多项省部级极地研究课题，并多次获得省部级优秀社科研究成果奖。自2007年以来在极地研究领域开展了一系列具有开拓性的研究，其代表作有：《海洋法视角下的北极法律问题研究》［获教育部第七届高等学校科学研究优秀成果奖（人文社会科学）三等奖和山东省社会科学优秀成果奖三等奖］、《国际法视角下的中国北极航线战略研究》、《北极生态保护法律问题研究》、《国际法视野下的北极环境法律问题研究》等。

摘　要

自2023年以来，北极地区的阵营对抗愈发加剧，北极治理迎来权力整合和秩序重构的关键节点。北极国家纷纷调整战略布局，北极区域秩序的动荡加剧了北极治理的风险。美国主导的"北极北约化"趋势明显，俄罗斯则采取"东转南进"策略寻求与域外国家合作。北极传统安全议题回归是北极治理的主要态势，而北极资源开发、北极人文环境议题也是2023年度北极治理的核心议题。

本卷总报告对2023年北极地区的权力整合与秩序重构进行系统、全面的梳理。北极地区受俄乌冲突外溢效应的影响，地缘竞争不断加剧，美国拉拢北约在北极地区推进其战略目标，北极呈现"北约化"态势；俄罗斯则在政治上采取北极政策"去西方化"、军事上实行"核威慑"、经济上实行"东转南进"策略，降低西方打压制裁的政治经济风险。北极国家在北极治理中为争夺北极资源挑战国际法，美国提出扩展大陆架主权权利的主张、挪威通过深海采矿提案。但挪威接任北极理事会轮值主席国发挥了"调停者"作用，使得北极合作得到有限的维系。同时，变动的格局也为域外国家参与北极事务创造了机遇。

在国别动态方面，北约东扩推动了北极的"军事化"进程。芬兰、瑞典先后加入北约，欧洲安全架构发生重大变化，俄罗斯成为北极理事会中唯一的非北约国家，从根本上动摇了北极地区脆弱的战略平衡，具体表现为军事活动全面展开、区域合作机制停摆、北极地区卷入核冲突风险加剧。美国也不断调整其北极战略以加强对北极地区的控制。北极研究成为美国应对北

极挑战和抓住机遇的关键，2023 年 2 月美国北极研究委员会发布了《关于 2023~2024 年北极研究目标和目的的报告》，提出环境风险和危害、社区健康和福利、基础设施建设、北极经济、研究合作五个主要研究目标；北极安全一贯是美国北极战略的重要内容，2023 年美国国防授权法案正式设置专门的修正案，拨款 3.65 亿美元专门用于实施"北极安全倡议"，该倡议重点关注战备状态、物资保障、训练和条令、多边主义四个领域。在西方对俄罗斯开展全面的政治封锁、经济制裁的背景下，俄罗斯及时调整北极政策，着重强调北极安全利益，同时"去西方化"。域外国家英国 2023 年更新北极政策《向北望：英国与北极》，一方面更加清晰地选定合作伙伴，另一方面通过北约成员国的身份探索提升其北极话语权的可能性。

在资源开发方面，北极国家的"资源争夺战"拉开序幕，这些国家加速调整传统能源、关键矿产资源、航道资源等的开发利用政策。挪威受自身经济转型等现实需求驱动将目光转向北极海底矿产资源的开采，引发了国际社会广泛的讨论，未来挪威如果将海底采矿付诸实践，可能会对北极海域其他活动产生影响。为确保本国关键矿产供应安全，美国、加拿大、俄罗斯、芬兰、瑞典北极五国纷纷加强了关键矿产领域的政策部署和实践，呈现增强关键矿业科技创新的支持力度和加大与域外国家合作的特点，在某种程度上严重冲击了国际能源市场和矿产品市场。能源大国俄罗斯为了满足北极地区能源需求和实现能源转型的长期目标，利用能源杠杆抵御国际制裁，将能源合作重心向亚洲转移，并且开始探索新型能源的开发利用。在北极航道资源方面，俄罗斯为保障北极能源运输，大力开发北极航道的商业价值，但是如何平衡商业开发与环境保护、如何应对北极安全挑战方面的法律规制还有待进一步完善。

在人文环境方面，北极地区自然环境和地缘环境的双重变化为北极环境保护、原住民权益保护及科研合作带来新的挑战。全球气候变化和极地冰层的融化加速已使北极地区转变为季节性通航海域。然而日益增加的航运活动对于北极环境产生了负面影响，当前呼吁北极航运绿色治理的舆论压力、日益严格的航运减排政策、减排技术的研发前景都将使北极航运减排面临更加严峻的挑战。在泛安全化议题的影响下,北极原住民组织参与北极治理的原有路径被严重阻塞,因此国际社会、各国政府以及非政府组织需要提供支持和协助,共同为北极原住民组织参与北极治理创造有利条件。北极跨学科研究与合作是北极治理中敏感度相对较低的领域,受北极地缘政治环境的影响较小,研究内容更加广泛、主体更加多元。中国作为地理位置上的近北极国家和北极重要利益攸关方,通过国际科学合作参与北极治理有其正当性和合法性。因此,在未来北极治理中,中国可以继续通过开展北极跨学科研究与合作以及科学外交的方式积极参与北极治理,维护北极的和平、稳定和可持续发展。

关键词: 北极资源 北极治理 北极法律 北极合作

目　录 ⤷

I　总报告

II　北极政策篇

III　资源开发篇

Ⅳ　人文环境篇

附　录

皮书数据库阅读**使用指南**

总 报 告

B.1

权力整合与秩序重构：
北极治理的关键节点[*]

张佳佳[**]

摘　要：　　随着北极地区地缘竞争加剧，北极治理进入权力整合和秩序重构的关键节点。权力整合主要表现在美国主导的"北极北约化"，美国拉拢北约在北极地区推进其战略目标。秩序重构主要表现在北极国家挑战由相关国际法构建的北极秩序，美国提出扩展大陆架主权权利的主张与挪威政府提出的深海采矿提案，挑战了大陆架划界与深海海底资源开发的国际规范与治理模式，从侧面体现出北极地区的治理机制有待完善。北极区域秩序的动荡加剧了北极治理的风险，但北极治理也呈现出积极的一面：挪威接任北极理事

* 本报告为教育部人文社会科学研究青年项目"美国北极战略演变的逻辑及中国应对研究"（23YJCGJW010）、中国博士后科学基金第74批面上资助项目"'海洋命运共同体'理念下中国北极话语权构建研究"（2023M743335）、山东省自然科学基金青年项目"山东省推进国际友城合作的成效评估体系及协同机制构建研究"（ZR2024QG097）、青岛市社科规划项目"习近平外交思想指导下青岛城市外交优化路径研究"的阶段性成果。

** 张佳佳，中国海洋大学国际事务与公共管理学院讲师。

会轮值主席国，发挥"调停者"角色，积极推动北极理事会相关工作的有限恢复，缓和北极地缘政治紧张局势与维护北极治理机制稳定；此外，俄罗斯"东转南进"策略吸引众多域外国家进行北极投资，北极地区迎来商业合作的新机遇。

关键词： 国际法 深海采矿 北约扩员 美俄关系 北极域外国家

北极地区受俄乌冲突外溢效应的影响，地缘竞争不断加剧。自 2023 年以来，随着芬兰、瑞典两个北极国家成功加入北约，美国出台了《北极地区国家战略实施计划》，俄罗斯提出"去西方化"的北极政策并积极寻求与域外国家合作，北极地区的阵营对抗愈发加剧，北极治理迎来权力整合和秩序重构的关键节点。

一 美国主导的北极"北约化"

2023 年 10 月，美国政府出台了《北极地区国家战略实施计划》①，对 2022 年出台的《北极地区国家战略》②进行详细部署，战略意图愈发明确，即谋求美国在北极治理中的主导地位。在行动策略上，美国政府还积极推动芬兰、瑞典加入北约，拉拢北约在北极地区展开一系列军事演习，加强与北约盟友在北极地区的集体威慑能力，北极地区呈现出"北约化"趋势。

---

① The White House, "Implementation Plan for The 2022 National Strategy for the Arctic Region," https：//www. Whitehouse. gov/wp－content/uploads/2023/10/NSAR－Implementation－Plan. pdf, 最后访问日期：2024 年 6 月 27 日。

② The White House, "National Strategy for the Arctic Region," https：//www. whitehouse. Gov/wp－content/uploads/2022/10/National－Strategy－for－the－Arctic－Region. pdf , 最后访问日期：2024 年 6 月 27 日。

（一）美国争夺北极治理主导权的战略意图明确

2022 年 10 月，拜登政府发布了新版《北极地区国家战略》，该文件阐明未来十年美国在北极地区的重点议程，主要包括安全、气候变化与环境保护、可持续发展、国际合作与治理四大支柱；在此基础上，2023 年 10 月，拜登政府发布了《北极地区国家战略实施计划》，作为新版北极战略的详细实施方案，进一步提出落实美国北极战略的 200 多项具体行动。美国通过《北极地区国家战略》与《北极地区国家战略实施计划》等一系列顶层设计明确了在北极地区的战略意图，北极安全、北极经济开发与北极制度性合作成为拜登政府的重要关注领域。

一是在北极安全领域注重联盟合作以加强集体威慑能力。拜登政府一如既往将中国与俄罗斯视为其在北极地区的假想敌，在政策文件及公开场合多次强调加强与北约盟友的合作来提升集体威慑能力。一方面，拜登政府在《北极地区国家战略实施计划》中重视提升其包括环境态势感知、疆域态势感知和军事态势感知在内的北极态势感知能力，通过环境监测评估工具、现代化传感技术与北极卫星导航系统来对北极环境与安全态势进行全方位监控，以便更有效地做出北极决策及部署行动。另一方面，拜登政府强调加强与北极盟友在北极安全方面的合作，合作内容包括各国共同制定应对安全挑战的办法，扩大与北极盟友的信息共享，组织国家间高级别领导人访问、军事参谋会谈、双边防务对话和年度欧洲战略研讨会等，加强各国联合部署来提升集体威慑力。

二是在北极经济领域强调基础设施投资和能源开发。首先，注重基础设施投资和改善原住民生活。阿拉斯加是美国参与北极事务的前沿阵地，对于维持美国北极地位至关重要，美国日益重视阿拉斯加的社会发展、国防需求与原住民利益，通过加强基础设施建设与改善原住民生活来维持阿拉斯加的发展活力，为后续北极发展战略提供后勤支撑。其次，在能源开发领域，清洁能源和战略性矿产资源的战略地位不断提升。在国内，美国通过发展阿拉斯加可再生能源系统来推进阿拉斯加能源转型；国际上，美国通过与加拿

大、格陵兰等国家与地区开展经贸合作，来获取关键性矿产资源的开采优势，如美国通过与格陵兰发表《美国-格陵兰联合委员会声明》①来加强对格陵兰关键矿产资源的勘探与开发，优先获取格陵兰岛稀土资源的开采权利，保证本国能源安全。

三是在北极制度领域获取主导地位。美国在新版《北极地区国家战略》中表示维持北极理事会等多边治理机制，但突出国际合作中的价值观取向，将除俄罗斯以外的北极国家列为美国的"盟友与伙伴"②。2022年俄乌冲突发生之后，美国就联合其他北极六国"制度孤立"俄罗斯，在俄罗斯还担任北极理事会轮值主席国期间就暂停参加北极理事会及其附属机构的所有会议。2023年5月，挪威接任北极理事会轮值主席国之后，北极理事会依靠"线上会议"恢复相关不涉及俄罗斯的活动，③俄罗斯在北极理事会这一主要北极治理制度平台中处于"孤立"状态，而美国地缘战略意图不断渗透进北极理事会日常工作中，极大影响了北极理事会相关议题设定；就其他北极机构而言，美国意图构建其主导下的北极治理机制群，如继续扩大美国在北极海岸警卫队论坛与北极研究运营商论坛中的参与和领导作用，推动这些机制更好地执行在北极地区的海上管理、经济可持续发展和北极科学研究任务。最后，美国提出构建北极信息共享机制，为打赢与俄罗斯在北极地区的"信息战"做准备。

（二）美国把北约当作实现其北极战略目标的工具

美国对北极安全的重视度与投入的军事资源进一步增加，致力于借助北约军事联盟服务于自身利益与战略布局。加之欧洲安全需求加大与北约历史转型的驱动，北约"入极"步伐加快，④北极地区的军事对峙局势更加紧张。

---

① "U. S. - Greenland Joint Committee Statement," https://dk.usembassy.gov/u-s-greenland-joint-committee-statement-september-28-2023/，最后访问日期：2024年6月27日。
② 匡增军：《美国北极战略新动向及对北极治理的影响》，《国际问题研究》2023年第2期。
③ "Arctic Council Working Groups Resume Activities," https://polarjournal.ch/en/2024/03/05/arctic-council-working-groups-resume-activities/，最后访问日期：2024年3月5日。
④ 匡增军：《美国北极战略新动向及对北极治理的影响》，《国际问题研究》2023年第2期。

一是美国推动芬兰、瑞典加入北约。芬兰与瑞典长期以来一直奉行中立政策，俄乌冲突后两国立场发生改变，先后于 2023 年 4 月和 2024 年 3 月正式加入北约。一方面，欧洲地缘政治风险不断加大，芬兰与瑞典作为俄罗斯邻国安全压力提升，两国需要重新评估各自的对外政策，加入北约以获得安全保障；另一方面，以美国为首的西方国家渲染"俄罗斯威胁"，影响两国国际安全风险评判，对两国加入北约发挥了明显的推动作用。在芬兰与瑞典正式加入北约之前，美国总统拜登表示，如果芬兰、瑞典决定加入北约，美国将"大力支持"；[①] 同时美国国防部发言人也表示，美国将在芬兰和瑞典从提交申请到正式加入北约的过渡期向其提供必要的安全保障；面对土耳其对瑞典加入北约的反对态度，美国总统拜登承诺向埃尔多安提供超过 110 亿美元的国际货币基金组织的"援助款项"，土耳其迅速转变态度，支持瑞典加入北约。[②]

芬兰与瑞典加入北约之后，美国进一步推动北极的"北约化"，俄罗斯与北约之间的缓冲地带消失，北约将在波罗的海—北冰洋方向对俄罗斯形成战略钳制，挤压俄罗斯地缘战略空间，北约与俄罗斯间的阵营对立与集团对抗将"冷战遗毒"外溢到北极地区，北极地缘安全紧张局势进一步加剧。随着美欧战略协作的进一步加强，北约战略目标与组织体系进一步向瑞典、芬兰这些国家渗透，未来瑞典、挪威、芬兰等国可能成为北约对抗俄罗斯的"桥头堡"，[③] 北极地区的"北约化"倾向更加明显。

二是美国加强与北约的北极军事合作。为加强北约的联合作战能力，美国加紧在北极地区部署本国军事力量，以便采取联合军事行动。自 2023 年以来，美国与北极三国接连签署防务协议，美军在北极地区可使用的军事基

---

① "Biden: U. S. Welcomes Finland, Sweden's Bids to Join NATO," https://it. usembassy. gov/biden-u-s-welcomes-finland-swedens-bids-to-join-nato/，最后访问日期：2024 年 6 月 27 日。

② 《土耳其喜提 110 亿美元！赫什：为让瑞典加入北约，美国做了这件事》，https://www. 163. com/dy/article/J2NFH53F05567N22. html，最后访问日期：2024 年 6 月 27 日。

③ 肖洋：《芬兰、瑞典加入北约对北极地缘战略格局的影响》，《和平与发展》2022 年第 4 期。

地数量增加，更在地理位置上直插俄罗斯西部、北部边境。① 此外，美国与盟国联合举行"三叉戟接点""北极挑战 2023""北欧反应 2024""坚定捍卫者 2024"等大规模军事演习，军事演习频率不断增加、强度不断提升，美国还动用核潜艇与核动力航母为盟友站台。其中"坚定捍卫者 2024"军事演习作为冷战以来北约举行的最大规模的军事演习，由来自 31 个成员国以及伙伴国瑞典的约 9 万名军人参与，演习了近 5 个月，此次军演的范围涵盖了从北美到北约东翼的广泛地区，北约军事演习的范围在向北极地区不断延伸，北极"例外主义原则"在一次次军演炮火下逐渐消散。

（三）俄罗斯的战略应对

面对北约不断压缩俄罗斯战略空间的行为，俄罗斯与美欧国家间的关系持续恶化，俄罗斯在政治上采取北极政策"去西方化"、军事上实行"核威慑"、经济上实行"东转南进"策略，降低西方打压制裁的政治经济风险。

1. 俄罗斯北极政策的"去西方化"

面对以美国为首的"A7"的孤立，俄罗斯在其主要北极政策文件中加速推进"去西方化"。2023 年 3 月，俄罗斯最新的《俄罗斯联邦对外政策构想》（下文简称《构想》)② 发布，删除了 2016 年版中"与北欧国家、加拿大、美国加强合作，在北极理事会、北冰洋沿岸五国、巴伦支海欧洲-北极圈理事会等多边框架下进行合作"的内容。此外，俄罗斯政府对《2035年前俄罗斯联邦北极国家基本政策》（下文简称《北极政策》）进行一系列重大修改，删除《北极政策》涉及北极理事会和巴伦支海欧洲-北极圈理事

① "New Norway-USA Defense Agreement Allows Extensive US Authority in the North," June 08, 2022, https://www.highnorthnews.com/en/new-norway-usa-defense-agreement-allows-extensive-us-authority-north，最后访问日期：2024 年 11 月 25 日。

② The Ministry of Foreign Affairs of the Russian Federation, "The Concept of the Foreign Policy of the Russian Federation," https://mid.ru/en/foreign_policy/fundamental_documents/1860586/，最后访问日期：2024 年 6 月 27 日。

会的内容，①修改后的《北极政策》表明俄罗斯将不再维持原有的北极合作形式的决心，并努力准备与域外大国开展合作。俄罗斯北极政策"去西方化"进一步展现出俄罗斯加快国内北极政策"东转南进"的步伐，重构俄罗斯的北极合作网络，不断破除欧美国家的政策封堵，②为维护本国利益主动寻找解决路径；但也表明俄罗斯与西方国家的北极合作将难以为继，北极治理"阵营化"、二元化趋势不断加剧，北极治理秩序面临重构。

2. 北极军事领域的"核威慑"

北约"北扩"将改变欧洲和北极安全结构，侵蚀俄罗斯的地缘政治地位，北约与俄罗斯之间发生冲突的风险增加。面对北约加速扩员之势，俄罗斯外交部已经多次警告："在俄罗斯与北约发生直接军事冲突的情况下，美国在北欧部署的核设施将成为俄罗斯与北约冲突的目标。"③俄美之间安全形势日益紧张。据美国科学家联合会的数据，俄罗斯目前拥有约 1558 枚非战略核弹头，由俄罗斯国防部第 12 总局控制，称为第 12GUMO，俄罗斯还大幅增加偏远北极岛屿的建设，表明俄罗斯可能恢复核试验；④在核武器部署方面，北方舰队和舰艇都已部署战术核武器，这是俄罗斯近 30 年来首次部署核武舰艇；⑤此外，俄罗斯在新型天基核武器方面进展迅速，这种卫星

---

① "Russia Amends Arctic Policy Prioritizing 'National Interest' and Removing Cooperation within Arctic," https://www.highnorthnews.com/en/russia-amends-arctic-policy-prioritizing-national-interest-and-removing-cooperation-within-arctic，最后访问日期：2024 年 6 月 27 日。

② 赵宁宁、张杨晗：《俄乌冲突背景下俄罗斯北极政策的调整、动因及影响》，《边界与海洋研究》2023 年第 5 期。

③ "Russia Says Nuclear Facilities in Northern Europe Will Be 'Legitimate Targets'," https://www.aa.com.tr/en/asia pacific/russia-says-nuclear-facilities-in-northern-europe-will-be-legitimate-targets/3156960；"US Nuclear Facilities in Northern Europe to Become Targets in Russia-NATO Clash—MFA," https://tass.com/politics/1756375，最后访问日期：2024 年 6 月 27 日。

④ "Satellite Imagery Points to Uptick in Activity at Russian Arctic Nuclear Testing Site," https://www.rferl.org/a/russia-novaya-zemlya-nuclear-tests/32608303.html，最后访问日期：2024 年 6 月 28 日。

⑤ "Russia Deploys Nuclear-armed Ships for First Time in 30 Years, Report Says," https://english.elpais.com/international/2023-02-15/russia-deploys-nuclear-armed-ships-for-first-time-in-30-years-report-says.html，最后访问日期：2024 年 6 月 28 日。

武器一旦部署，将可摧毁民用通信、太空监视和美国及其盟友的军事指挥活动，目前美国及其盟友正在密切关注俄罗斯的卫星动态。① 由上可知，在北约不断逼近的态势下，俄罗斯加紧推进在北极地区的核武器部署，充分利用本国的"核威慑"对北约国家予以警告，为俄罗斯发展争取战略空间。

3. 经济领域的"东转南进"策略

2022 年俄乌冲突发生后，西方国家对俄罗斯实行全方位的制裁。截至 2024 年 6 月 24 日，欧盟已制定第 14 轮对俄制裁措施。俄罗斯曾是欧盟一些成员国最大的能源供应国，如今欧盟不仅减少了 80% 的俄罗斯能源进口，还在金融领域、航空航海与交通领域、民用产品领域和科学技术领域对俄罗斯实施制裁，其中俄罗斯北极经济发展首当其冲。为维持国内经济正常运行与满足俄乌冲突战备补给的需要，俄罗斯逐渐在经济领域"东转南进"，与除欧美以外的其他国家加强经济合作。

据俄罗斯联邦海关署公布的数据，2023 年，俄罗斯向亚洲国家出口总额与进口额分别达到 3066 亿美元和 1875 亿美元；但 2023 年俄罗斯向欧洲国家的出口额下降 68%，进口额下降 12.3%。② 由此可见，亚洲国家已经成为俄罗斯的主要贸易合作伙伴。俄罗斯与印度、中国等亚洲国家在北极领域达成多项合作协议。印度与俄罗斯目前正在合作开发泰米尔半岛的 Vankor 油田和 Taas-Yuryakh 油田，并在俄罗斯海事培训学院对印度海员进行北极航行培训。③ 俄罗斯与中国在"西伯利亚力量"管道建设、亚马尔液化天然气项目建设与北方海航道开发上进行深入合作，中国已经成为俄罗斯矿产资源开发与航道建设的重要战略合作伙伴。俄罗斯还将北极合作不断扩展到金砖国家内部。时任俄罗斯外交部巡回大使尼古拉·科尔丘诺夫表示："俄罗斯

---

① "Russia's Advances on Space-Based Nuclear Weapon Draw U. S. Concerns," https://www.nytimes. com/2024/02/14/us/politics/intelligence-russia-nuclear.html，最后访问日期：2024 年 2 月 14 日。

② 《俄罗斯：亚洲国家已成为主要贸易伙伴》，https://m.gmw.cn/2024-02/13/content_ 1303659280.htm，最后访问日期：2024 年 6 月 28 日。

③ "India-Russia Collaboration in Arctic Region," https://www.dailyexcelsior.com/india-russia-collaboration-in-arctic-region/，最后访问日期：2024 年 6 月 28 日。

与巴西有很多合作领域，包括北极生态环境保护、可再生能源发展等能源合作、原住民发展领域。"① 俄罗斯正在稳步推进经济领域的"东转南进"态势。

二　北极国家在北极治理中挑战国际法

北极地区丰富的自然资源成为越来越多国家的争夺目标，在地缘政治局势与全球经济转型的双重压力之下，北极地区大陆架成为各国争夺的焦点，最典型的是美国出台的《扩展美国大陆架外部界限的公告》② 和挪威政府提出的深海采矿提案③。美国与挪威此次的大陆架界限和矿物开采主张违背了相关国际法规定，是国际形势与国家战略目标双重作用的结果，背后反映了北极国家对北极资源的争夺。

（一）美国提出扩展大陆架主权权利的主张

根据《联合国海洋法公约》，沿海国家可以拥有自该公约确定的领海基线量起不超过 12 海里的领海和 200 海里的专属经济区，各国可根据大陆外边缘自然延伸的水深和地质数据申请扩展大陆架（参见《联合国海洋法公约》第二部分、第五部分和第六部分相关规定）。④ 自 2003 年以来，美国就通过一项名为《美国扩展大陆架项目》的联邦倡议，收集与分析地质和地球物理数据，确定其大陆架的范围，该项目的使命是"根据国际

① "Massive Russian Mobilization in the Arctic, High North News' Overview Shows," https://www.highnorthnews.com/en/massive-russian-mobilization-arctic-high-north-news-overview-shows，最后访问日期：2024 年 6 月 28 日。

② "Announcement of US Extended Continental Shelf Outer Limits," https://www.state.gov/announcement-of-us-extended-continental-shelf-outer-limits/，最后访问日期：2024 年 6 月 28 日。

③ "Deep-sea Mining: Norway Approves Controversial Practice," https://www.bbc.com/news/science-environment-67893808，最后访问日期：2024 年 6 月 28 日。

④ https://www.un.org/zh/documents/treaty/UNCLOS-1982。

法确定美国大陆架的全部范围"①，这是美国有史以来规模最大的海上测绘工作。经过20年的铺垫和准备，美国国务院于2023年12月19日发布《扩展美国大陆架外部界限的公告》，该公告于2023年12月21日起生效。美国在公告中宣称扩大对北极地区、白令海地区等7个区域的外大陆架主权权利要求，涉及的大陆架总面积约100万平方公里，这些海域拥有稀土等战略性矿产资源和绿色能源等。但由于内政问题，美国尚未批准《联合国海洋法公约》，美国此举严重无视国际法，破坏北极治理秩序。俄罗斯对于美国扩展大陆架方案提出强烈异议，俄罗斯外交部向美国递交了一份抗议书，并就美国宣布其扩展大陆架主张向国际海底管理局理事会提出抗议，这是冷战结束后美国与俄罗斯首次真正意义上的北极划界法律战。②

究其原因，北极地区拥有丰富的矿产资源与生物资源，逐渐发展为大国战略竞争的重要场域。北极航道的航运价值凸显、北极地区绿色能源开发力度加大与北极安全形势的不断变化都是美国加强在北极地区存在的重要驱动因素。美国通过扩展其在北极地区的大陆架界限来获得对北极领土的主权权利和丰富的自然资源，不断扩大地区影响力，赢得在北极地区的战略主动地位。就资源而言，美国此次提出主权权利要求的大陆架主要位于北极和白令海。美国地质调查局估计，北极拥有全球未开发石油储量的13%，可采原油约1000亿桶，北极海域蕴藏着相当于830亿吨标准燃料的资源。③ 获取对这些海域大陆架的主权权利，可以为国家开采矿产资源提供直接便利。就控制北极而言，美国通过出台《扩展美国大陆架外部界限的公告》来吸引俄

---

① Department of State，"U. S. Extended Continental Shelf Project：About the U. S. ECS Project，"https：//www. state. gov/about-the-us-ecs-project/，最后访问日期：2024年6月28日。

② "Russian Federation Rejects U. S. Extended Continental Shelf，"https：//theatlasnews. co/latest/2024/03/25/russian-federation-rejects-u-s-extended-continental-shelf/，最后访问日期：2024年3月25日。

③ "90 Billion Barrels of Oil and 1670 Trillion Cubic Feet of Natural Gas Assessed in the Arctic，"https：//www. thearcticinstitute. org/2022-russian-maritime-doctrine-implications-nato-future-great-power-competition-arctic/，最后访问日期：2024年10月15日。

罗斯的关注，促使俄罗斯在国际社会上予以反击，分散俄罗斯力量，进一步增强美国等西方国家构建的"基于规则的国际秩序"的影响力，树立美国在北极地区的主导地位。

美国这种漠视国际法的行为一方面降低了《联合国海洋法公约》的公信力与有效性，另一方面阻碍了北极各国间关系正常化的发展。对于美国此次的大陆架划界主张，俄罗斯外交部发表声明《美国的单方面步骤不符合国际法规定的规则和程序》，同时参加国际海底管理局理事会会议的俄罗斯代表团批评美国在使用国际法方面的"选择性做法"，反对美国试图利用1982 年《联合国海洋法公约》的规范"完全为自己利益服务"的行为。①俄罗斯官方并不接受美国这种单方面行为，在北约扩员、俄乌冲突的紧张局势下，美国这种做法将会进一步加剧北极地区紧张的地缘政治局势，俄罗斯与美国等西方国家之间的裂隙进一步加深，建立开放公正、科学合理的北极治理秩序日益艰难。

（二）挪威提出深海采矿

深海蕴藏着锂、钪和钴等矿物质，这些资源对能源转型至关重要。正处于经济转型期的挪威瞄准深海资源，自 2011 年以来对海底资源进行了测绘和评估，挪威离岸局（Norwegian Offshore Directorate）主要负责深海数据采集工作。②2020 年挪威通过了《海底矿产法》，挪威能源部启动了开放大陆架部分地区进行矿产活动的进程。挪威离岸局通过测绘工作对挪威的大陆架资源潜力进行评估，并于 2023 年 1 月发布《海底资源矿产评估》报告。2023 年 6 月，挪威政府发布《挪威矿产战略》白皮书，并向挪威议会提交在本国大陆架上开采矿物的提案，该提案将开放 280000 平方公里（108000

---

① "Russia Sends Demarche to US over Continental Shelf Extension," https：//www. aa. com. tr/en/world/russia-sends-demarche-to-us-over-continental-shelf-extension/3174515，最后访问日期：2024 年 6 月 28 日。

② "Data Acquisition and Analyses," Norwegian Offshore Directorate, https：//www. sodir. no/en/facts/seabed-minerals/data-acquisition-and-analyses/，最后访问日期：2024 年 6 月 28 日。

平方英里）的国家水域（比英国国土面积还大），供公司开采该水域的资源。① 挪威通过发放许可证的方式来控制公司开采该水域资源的行为。2023年12月，挪威执政党工党与中间党在挪威议会中获得多数席位，它们同意开放深海采矿的提案，但公司实际开采海底矿物的第一批计划必须得到议会的批准，而不仅仅是挪威石油和能源部的批准，② 该项决定表明挪威将以更加谨慎的态度开采海底矿产。据最新消息，挪威石油和能源部于2024年上半年开始颁发开采许可证。③

挪威深海采矿的动机主要有以下几个。首先是挪威国内经济转型的需要。近几年"碳达峰、碳中和"的国际压力不断提升，挪威通过在国内大力发展太阳能电池和新能源汽车等产业来推动经济转型，但这些产业对稀土矿物的需求量大。目前已探明的深海矿物富含铜、锌、锰及其他稀土类高价值金属矿物，挪威已经在大陆架140~3100米水深处发现了7个活跃和2个不活跃的热液喷口区，这些区域都富含金属矿产，未来有可能成为挪威稀土矿物的重要来源。其次是挪威拥有完备的地质勘探技术，为其深海采矿提供技术支撑。挪威在长时期石油开采过程中形成的完备的石油勘探技术为深海采矿提供技术指导；此外，挪威还是国际社会上首次运用多台自主式水下航行器获取海底物理数据的国家，并拥有连续油管钻井技术，④ 这项技术位居世界前列。最后是国际形势的推动。国际能源署估算，目前欧盟98%的稀土元素和93%的镁供应都是从

① "Deep-sea Mining: Norway Approves Controversial Practice," https://www.bbc.com/news/science-environment-67893808#: ~: text=Norway%20has%20become%20the%20first, high%20demand%20for%20green%20technologies, 最后访问日期：2024年6月28日。

② "Norway Opens the Door to Deep-sea Mining Exploration in the Arctic, But at What Environmental Cost?" https://earth.org/norway-deep-sea-mining-exploration-environmental-cost/, 最后访问日期：2024年6月28日。

③ "Norway Gives Green Light for Seabed Minerals," https://www.regjeringen.no/en/aktuelt/norway-gives-green-light-for-seabed-minerals/id3021433/, 最后访问日期：2024年6月28日。

④ 于莹、王春娟、刘大海：《挪威深海矿产资源开发战略路径分析及启示》，《海洋开发与管理》2023年第1期。

中国进口，① 关键原材料的供应安全是挪威关注的重点问题。挪威试图开辟深海矿产资源弥补现有资源的不足，并积极拓展本国在海底资源探测领域的国际合作。

但挪威深海采矿的提案在尚未通过之前，就受到国际社会的强烈抗议，120 名欧盟议员向挪威国会议员写了一封公开信，② 敦促其拒绝该项目；此外，全球 800 多名海洋科学家和政策专家也呼吁暂停深海采矿。③ 综合来看，国际社会主要对深海采矿的环境影响和国际合法性两方面存在质疑。在深海采矿的环境影响方面，深海生态系统极其脆弱，采矿活动的光和噪声污染、沉积物羽流、栖息地干扰和采矿活动造成的其他污染都将威胁海洋的生物多样性；除了威胁生物多样性之外，深海采矿还会阻碍海洋生物的碳捕获，而海底沉积物扰动可能将储存的碳释放到海洋和大气中，加剧全球气候变化。在挪威深海采矿的国际合法性方面，据挪威海洋研究所估计，研究深海采矿对物种的影响需要 5~10 年，在缺乏此类研究数据的基础上，政府通过的《影响评估——挪威大陆架海底矿物的勘探和开发》④ 并未达到挪威《海底矿物法》规定的矿物开采标准⑤；此外，目前国际社会尚未对深海采矿的相关内容与标准达成共识，挪威的深海采矿行为也缺乏国际法条例支撑，因此挪威的深海采矿在国际合法性方面受到国际社会的广泛质疑。

---

① "Green Light for Ocean Mining Activities in Norway," https://oceanminingintel. com/news/industry/green-lig-ht-for-ocean-mining-activities-in-norway，最后访问日期：2024 年 6 月 28 日。

② "Letter to the Norwegian Parliament: Act to Prevent Deep Sea Mining from Happening in Norwegian Waters," https://carolineroose. eu/international/letter-to-the-norwegian-parliament-act-to-prevent-deep-sea-mining-from-happening-in-norwegian-waters/，最后访问日期：2024 年 6 月 28 日。

③ "Marine Expert Statement Calling for a Pause to Deep-Sea Mining," https://seabedminingsciencestatement. Org/，最后访问日期：2024 年 6 月 28 日。

④ "Impact Assessment for Mineral Activity on the Norwegian Continental Shelf," Norwegian Offshore Directorate, https://www. sodir. no/globalassets/1-sodir/fakta/havbunnsmineraler/impact-assessment--of-opening-process-abstract. pdf，最后访问日期：2024 年 6 月 28 日。

⑤ "Norway Opens the Door to Deep-sea Mining Exploration in the Arctic, But at What Environmental Cost?" https://earth. org/norway-deep-sea-mining-exploration-environmental-cost/，最后访问日期：2024 年 6 月 28 日。

三 调停者推动合作：挪威接任北极理事会轮值主席国

虽然北极治理权力结构受到北极"北约化"的影响，以国际法为基础的北极秩序也面临挑战，但挪威接任北极理事会轮值主席国发挥了调停者作用，使得北极合作得到有限的维系。挪威是最早颁布北极战略的国家，自2003年挪威组建的专家委员会发布《奥海姆报告》以来，挪威政府日渐重视北极治理，先后出台了7份官方北极政策文件，包括3份北极战略和4份北极政策报告及白皮书。挪威基于其北极实践对北极治理形成了比较系统的认知和成熟的政策取向，它对北极治理的认知集中在致力于北极地区基于国际法的合作、引领北极知识建设、平衡保护与开发的关系及北极地区的安全与和平四个方面。

挪威于2023年5月通过线上会议接任北极理事会轮值主席国，在任职期间积极恢复北极理事会相关工作，平衡俄罗斯与西方国家关系，着力推动北极地区海洋综合管理、气候与环境保护、经济可持续发展以及北极原住民利益的实现，进一步规避美国主导下的北极"北约化"和俄罗斯的战略反击所带来的北极动荡局势。

（一）挪威担任北极理事会轮值主席国的优先议题

挪威的北极利益广泛而复杂，在其整体国家利益中占有重要份额。挪威不仅有35%的领土深入北极圈，还有约10%的人口生活在北极圈内，是北极人口占总人口比例最高的北极国家。2023年3月，挪威发布《北极理事会轮值主席国议程（2023—2025）》，将海洋、气候和环境、经济可持续、北极居民作为其优先事项。① 挪威政府官员多次在公共场合表态、北极理事会优先议程中再次明确，挪威的目标是恢复北极理事会的工作，北极八国在《北极理

---

① "Norway's Chairship of the Arctic Council 2023 – 2025," https://www.regjeringen.no/contentassets/034e4c4d49a44684b5fb59568103702e/230322_ud_ac_programbrosjyre_en_web.pdf, 最后访问日期：2024年6月28日。

事会宣言》（Arctic Council Statement）中达成承认、保护北极理事会的共识，中国驻挪威大使馆公参表示支持挪威恢复北极理事会的工作。① 2023 年 5 月 11 日，北极理事会第十三次会议发布了《北极理事会宣言》，宣布挪威接替俄罗斯再次担任北极理事会轮值主席国，任期为 2023~2025 年，挪威外交部以线上方式参加会议。② 此次担任轮值主席国的挪威"可能是北极理事会历史上最重要的轮值主席国"。③ 在任职期间，挪威主要将以下几个领域列为优先议题。

　　首先，强调海洋的可持续发展和合作。海洋是北极地区的生命力所在，北极气候环境变化的影响首先反应在海洋上。挪威早在 2006 年就开启了巴伦支海综合管理规划，此后又进行数次完善，④ 在海洋综合管理和可持续发展方面积累了丰富的经验。在担任轮值主席国期间，挪威将从一体化海洋管理、海洋经验与知识分享、应对海洋污染、海上应急和救援等几个方面着手。在一体化海洋管理方面，挪威将致力于开发用于分析海洋环境数据的数字环境地图集等海洋管理的工具。在海洋经验与知识分享方面，挪威将组织关于海洋生态系统管理的国际会议，以分享在北极实施海洋生态系统综合管理的进展和经验；开发北极观测系统，建立关于北冰洋的系统知识库，促进观测数据的有效共享。在应对海洋污染方面，挪威将通过启动合作项目跟进

① "China Wants to Support Norway in Restoring the Arctic Council," https://www.highnorthnews.com/en/china-wants-support-norway-restoring-arctic-council，最后访问日期：2024 年 6 月 28 日。
② " Arctic Council Statement," https://oaarchive.arctic-council.org/bitstream/handle/11374/3146/SPXRU202_2023_Final-Draft-AC-Statement.pdf？sequence=1&isAllowed=y，最后访问日期：2024 年 6 月 28 日。
③ "Three Months into the Norwegian Chairship：A Status Update with Sao Chair Morten Høglund," https://arctic-council.org/news/three-months-into-the-norwegian-chair ship-a-status-update-with-sao-chair-morten-hoglund/，最后访问日期：2024 年 6 月 28 日。
④ "First Update of the Integrated Management Plan for the Marine Environment of the Barents Sea-Lofoten Area—Meld. St. 10 (2010-2011) Report to the Storting (White Paper)," https://www.regjeringen.no/en/dokumenter/meld.-st.-10-20102011/id635591/；"Update of the Integrated Management Plan for the Barents Sea-Lofoten Area Including an Update of the Delimitation of the Marginal Ice Zone—Meld. St. 20 (2014-2015) Report to the Storting (white paper)," https://www.regjeringen.no/en/dokumenter/meld.-st.-20-20142015/id2408321/；"Norway's Integrated Ocean Management Plans—Barents Sea-Lofoten Area；the Norwegian Sea；and the North Sea and Skagerrak—Report to the Storting (white paper)," https://www.regjeringen.no/en/dokumenter/meld.-st.-20-20192020/id2699370/，最后访问日期：2024 年 6 月 28 日。

《北极海洋垃圾区域行动计划（2021—2025）》，加强北极关于应对海洋垃圾的合作，共同努力处理海洋垃圾和塑料污染问题。在海上应急和救援方面，北极海洋活动的增加加剧了事故风险，北极偏远和恶劣的地理与气候条件为应急准备和搜救行动增加了难度。挪威将筹备举办北极应急准备会议，还将与北极海岸警卫队论坛合作演习，以加强北极航空和海上搜救、石油泄漏应对、处理海洋辐射和核污染以及卫生准备方面的能力。值得注意的是，挪威政府部门多次强调与俄罗斯在海上搜救等领域保持有限的合作，这些领域的合作是推动俄罗斯回归北极理事会的突破口。

其次，致力于北极经济的可持续发展。挪威坚持其以往的平衡保护与开发的传统，强调北极国家可持续利用资源，实现经济发展的绿色转型。在担任轮值主席国期间，挪威将更新《北方经济》（The Economy of the North）报告，建立北极经济发展的基础知识；重点关注绿色转型期间北极传统土地的保护；支持"绿色北极航运倡议"，减少北极航运对环境的影响，同时探索在北极建立绿色航运走廊。挪威还注意到气候变化正在影响着北极粮食的生长季节和海洋生物资源，担任轮值主席国期间将加强对北极食物链和价值链的认识。此外，挪威将加强北极理事会和北极经济理事会的制度间合作与互动，并鼓励分享北极工业开发的最佳做法、新的技术解决方案和标准。

再次，重点加强应对北极气候变化和环境保护的合作。北极地区的气候变化尤其显著，最新科学研究表明，北极的变暖速度是全球其他地区的四倍。[1] 北极气候变化对生态系统和生物多样性产生了重大影响，同时越来越多地影响到北极社区和原住民。北极理事会建立的初衷就是监管并协调北极环境问题。挪威在其《北极理事会轮值主席国议程（2023—2025）》文件中明确指出"在挪威担任主席国期间，我们将重点关注气候变化对北极的影响"。挪威的策略在于将北极理事会的北极气候治理议程与全球气候治理

---

① Evan T. Bloom, "After a 6-Month Arctic Council Pause, It's Time to Seek New Paths Forward," https：//www.arctictoday.com/after-a-6-month-arctic-council-pause-its-time-to-seek-new-paths-forward/，最后访问日期：2024 年 6 月 28 日。

联系起来，一方面以《北极理事会战略计划（2021—2030）》为基础，以实现《生物多样性公约》和《巴黎协定》框架下的目标为导向，积极开展国际气候行动；另一方面在以气候变化为重点的多边论坛上大力倡导解决北极问题，通过北极理事会工作组的行动，提高人们对北极气候变化全球性影响的认识。此外，挪威的创新举措在于将其注重知识的传统融入优先事项中，计划与其他北极国家合作建立北极知识库并制定共同的数据政策以支持北极地区的研究和决策过程。

最后，特别关注北极居民的安全、福祉与文化建设。近年来，新冠病毒感染、气候变暖加速、大国地缘博弈回归等因素严重威胁着北极居民赖以生存的环境，带来安全与健康风险和挑战。挪威向来关注北极居民的福祉，在其担任轮值主席国期间，致力于北极社区的包容性、多样性建设。挪威将在调查气候变化对北极公共健康的影响、制定公共卫生预防措施、完善医疗设备和共享数字卫生解决方案等方面加强合作，争取与其他北极国家合作建立北极人类生物样本库。挪威"治下"关注北极地区年轻人的发展问题，将组织北极青年专题讨论会，使青年在北极理事会中发挥更大作用。挪威还强调了北极理事会历来忽视的议程——北极文化建设，将为北极艺术峰会（the Arctic Arts Summit）提供支持，加强跨北极原住民在艺术方面的合作；开发和更新北极文化遗产评估报告，就气候变化如何影响北极文化环境展开国际信息交流。[①]

（二）挪威作为调停者发挥的积极作用

面对北极地缘政治形势日益紧张、北极理事会停摆的国际局势，挪威在接任北极理事会主席国职务后十分重视北极理事会工作的重启，积极发挥调停者作用，缓和北极局势。

首先，俄乌冲突发生后，挪威在北极议题上对俄罗斯采取"战略威慑+

[①] "Norway's Chairship of the Arctic Council 2023-2025," https://www.regjeringen.no/contentassets/034e4c4d49a44684b5fb59568103702e/230322_ud_ac_programbrosjyre_en_web.pdf，最后访问日期：2024年6月28日。

给予安全保证"（Deterrence and Reassurance）的双轨政策。值得注意的是，挪威虽然加强与北约的军事合作，对俄罗斯进行战略威慑，但给予俄罗斯"安全保证"，限制北约过度接近边境。挪威保持与俄罗斯的合作关系以消除其疑虑。尽管挪威指责俄罗斯在乌克兰问题上违反了国际法，暂停了双边军事合作，但依然保持了在北极的海上安全、空域安全稳定等重要领域与俄罗斯的合作。挪威联合总部和俄罗斯北部舰队之间的直接通信线路、挪威和俄罗斯海岸警卫队及边境警卫队之间的合作、搜救合作以及基于《美苏防止海上事故协定》（INCSEA）的合作机制都得以维持。

其次，挪威转变以往"就北极谈北极"的做法，注重将北极理事会的议程与全球治理议程相联结。如在保护生物多样性方面，2023 年 3 月，各国就保护和可持续利用国家管辖范围以外区域的海洋生物多样性（BBNJ）达成新协议，挪威在确保协议的达成过程中发挥了桥梁建设者的关键作用。[1]

四　域外国家北极合作新态势

当前，北极治理进入权力整合和秩序重构的关键时期，北极国家间权力整合重塑着地区秩序，同时，变动的格局也为域外国家参与北极事务创造了机遇。印度维系着与西方国家的北极合作关系，亦借俄罗斯"东转南进"契机进一步拓展印俄北极合作空间；日本持续保持北极事务参与热情；其他域外国家北极参与意愿也不断增强。在北极阵营分化的背景下，俄罗斯北极政策调整，向对俄友好国家释放更多北极合作的信号，未来将有更多治理主体参与北极治理，推动北极治理多元化趋势增强，北极"门罗主义"正在被打破。

---

[1] "World's Countries Reach Agreement on Conservation of Marine Biodiversity in the High Seas," https://www.regjeringen.no/en/aktuelt/worlds-countries-reach-agreement-on-conservation-of-marine-biodiversity-in-the-high-seas/id2965405/，最后访问日期：2024 年 6 月 28 日。

（一）印度与北极国家战略合作空间拓宽

1. 印俄北极合作

俄罗斯作为首屈一指的北极大国，拥有北极地区的大量资源，在北方资源的开发利用上具有显著优势。在西方对俄制裁背景下，俄罗斯加速推进"东转南进"战略，有意将更多对俄友好国家纳入北极治理格局。凭借印俄良好关系以及俄罗斯"东转南进"契机，印度进一步深化了其对北极航运、能源等事务的参与。

印度积极深化与俄罗斯在航运通道建设领域的合作。印俄在 2023 年 3 月正式开启了关于"金奈—符拉迪沃斯托克（海参崴）海上运输走廊"（CVMC）建设细节的会谈，① 并于 9 月的东方经济论坛上进一步就"东部海上走廊"（EMC）进行详细会谈。上述项目的建设旨在减少印俄间货物运输成本，预计走廊建成后，印度和俄罗斯远东地区港口之间的货物运输时间将从目前的 40 天减少至 24 天。② 同时，印度也在破冰船及冰级船只建设方面与俄罗斯展开了务实商谈，表示将协助其建造船只，以提升北方海航道运量、实现开发目标。③

为以更低成本推动进口能源多元化、满足日益增长的能源需求，印度也进一步扩大了在能源交易及能源基础设施建设领域的对俄合作。2023 年 2 月 6 日至 8 日，在首届印度能源周（IEW）会议上，印度国有天然气公司（GAIL）、印度化肥与石化公司（Deepak Fertilizers）等多家能源公司与俄罗

① "Minister for Development of the Far East and the Arctic is on a Working Visit to India," https://tvbrics. com/en/news/minister-for-development-of-the-far-east-and-the-arctic-is-on-a-working-visit-to-india/，最后访问日期：2024 年 6 月 28 日。

② "India and Russia Gear up for Full Scale Launch of Eastern Maritime Corridor between Chennai and Vladivostok," https://www. indianarrative. com/world-news/india-and-russia-gear-up-for-full-scale-launch-of-eastern-maritime-corridor-between-chennai-and-vladivostok-151990. html，最后访问日期：2024 年 6 月 28 日。

③ "Russia Lacks Ice-class Vessels to Develop Arctic Sea Route, Talks to China, India-RBC," https://www. reuters. com/world/russia-lacks-ice-class-vessels-develop-arctic-sea-route-talks-china-india-rbc-2023-09-06/，最后访问日期：2024 年 6 月 28 日。

斯诺瓦泰克公司（Novatek）在液化天然气与低碳氨供应问题上达成了谅解备忘录，印俄双方还计划在液化天然气技术设备与再气化终端建设方面开展合作。① 据统计，2023 年前三季度印度对俄原油进口使印度的能源进口成本减少约 27 亿美元，② 同时，凭借来自俄罗斯廉价的原油供应，印度也扩大了其在欧洲石油市场所占份额。③

2. 印度与西方国家的北极合作

2023 年作为 G20 轮值主席国，印度在绿色发展、科技进步等低政治领域的高调发声进一步拓宽了其与西方国家的合作基础。总之，在当前北极阵营分化的背景下，凭借与俄西两方的良好关系，印度正在积极谋求自身北极利益的最大化。

2023 年 11 月 22 日，第二届印度工业联合会-北欧波罗的海商业会议（CII India Nordic Baltic Business Conclave）在新德里召开，印度外交部部长苏杰生在会议上肯定了印度与北欧-波罗的海八国（NB8）在过去几年内不断拓展的关系，并期待未来与诸国在北极地区商业贸易、科技创新、气候变化等领域建立更为牢固、协调的伙伴关系。④ 八国也对印度的北极参与兴趣做出了积极回应。法罗群岛总理就表示愿意在深海渔业、航运等产业与印度建立合作关系，⑤ 芬兰对外贸易和发展部部长也强调了芬印在可持续、数字

① "Arctic LNG Producer Novatek In Talks To Supply Gas to India," https://www.highnorthnews.com/en/arctic-lng-producer-novatek-talks-supply-gas-india，最后访问日期：2024 年 6 月 28 日。

② "Russian Oil Shaves India's Import Costs by about $2.7 Billion," https://timesofindia.indiatimes.com/business/india-business/russian-oil-shaves-indias-import-costs-by-about-2-7-billion/articleshow/105069597.cms，最后访问日期：2024 年 6 月 28 日。

③ "Fuel from Russian Oil Gets Backdoor Entry into Europe via India," https://timesofindia.indiatimes.com/business/india-business/fuel-from-russian-oil-gets-backdoor-entry-into-europe-via-india/articleshow/99274214.cms?from=mdr，最后访问日期：2024 年 6 月 28 日。

④ "Remarks by EAM, Dr. S. Jaishankar at the 2nd CII India Nordic Baltic Business Conclave," https://www.mea.gov.in/Speeches-Statements.htm?dtl/37288/Remarks_by_EAM_Dr_S_Jaishankar_at_the_2nd_CII_India_Nordic_Baltic_Business_Conclave_November_22_2023，最后访问日期：2024 年 6 月 28 日。

⑤ "Faroe Island PM Johannesen Keen on Collaborating with India on Fishing, Tourism, and Arctic," https://www.wionews.com/world/faroe-island-pm-johannesen-keen-on-collaborating-with-india-on-fishing-tourism-and-arctic-661904，最后访问日期：2024 年 6 月 28 日。

化等领域的合作潜力。

总体而言，2023 年，印度接续其 2022 年的北极政策，① 积极谋求自身对北极事务的深度参与，意图将其作为从区域大国向全球大国转变的契机。② 印度不仅借助俄罗斯 "东转南进" 契机，积极拓展与俄罗斯在北极能源、航运等领域的战略合作空间，同时在北极科研、环境等问题上与西方国家展开了合作，进一步实现自身的能源利益、经济利益乃至战略利益。随着北极地区重要性日益凸显，未来印度也将加大对于北极地区的力量投射，并不断深化其北极政策，以谋求北极地区 "重要参与者" 乃至北极事务 "领导者" 的身份角色。③

（二）日本持续保持对北极事务的参与热情

日本是北极事务最为活跃的域外国家之一。在 "近北极国家" 与 "海洋国家" 的双重身份规范下，日本始终积极谋求自身在北极事务中的地位与话语权，高度重视北极航线开发、北极航运安全以及北极能源贸易等议题。④ 2023 年，日本积极调动本国科研、制造业资源，深度参与北极航线开发、北极能源运输等相关事务。

在能源领域，受制于能源市场价格波动、地区储量不均、技术支持不足等因素，日本能源供应受限，能源安全面临严峻考验。由此，北极能源合作成为日本参与北极事务的重点。在西方国家对俄罗斯能源实施制裁的背景下，日俄能源合作成为北极合作中突出的一环。2023 年 9 月，日本内阁官房长官松野博一曾表示，日本希望确保美国对俄罗斯能源实施的制裁不会损

---

① "India's Arctic Policy：Building a Partnership for Sustainable，" https：//www. moes. gov. in/sites/default/files/2022-03/compressed-SINGLE-PAGE-ENGLISH. pdf，最后访问日期：2024 年 6 月 28 日。

② 郭培清、王书鹏：《印度北极战略新动向：顶层设计与实践进程》，《南亚研究季刊》2022 年第 3 期。

③ 亢升、李美婧：《威望动机视角下莫迪政府北极政策实践及局限性》，《印度洋经济体研究》2023 年第 3 期。

④ 宋宁而：《日本的安保理念、双重身份与北极参与的战略选择》，《太平洋学报》2023 年第 12 期。

害日本的能源供应;[①] 11 月，日本三井物产（MITSUI & CO.）则宣布将投资俄罗斯"北极 LNG-2"（Arctic LNG2）项目。[②] 可见，虽然日本承诺对俄罗斯实施新的制裁，但仍将能源安全排在其国家目标的首位。

此外，鉴于科学技术在北极开发中的作用日益凸显，且强化对北极海域的科研探测是推进航道开发的先行工作，日本愈发重视海底电缆、破冰及科考船、观测数据等领域的合作。日本曾于 2023 年 5 月 12 日在七国集团科技部长级会议上提出，希望加强对南北极海域的观测；此外，由美、日、芬合资建设的远北光纤（FNF）项目的电缆线路研究（CRS）工作也于 2023 年完成，[③] 此类科研项目将提供北极海域的海冰、洋流相关数据，有助于促进航运安全与航道开发。日本还高度重视极地科考船的研发工作，日本三井物产曾于 2023 年 8 月表示，日本第一艘具有破冰能力的科考船正在建设中，预计于 2026 年交付，届时日本极地观测与科考能力将得到提升。[④]

（三）其他域外国家参与北极事务意愿不断增强

气候变化与全球化的发展推动了北极地区政治、经济格局的变革，俄乌冲突等区域性地缘政治冲突的外溢亦带来了北极地区军事化趋势的发展。在此权力整合和秩序重构的关键时期，除印、日等活跃在北极国际舞台上的国家外，英国、阿拉伯联合酋长国、沙特阿拉伯等域外国家也基于本国发展目

---

① "Japan to Ensure Stable Energy Supply Despite US Sanctions on Russia's Arctic LNG 2," https：//www. japantimes. co. jp/business/2023/09/19/japan-energy-supply/，最后访问日期：2024 年 6 月 28 日。

② "Japan-based Mitsui Invests in Large-scale Russian Arctic LNG 2 Project," https：//www. gasworld. com/story/japan- based - mitsui - invests - in - large - scale - russian - arctic - lng - 2 - project/2129914. article/，最后访问日期：2024 年 6 月 28 日。

③ "Far North Fiber Takes a Major Step Forward-Cable Route Study Started," https：//www. arteria-net. com/en/2023/0411-01/，最后访问日期：2024 年 6 月 28 日。

④ "Japanese Icebreaking Research Vessel Project Moves Ahead," https：//www. marinelog. com/news/video-japanese - icebreaking - research - vessel - project - moves - ahead/，最后访问日期：2024 年 6 月 28 日。

标，积极参与北极事务，力求在北极获得更多政治利益、经济利益乃至战略利益。

英国作为地缘上邻近北极的国家，受北极地区的生态环境影响较为明显，因而格外注重自身北极利益的实现。2023 年英国外交、联邦与发展事务部发布了最新的综合性北极政策《向北望：英国与北极》，提出新的北极政策框架。在脱欧和俄乌冲突的双重背景下，英国一方面以北约成员国的身份探索提升自身在北极事务话语权的可能性，另一方面承诺将在促进北极稳定和繁荣方面发挥关键作用。此外，越来越多非北极国家也开始关注北极。北极航运领域，迪拜环球港务集团（DP World）就于 2023 年 10 月与俄罗斯国家原子能公司（Rosatom）达成协议，计划成立一家合资公司，以促进北方海航道沿线的集装箱航运发展。[1] 在北极安全领域，哈萨克斯坦、吉尔吉斯斯坦、伊朗、老挝、沙特阿拉伯等 13 个国家派观察员参与了俄罗斯组织的"安全北极 2023"救援演习，回应了俄罗斯在北极安全领域加强合作的意愿。[2] 北极气候问题造成的全球性影响也为域外国家在北极事务中发声提供了机会。阿拉伯联合酋长国就借助联合国气候变化大会第 28 次缔约方会议（COP28）主办国的身份，在北极圈论坛大会上表达了对于北极气候问题的关切与承诺，积极敦促各国加强对气候保护及气候损坏赔偿的资助，并大力推广制氢、碳捕获与储存等新兴环保技术。[3]

总体而言，当前域外国家对于北极事务的参与热情日益提高，参与主体也不断增多，北极治理多元化趋势得到增强。沙特阿拉伯、阿拉伯联合酋长

---

[1] "Russia Inks Deal with Dubai's DP World to Develop Arctic Container Shipping," https://www.highnorthnews.com/en/russia-inks-deal-dubais-dp-world-develop-arctic-container-shipping，最后访问日期：2024 年 6 月 28 日。

[2] "Russian Arctic Rescue Exercise Attended by Observers from Iran and Saudi Arabia," https://www.rcinet.ca/eye-on-the-arctic/2023/04/11/russian-arctic-rescue-exercise-attended-by-observers-from-iran-and-saudi-arabia/，最后访问日期：2024 年 6 月 28 日。

[3] "The United Arab Emirates at the Arctic Circle：'Past Climate Promises Must Be Upheld'," https://www.High northnews.com/en/united-arab-emirates-arctic-circle-past-climate-promises-must-be-upheld，最后访问日期：2024 年 6 月 28 日。

国等距离北极较为遥远的国家①也表达了对于北极事务的热情与兴趣。参与主体的增多将有助于北极治理格局向多元化发展。未来，北极与全球地缘政治格局的联系将愈发紧密，北极地区的"门罗主义"将走向终结。

五　结语

北约势力范围不断扩大加速了北极地区权力格局的转变，美国及其盟友的战略目标在北极地区的渗透打破了"北极例外主义"原则。此外，美国北极大陆架界限主张与挪威深海采矿凸显北极国际法的薄弱。在北极治理机制与国际法面临"双重失效"的背景下，新一轮的北极权力整合与接踵而来的秩序重构冲击了各国的北极治理理念与目标，各国正加速本国北极战略调整，北极治理阵营化趋势加剧，但为域外国家参与北极治理提供了契机。

在此背景下，中国坚决反对北极地区阵营对抗和集团政治，坚持以真正的多边主义推进北极地区的"善治"。值得关注的是，中俄北极关系稳中有进。一方面，中俄在顶层规划上就进一步深化北极伙伴关系达成了共识。2023 年中俄相继发布《中俄关于深化新时代全面战略协作伙伴关系的联合声明》《关于 2030 年前中俄经济合作重点方向发展规划的联合声明》等重要文件，强调了中俄在北极的密切联系，希望在未来能够深入发展中俄"东北-远东"地区互利合作。② 另一方面，中俄北极合作产生了大量务实成果。2023 年，俄罗斯天然气股份公司首次通过北方海航道向中国交付液化天然气，迈出了中俄北极能源贸易的重要一步；③ 在 5 月的中俄商务论坛

---

① 《高北新闻的概述显示，俄罗斯在北极进行大规模动员》，http：//www.polaroceanportal.com/article/4837，最后访问日期：2024 年 6 月 28 日。

② "Putin and Xi Discuss Further Deepening of Arctic Partnership," https://www.highnorthnews.com/en/putin-and-xi-discuss-further-deepening-arctic-partnership，最后访问日期：2024 年 6 月 28 日。

③ "Gazprom Delivers LNG to China in Arctic Sea Route First," https://www.themoscowtimes.com/2023/09/15/gazprom-delivers-lng-to-china-in-arctic-sea-route-first-a82481，最后访问日期：2024 年 6 月 28 日。

上，俄罗斯科米共和国、亚马尔-涅涅茨自治区等地区均表达了强化中俄北极合作意向；① 10 月 9 日，中国新新海运公司的"新新北极熊"号完成了北方海航道上的首次定期往返班轮服务，② 标志着中国对北极航运的参与度持续提升。未来，中国在与俄罗斯重点围绕航道与能源合作的同时，应与美国围绕北极渔业、科研加强合作，与北欧国家围绕北极商业、科研加强合作。

---

① "Russian Arctic Regions Strengthen Bonds with Beijing," https://thebarentsobserver.com/en/arctic/2023/09/russian-arctic-regions-strengthen-bonds-beijing, 最后访问日期：2024 年 6 月 28 日。

② "Chinese Container Ship Completes First Round Trip Voyage across Arctic," https://www.highnorthnews.com/en/chinese-container-ship-completes-first-round-trip-voyage-across-arctic, 最后访问日期：2024 年 6 月 28 日。

北极政策篇

B.2
北约扩员背景下的北极"军事化"
进程评析

刘惠荣　曹大旺　丁扶桥*

摘　要： 2023年4月4日,芬兰正式加入北约,成为北约第31个成员国。2024年3月7日,瑞典作为第32个成员国正式加入北约。两国相继放弃长期奉行的中立和不结盟政策,被西方媒体形容为"欧洲安全架构数十年来最重大的变化之一",两国加入北约不仅是对其自身"永久中立国"身份的放弃,还标志着欧洲安全架构的重大变化,这一决策致使俄罗斯成为北极理事会中唯一的非北约国家,从根本上动摇了北极地区脆弱的战略平衡,是2023年引发北极政治与安全态势剧变的标志性事件。本报告由此聚焦北约扩员对于北极地区"军事化"进程的推动,从军事活动、区域合作、核安全等角度出发,总结评述现阶段北极地区的紧张局势,进而提供北极地区

---

* 刘惠荣,中国海洋大学海洋发展研究院高级研究员,中国海洋大学法学院教授,博士生导师;曹大旺,中国海洋大学法学院国际法硕士研究生;丁扶桥,中国海洋大学法学院法律硕士研究生。

"军事化"动态预测与中国因应。

关键词: 北极安全 北约 芬兰 瑞典

北大西洋公约组织（NATO，简称北约）是冷战时期的产物，它诞生于 1949 年，其成立是对冷战时期苏联及其盟友在东欧的影响力扩张的一种回应。冷战结束后，以苏联为首的成立于 1955 年的华沙条约组织（Warsaw Pact，简称华约）也随之解体，但北约并没有因此解散。为了继续遏制俄罗斯的战略空间和政治影响，北约继续存在，适应新的国际安全环境，并前后进行了五轮东扩，一些学者将北约的东扩视为西方国家特别是美国试图巩固冷战胜利成果的一种手段。通过将前华约成员国和原苏联地区国家纳入北约，西方国家旨在促进这些国家的民主化和市场经济改革，同时确保它们不会重新成为俄罗斯的势力范围。

俄乌冲突升级①后，2022 年 7 月北约正式启动吸纳芬兰和瑞典的进程，最终芬兰于 2023 年 4 月 4 日先于瑞典加入北约，而瑞典于 2024 年 3 月 7 日也加入了北约。瑞典和芬兰这两个长期奉行军事不结盟政策的北欧国家放弃中立政策，恐将面临卷入军事冲突并成为阵营对抗牺牲品的风险。与此同时，北约不断渲染军事威胁，挑动阵营对抗，导致地区安全形势进一步恶化。芬兰和瑞典加入北约，进一步挤压了俄罗斯的地缘政治空间，导致地缘政治对抗以及博弈范围广度、互动烈度同步升级，同时也在一定程度上损害了北极以往和平与合作的趋势。北极理事会成员除了俄罗斯外，同属于北约成员国。

---

① 2013 年 11 月，乌克兰前总统亚努科维奇拒绝签署与欧盟的联系国协定引发了一系列示威活动，最终导致其政权的崩溃。这一事件所引发的在乌克兰的一系列示威及军事冲突的统称即为"乌克兰危机"，它直接导致了乌克兰内部政治和社会的剧变，进一步恶化了乌克兰与俄罗斯的紧张关系。2022 年 2 月 24 日，俄乌冲突再次升级，普京宣布了俄罗斯针对乌克兰的"特别军事行动"，这一行动是针对乌克兰东部地区的军事介入。这次冲突的升级使得乌克兰及其周边国家面临严重的安全挑战，引发了国际社会的广泛关注和谴责。这一事件的影响超出了乌克兰国内，对整个地区的稳定和安全都产生了深远的影响，这是本报告所称的"俄乌冲突升级"。

2022 年俄乌冲突升级后，以美国为首的"北极七国"以俄罗斯对乌克兰采取"特别军事行动"为由，在北极理事会内发起"排俄运动"，北极理事会因此陷入长达一年的停摆期。俄罗斯于 2023 年 2 月 21 日宣布其修改了北极政策，不再提及北极理事会，强调必须优先考虑俄罗斯的北极利益，并努力使其北极工业项目更加独立。① 2023 年 5 月挪威接替俄罗斯成为北极理事会轮值主席国，积极推动北极理事会的重启，但是俄罗斯在北极理事会中的对话通道已被事实上切断，治理合作也由此发生巨大退步。北极地区的军事安全竞争进一步恶化，地缘政治博弈或将取代多边治理合作成为北极事务的主基调。

一　北约扩员的进程动态与各方回应

（一）芬兰

自二战结束以来，芬兰一直坚持军事不结盟的政策，成为国际公认的七个永久中立国之一。直至 2022 年 1 月，芬兰总理马林仍在采访中表示在其任期内芬兰不太可能加入北约。实际上，在 2022 年之前大多数芬兰政治家在选举期间对加入北约会表明否定态度，这种态度即使在 2014 年乌克兰危机之后也没有根本性改变。

然而，在 2022 年 2 月俄乌冲突升级后，芬兰的态度发生了重大变化。2022 年 3 月 4 日，芬兰总统绍利·尼尼斯托到访美国华盛顿，他在访美期间表示，芬兰首次认真考虑加入北约。② 芬兰在 20 世纪初与俄罗斯帝国进行过激烈的战争。20 世纪 30 年代芬兰与苏联之间爆发过苏芬战争，这直接

---

① M. Humpert, "Russia Amends Arctic Policy Prioritizing 'National Interest' and Removing Cooperation within Arctic Council," https://www.highnorthnews.com/en/russia - amends - arctic - policy-prioritizing-national-interest-and-removing-cooperation-within-arctic，最后访问日期：2024 年 5 月 15 日。

② G. O'Dwyer, "Finland and Sweden May Take Unhurried Route to NATO Membership," https://www.defensenews.com/global/europe/2022/03/04/finland-and-sweden-may-take-unhurried-route-to-nato-membership/，最后访问日期：2024 年 5 月 15 日。

导致了芬兰在冷战期间采取中立政策。然而，随着俄罗斯在乌克兰和其他地区的行动增加，以及俄罗斯与北约国家之间的紧张关系加剧，芬兰感受到来自俄罗斯的"安全威胁"。芬兰政府开始重新评估其安全政策，并且认为加入北约可以得到更多的安全保障和支持。2022 年 5 月 15 日，芬兰宣布申请加入北约。次日，芬兰议会进行投票，以 188 票赞成、8 票反对的绝对优势通过了相关政府决定。5 月 18 日芬兰向北约正式提交申请。2023 年 4 月 4 日，芬兰正式被批准加入北约，成为第 31 个成员国。

同时，在俄乌冲突升级后，芬兰积极为乌克兰提供军事援助。截至 2024 年 2 月，芬兰对乌军提供 22 批援助，捐赠了包括 F-16 战机在内的价值数十亿美元的军事装备。2023 年 12 月 13 日，乌克兰总统泽连斯基赴挪威奥斯陆出席第二届乌克兰-北欧峰会，北欧五国承诺给予乌克兰数十亿美元的直接经济援助，并提供价值数亿美元的军事装备。2022 年 5 月 19 日，美国总统拜登在会见芬兰、瑞典领导人时表态"两国完全符合加入北约的所有要求"，承诺将"全力以赴支持两国的申请"。同年 8 月 9 日，拜登正式签署批准两国加入北约的议定书。美国还鼓动盟友为两国加入北约助威造势，挪威、丹麦、冰岛三国发表联合声明，称如果瑞典、芬兰在正式成为北约成员国之前遭到攻击，将全力予以帮助。英国也与芬兰、瑞典共同签署安全协议，明确如三国遭受他国攻击，三国军队将相互提供支持。

芬兰之所以能够如此顺利地加入北约，存在多方面的原因。

首先，芬兰与北约长久以来就存在着合作关系。1994 年，芬兰被批准加入北约"和平伙伴关系计划"（Partnership for Peace, PfP），2009 年芬兰与瑞典、挪威、丹麦、冰岛共同建立北欧防务合作组织（Nordic Defence Cooperation, NORDEFCO），除瑞典、芬兰两国外，其余三国早已是北约国家。在北约内部也长期存在同芬兰、瑞典两国的"30+2"对话机制。2014 年芬兰与北约签订了允许后者在特殊情况下使用芬兰国土的协议。2016 年芬兰甚至参与了北约年度"危机管理演习"（Crisis Management Exercise, CMX），这次演习意味着芬兰首次参与到北约集体防御的构想中。同年芬兰首次派代表参加了北约防长和外长对话会。2018 年，芬兰成为北约的"机

会增强伙伴"（Enhanced Opportunity Partners，EOP）。同时芬兰还参与了"北约反应力量"（NATO Response Force，NRF）和北约每年一度的"波罗的海行动"军事演习（BALTOPS）。芬兰此番提出申请加入北约几乎可以视作芬兰与北约关系不断深化的必然结果。

其次，在地缘领域，位于斯堪的纳维亚半岛且与俄罗斯接壤的芬兰填补了北约防务的一大空白。长期以来，北约的扩张主要集中在欧洲东南方向，尤其集中在地中海和黑海之间的巴尔干半岛。但是随着北极地缘战略价值日益显著，俄罗斯与西方关系不断恶化，北约需要在波罗的海和北海构筑更严密的防线，而芬兰恰好为北约提供了这样的契机。芬兰的加入意味着北约在遏制俄罗斯的链条上填补了关键一环。

最后，在历史层面，冷战结束后芬兰经历了身份认知上的迅速转变，从原先以中立扮演东西方之间的"桥梁"角色转变为"西方家庭一员"。芬兰本身就具有相对悠久和稳定的资本主义政治经济体制，并且在苏联解体后东欧各国都在积极寻求融入国际社会，芬兰在这一进程中选择向西方国家集团靠拢不足为奇。1995年芬兰加入欧盟，正式融入欧洲一体化进程。事实上，在与西方、北约关系愈发紧密的同时，芬兰国家话语中的"中立"成分正在逐渐减少。

除此之外，芬兰国家政策的转变还体现在其北极政策方面。2021年，芬兰在其出台的计划延续至2030年的《北极政策战略》中指出：芬兰的目标是建立一个以建设性合作为标志的和平北极地区。因此，避免加剧紧张局势和冲突的可能性非常重要。然而，俄乌冲突与北约扩员的进程显然打乱了这一规划。芬兰政府于2023年委托盖亚咨询公司（Gaia Consulting Oy）和芬兰国际事务研究所撰写了一份新报告，其全面研究了俄罗斯的军事行动对北极地区国际合作以及芬兰北极政策战略的影响，特别是从可持续发展目标的角度进行了研究。

（二）瑞典

瑞典作为中立国的历史较芬兰更为悠久，在19世纪初拿破仑战争结束时开始采取中立政策；在两次世界大战中，瑞典也不曾改变中立政策；冷战结束后，瑞典的中立政策修改为军事不结盟政策。① 在 2014 年克里米亚危机爆发后，瑞典向美国军工巨头雷神公司购买了爱国者防空导弹系统，并在波罗的海的哥特兰岛驻军。2017 年 9 月，瑞典在斯德哥尔摩等地区举行了 20 年来最大规模的军演"极光 2017"，美法等北约成员国均参与其中。2018 年，瑞典重启义务兵役制，时隔 30 年再次向民众发放"战争宣传册"，此举在当时被外界纷纷认定为"针对俄罗斯"。

而俄罗斯方面也存在向瑞典施加压力的举措。2020 年，俄罗斯在波罗的海进行了大规模的军事活动，促使瑞典军队和部队部署高度戒备，做好了俄罗斯军舰驶近哥特兰岛的准备。2022 年，随着北约与俄罗斯之间紧张局势加剧，俄罗斯在波罗的海部署登陆艇，瑞典军方正在加强其在波罗的海哥特兰岛的巡逻活动。瑞典尽管在当时未成为北约成员国，但与北约始终关系密切。由于对俄罗斯在波罗的海地区武力威胁的担忧加剧，瑞典逐步加强其武装力量。从以上叙述可以看出，瑞典加入北约的进程是有迹可循的。

在俄乌冲突之后，瑞典申请加入北约，彻底放弃了其中立和不结盟的政策。然而，相比芬兰于 2023 年 4 月顺利加入北约，瑞典的北约之路略显曲折，其申请遭到了土耳其、匈牙利等国家的阻挠。土耳其议会此前指责瑞典对库尔德激进分子和其他被土政府视为"安全威胁"的组织态度过于温和。为应对土耳其提出的问题，瑞典强化了相关反恐法律，对支持极端组织的行为可被判处最高 8 年监禁。北约也同意设立反恐特别协调员，并任命助理秘书长戈弗斯担任此职。

与土耳其不同，匈牙利一直都没有明确、直接地提出诉求。在 2024 年 1 月土耳其宣布批准瑞典加入北约后，匈牙利改变了态度。匈牙利总理欧尔班向瑞典首相克里斯特松提出，希望对方亲自前往匈首都布达佩斯进行磋商。克里斯特松最初表示这种访问"没有必要"，但最后妥协，访问中，双

---

① 1995 年加入欧盟时，瑞典就放弃了严格的中立态度。然而，由于北约的力量远远超过了欧盟的集体防御力量，欧盟成员国"在受到外部攻击时相互防卫"的承诺在很大程度上成为纸上空言。

方表示已放下分歧，表面上实现了外交和解。为加强合作，两国还达成了国防工业协议，克里斯特松同意向匈牙利出售 4 架"鹰狮"战机，以增强其国防战力。最终，2024 年 2 月 26 日，匈牙利国会表决通过瑞典加入北约，3 月 5 日由当日就职的总统舒尤克签署议定书。

同样，瑞典的北极政策也反映出国家方针的调整。瑞典国防委员会2023 年关于安全政策的报告中提出，俄罗斯与西方之间的整体冲突也影响着北极地区的安全形势，这表明了北极地区的军事战略重要性。作为北约成员国，芬兰和瑞典成为北约集体防御的一部分。

（三）俄罗斯

俄罗斯对芬兰、瑞典两国加入北约的回应值得特别关注。北约扩员加剧了俄罗斯地缘政治上的压力——芬兰与俄罗斯边境距俄北方舰队母港摩尔曼斯克仅约 200 公里，距俄北极地区造船中心北德文斯克也不过 500 公里，接纳芬兰后的北约大大压缩了俄在北极地区的防御纵深。而瑞典作为地理上连接北欧与中欧的桥梁，在战略上可以成为北约对抗俄罗斯的后方基地，进一步限制了俄罗斯在欧洲的操作空间。

在俄乌冲突早期，2022 年 2 月 25 日，俄罗斯外交部发言人扎哈罗娃就已表示，瑞典和芬兰加入北约将导致俄罗斯采取对等措施。① 而后为吓阻芬兰和瑞典，俄罗斯在 2022 年采取了一系列威慑措施，包括停止对芬兰供电、在巴伦支海发射"锆石"高超音速导弹、向加里宁格勒增兵、加大与白俄罗斯的战略协作等，展示出反对北约扩员的强硬立场。

但由于俄乌冲突的胶着局势与以美国为代表的北约成员国的屡次助推等，俄罗斯的行为并未真正意义上起到阻止芬兰、瑞典两国加入北约的作用。2023 年 4 月 4 日，芬兰正式成为北约第 31 个成员国。2024 年 3 月 7日，瑞典正式成为北约第 32 个成员国。而俄罗斯对此并未采取直接的军事

① РИА Новости, Принятие Швеции и Финляндии в НАТО потребует ответных шагов, заявили в МИД, Февраль 25, 2022, https：//ria. ru/20220225/nato－1775114040. html/，最后访问日期：2024 年 5 月 1 日。

报复措施。

　　总体而言，俄罗斯在 2023 年对于北约扩员进程的回击主要集中在外交与经济领域。而在 2024 年 2 月 26 日，俄罗斯总统普京签署总统令，决议重建莫斯科军区与列宁格勒军区，主要针对来自波罗的海国家西北方向、乌克兰西南方向以及芬兰和瑞典等国北部方向的威胁。因此，俄罗斯是否会对北约扩员进程做出更为有力的回应，还有待于进一步观察。

（四）美国

　　在北约扩员的过程中，美国对于芬兰、瑞典两国加入北约起到了决定性的推动作用。

　　一方面，美国积极地解决了北约内部对于芬兰、瑞典两国加入的分歧。土耳其作为北约成员国，由于其关于库尔德工人党的历史问题，与芬兰、瑞典两国存在着一定矛盾，其中尤以与瑞典的冲突更为激烈。拜登政府首先通过斡旋芬兰、瑞典、土耳其三方于北约马德里峰会期间达成三方备忘录，对土耳其做出了一定让步，[①] 从而扫清了芬兰加入北约的障碍。而对于情况更为复杂的瑞典，美国向土耳其开出了三项条件：一是同意恢复 F-16 Block70战斗机交易，争取让土耳其早日获得这种先进战机；[②] 二是允诺让国际货币基金组织为土耳其提供 110 亿~130 亿美元援助，以帮助土耳其加快震后重建；[③] 三是劝说欧盟考虑土耳其的入盟申请。[④] 美国由此争取到了土耳其对于瑞典

---

① 瑞典和芬兰两国将承认库尔德工人党（PKK）为被禁止的恐怖组织，建立统一对话合作机制，加强反恐合作，确认三方之间取消武器禁运。参见 NATO, "NATO Adopts 2022 Strategic Concept," 2022, June 29, https://www.nato.int/cps/en/natohq/news_197251.htm? selectedLocale=en，最后访问日期：2024 年 5 月 15 日。

② AP, "US Approves F-16 Upgrade after Turkey Eases Stand on NATO," https://apnews.com/article/turkey-f16-nato-4becd2815cd4eb0b418b214de15d3689/，最后访问日期：2024 年 4 月 30 日。

③ RT, "Biden Offered Erdogan IMF Money to Ratify Sweden NATO Bid-Seymour Hersh," https://www.rt.com/news/579664-us-biden-erdogan-nato-imf/，最后访问日期：2024 年 5 月 3 日。

④ U.S.News, "Sweden Moves Closer to NATO Membership after a Deal With the Turkish President," https://www.usnews.com/news/world/articles/2023-07-10/swedish-foreign-minister-optimistic-turkey-will-drop-objections-to-nato-membership/，最后访问日期：2024 年 5 月 4 日。

加入北约的支持。另外，美国对于反对瑞典加入北约的匈牙利，则派出了两党参议员团队进行游说。最终，匈牙利与瑞典达成了有关国防工业的相关协议，并批准了瑞典加入北约的申请。

另一方面，美国也是芬兰、瑞典两国加入北约的实际受益者。在芬兰加入北约后，通过与芬兰签署防务合作协议，美国对北欧地区的控制力将进一步增强。根据此次签署的协议，美国不但可以使用芬兰的军事基地，还能够使用芬兰北部的铁路通道，并在通往俄罗斯边境的铁路沿线设置弹药储存设施。在与芬兰签署防务合作协议的两周前，美国同瑞典也签署了类似协议，从而让美国可以使用瑞典的17个军事基地。美国意在逐步形成对波罗的海进行封锁的能力，以便需要时将俄罗斯波罗的海舰队的行动范围限制在芬兰湾内。

美国推动芬兰、瑞典加入北约，既是为了在战略上增强北约整体实力，压缩俄罗斯生存空间，又是为了提振美国及其欧洲盟友的信心，证明"美利坚合众国仍然可以在政治团结的情况下做大事"[1]。

二　北约扩员对于北极地区"军事化"的影响

北极地区"军事化"这一概念实际上并不新鲜。早在冷战期间，北极地区就曾高度"武装化""军事化"，成为美苏两国激烈对抗的前沿阵地。而随着冷战结束，传统北极强国俄罗斯的重心转向国家道路的摸索和国力的恢复，对北极疏于关注。而历史上本就对北极投入不多的美国因战略对手的缺失同样从北极抽身，北极的安全密度因两大国的军事抽离而大幅降低，地区军事化程度处于波谷。环境保护、资源共同利用、科研科考在一定程度上成为世界各国开发北极地区的主要领域。然而，俄乌冲突与北约扩员的进程又一次打破了北极地区脆弱的战略平衡，极大地加剧了北极"军事化"对抗程度，主要反映在下述三个方面。

---

① AP, "Biden Formalizes US Support for Finland, Sweden Joining NATO," https://apnews.com/article/russia-ukraine-nato-biden-finland-6a04422190bdd7e75440f7e176a88109/，最后访问日期：2024年5月5日。

（一）军事活动全面开展

北约扩员对于北极地区最为直接的影响在于瓦解了各方原有的合作治理机制，以北极北约国家与俄罗斯为两端、芬兰和瑞典为缓冲带的哑铃型格局急剧转向为北约—俄罗斯两极格局。因此，北极各国纷纷提升北极地区的国防安全权重，进一步增强在北极的军事存在，导致了北极地区军事活动全面开展。

一方面，北约在现阶段作为具有战略主动性的一方，在北极地区的军事活动较为激进。

在芬兰加入北约仅一个月后，2023 年 5 月 29 日至 6 月 9 日，由芬兰空军牵头，瑞典、挪威、荷兰、比利时、英国、意大利、加拿大、法国、德国、瑞士、丹麦、捷克、美国 14 个国家的近 3000 名军人和 150 架军机参与了"北极挑战-2023"演习（Arctic Challenge Exercise 2023），演习地区是芬兰、挪威和瑞典的北部地区，既为北极战略要塞，又靠近俄罗斯边境。[①] 在北欧各国合作的框架下，"北极挑战"系列演习自 2013 年起每两年举行一次，而此次"北极挑战-2023"更是历次演习中规模最大、参与国家最多的一次军事演习。俄罗斯军事专家称，考虑到当前北极地区的军事政治形势，此次演习的真正目的是演练对俄罗斯的潜在作战行动。[②] 除此之外，2023 年 9 月，北约军事委员会主席罗布·鲍尔曾称，2024 年 1 月至 5 月举办的"坚定捍卫者 2024"（Steadfast Defender 2024）会是北约自冷战以来最大规模的军演，该系列演习由多项演习和行动组成。演习第一部分的重点是确保大西洋直至北极地区的安全[③]。

[①] The Swedish Armed Forces, "Arctic Challenge Exercise 2023," 17 May, 2023, https://www.forsvarsmakten.se/en/activities/exercises/arctic-challenge-exercise-2023/，最后访问日期：2024 年 5 月 4 日。

[②] 《欧洲最大空军演习启动，俄反应强烈》，新浪新闻，https://k.sina.com.cn/article_1686546714_6486a91a02001w36u.html，最后访问日期：2024 年 5 月 11 日。

[③] NATO, "Steadfast Defender 24," https://www.nato.int/cps/en/natohq/222847.htm/，最后访问日期：2024 年 5 月 1 日。

另一方面，在外交政策领域，北约各国，尤其是北欧国家，不断炒作"俄罗斯—北极威胁论"。在2023年10月20日至21日，第十届北极圈论坛举办期间，北约军事委员会主席鲍尔上将则提出："北极地区的竞争和军事化日益加剧，尤其是俄罗斯的竞争和军事化令人担忧。"他还进一步介绍了新的"北方地区计划"的影响，强调"该计划专门针对大西洋和欧洲北极地区，由我们最新的诺福克盟军联合部队司令部指挥"[①]。诺福克盟军联合部队司令部确保北约的部队态势支持北极行动，并加强北极防务的一致性。而后，芬兰于2023年11月关闭了所有与俄罗斯接壤的边境口岸，并指责俄罗斯发起了一场"混合行动"（Hybrid Operation）[②]，指责俄方以难民作为"武器"，通过帮助其抵达北极地区，削弱欧盟内部的稳定性。芬兰的这一举动进一步加剧了俄芬边境北极地区的紧张局势。

而对俄罗斯来说，由于其战略重心仍在乌克兰，因此现阶段在北极地区所展现出的军事活动相对保守，更多是出于对北约军事活动的回应与警告，但俄罗斯作为传统的北极强国，在北极地区仍保有强大的军事力量。

在"北极挑战-2023"军事演习举行期间，俄罗斯军方也在西北部举行了演习。2023年5月26日，波罗的海舰队海军航空兵的苏-24前线轰炸机部队演练了摧毁模拟敌方水面和岸上目标的科目，除了模拟对敌方舰艇编队的目标进行打击外，还对模拟敌方装甲车和汽车装备纵队的地面集群目标进行了打击。此外，波罗的海的几艘军舰也演练了用海基"口径"巡航导弹打击假想敌舰艇和沿海目标的科目。[③]对此，俄罗斯外交部巡回大使尼古拉·科尔丘诺夫表示，目前北极地区的冲突正在加剧。他说："由于气候变化

---

① A. Edvardsen, "NATO's Military Leader: 'We Must Be Prepared for Military Conflicts Arising in the Arctic,'" High North News, https://www.highnorthnews.com/en/tag/nato-77，最后访问日期：2024年5月2日。

② CNN, "Opinion: As Arctic Ice Melts, a New Russia-China Threat Looms," https://edition.cnn.com/2023/12/20/opinions/arctic-geopolitical-tensions-nato-west-russia-china-ghitis/index.html，最后访问日期：2024年5月2日。

③ 《欧洲最大空军演习启动，俄反应强烈》，新浪新闻，https://k.sina.com.cn/article_1686546714_6486a91a02001w36u.html，最后访问日期：2024年5月11日。

和新技术发展，北极地区能源资源变得越来越容易获得。在地缘政治上，该地区也变得越来越重要。俄罗斯在北极的最重要任务是进一步维护国家主权。"[1]

另外，为应对新出现的北约威胁，俄海军北方舰队将组建一个新的诸兵种合成集团军。俄罗斯国防部消息人士称，该集团军的任务范围将主要是俄罗斯北部边境，包括俄罗斯与芬兰和挪威的边境地区。目前，保卫北方的科拉半岛对俄罗斯来说是一项至关重要的任务，因为科拉半岛设有俄罗斯战略核潜艇基地。[2] 在俄罗斯军事改革之前，俄西北（方向）地区属于列宁格勒军区的责任区，但它既没有集团军，也没有师，只有几个旅的编制。2008年军事改革过程中，列宁格勒军区与莫斯科军区合并，成立了西部军区，在北极地区部署的部队在编制上隶属于北方舰队。瑞典加入北约前俄军事历史学家德米特里·博尔坚科夫称，当瑞典和芬兰都是中立国时，俄罗斯没有必要在该地区保留大型部队。但芬兰和瑞典加入北约后，俄罗斯西北方向地区的安全需要进一步加强。在海军方面，为加强对北极地区的保护，俄罗斯成立北方舰队联合战略司令部，地位相当于军区级。它接管了从西部军区划分出来的领土和军事单位。同时，俄军北极部队集群还得到位于北极地区的中部军区和东部军区的增援。未来，编有第80、200旅的第14军将并入北方舰队。

（二）区域合作机制停摆

俄乌冲突发生后，以美国为首的西方国家与俄罗斯在北约-俄罗斯理事会会议、欧安组织等框架下的军事安全互信措施也相继中断。北极地区的军事安全管控机制已步入危险的"空窗期"，北极治理体系的震荡正蔓延至气候、科考、渔业等领域，这种"冰冷气氛"又反过来影响到北极军事沟通

---

[1] 《北约大规模军演加剧极地博弈》，中国军网，2023年6月5日，http://www.81.mil.cn/bq_208581/jdt_208582/16228858.html. 最后访问日期：2024年5月10日。

[2] 《北约威胁增加，俄组建新集团军，持续强化北极防御》，环球网，https://mil.huanqiu.com/article/4DZB2SlSIss，最后访问日期：2024年5月10日。

机制的恢复。北极地区最重要、最有影响力的组织北极理事会停摆长达一年多，其工作直到 2023 年 5 月挪威接任轮值主席国后才逐渐正常化。

1996 年，北极理事会成立之初，冷战刚刚结束，欧洲各国与俄罗斯关系正处于"蜜月期"，北极军事化程度较低，各方在"北极例外主义"（Arctic Exceptionalism）的引导下，就保护北极地区的环境，促进该地区在经济、社会和福利方面的持续发展达成一致，共同建立了北极理事会。随着时间推移，北极理事会逐渐成为现存的北极地区最重要的区域性治理机制。北极理事会的最大成功在于其保持北极和平与稳定。在其存续期间，尽管存在俄罗斯在北冰洋洋底插旗、克里米亚事件等冲击，但它们并未对北极理事会的活动造成任何影响。

然而，俄乌冲突后，2022 年 3 月，以美国为首的七个成员国在北极理事会中掀起了"排俄"运动，拒绝参加由俄罗斯主办或在俄罗斯境内举办的北极理事会会议，并暂停与俄罗斯在北极理事会的合作，北极理事会因此陷入长达一年的停摆期。先前，北极理事会的主要工作在 6 个工作组和一个专家组中进行，工作组有众多科研项目，8 个成员国的许多研究人员参与。但由于北极理事会中西方国家暂停了与俄罗斯的合作，北极理事会下的各项科研活动也全部暂停。工作组和专家组既不能召开会议，也不进行外部交流活动。在合作暂停期间，相关研究人员可以单独开展科研，但不得交换数据或发布官方意义上的任何成果。这意味着在北极理事会框架内，研究人员停止了围绕科研监测、分析和提出政策建议的各种互动，尤其是涉及脆弱的北极环境和气候方面的互动。

2023 年 4 月，俄罗斯删除了《2035 年前俄罗斯联邦北极国家基本政策》中提及两个北极地区机构——北极理事会和巴伦支海欧洲-北极圈理事会——的内容，并于同年 9 月宣布退出巴伦支海欧洲-北极圈理事会。俄外交部在声明中说，30 年来，巴伦支海欧洲-北极圈理事会一直是跨区域互动的有效机制，为维护北极和平、稳定、可持续发展、环境保护和人文交往做出了贡献。但由于西方成员的过错，该理事会的活动自 2022 年 3 月以来几乎陷入瘫痪。理事会轮值主席国芬兰并未确认 2023 年 10 月将轮值主席国权移交俄方，这违反了轮换原则，扰乱了相关工作准备。因此，俄方被迫宣布退出该机制。

2023 年 5 月，挪威在俄罗斯之后接任北极理事会轮值主席国，与过去不同，此次北极理事会主席国交接不是在所有成员国外长共同出席的峰会上完成的，而是在俄罗斯北极城市萨列哈尔德举行的一场线上会议上完成的，会议也没有其他西方北极国家出现。挪威北极大使兼轮值主席莫滕·霍格隆德作为挪威方面的代表出席了交接仪式。在没有俄罗斯参与的情况下，挪威外交部表示北极理事会的各项工作于 2023 年 6 月逐步开始恢复。然而，在俄乌冲突持续的背景下，北极理事会恢复正常运转仍然面临重重困难。

数个区域合作机制的停摆不仅会放任北极地区气候变化，环境保护问题不断恶化，也会导致沟通对话渠道的减少（见表 1），削弱北极各国之间的战略互信，最终进一步加剧区域紧张局势。大多数欧盟和北约成员国已经暂停或大幅限制对涉及俄罗斯的学术研究。数据共享在很大程度上已被禁止，能够进行的学术交流极为有限，这对北极地区的气候研究造成了不利影响。在 2023 年 10 月于冰岛举行的一次北极问题相关会议上，冰岛前总统格里姆松表示，各国需要考虑的一个基本问题是，如果无法获得来自俄罗斯的北极地区数据，是否能够完成"有意义的北极科学研究"和"有意义的全球气候科学研究"。另外，刚刚在瑞典之后接任北欧防务合作组织主席国的丹麦也表示，由于军事活动的增加，北极地区的安全环境预计将变得更加不稳定。丹麦方面援引《北约 2022 战略概念》指出，俄罗斯具备"破坏盟军增援和北大西洋航行自由"的能力，并称丹麦的目标是"在北大西洋和北极地区面临新的特殊挑战时仍将该地区的紧张局势保持在较低水平"。①

---

① "Denmark Promises Increased Focus on Arctic as It Takes over NORDEFCO Chair," *The Barents Observer*, https：//www.thebarentsobserver.com/news/denmark - promises - increased - focus - on - arctic - as - it - takes - over - nordefco - chair/164567 #：~：text = Denmark% 20promises% 20increased% 20focus% 20on% 20Arctic% 20as% 20it，January% 201% 2C% 20the% 20Ministry% 20of% 20Foreign% 20Affairs% 20said. 最后访问日期：2024 年 5 月 10 日。

表1　受北极理事会"排俄"影响的北极国际会议/论坛

	会议名称	时间	地点	结果
"排俄"的北极会议	第三届北极360:北极基础设施投资大会(Arctic 360:Arctic Infrastructure Investment Conference)	2022年3月9日~11日	加拿大多伦多	将俄罗斯排除在外,会议正常召开
	北极圈论坛(Arctic Circle Assembly 2022)	2022年10月13日~16日	冰岛雷克雅未克	将俄罗斯排除在外,会议正常召开
	北极前沿大会(Arctic Frontiers 2023)	2023年1月30日~2月2日	挪威特罗姆瑟	将俄罗斯排除在外,会议正常召开
暂停与俄合作的北极论坛	巴伦支海欧洲-北极圈理事会(Barents Euro-Arctic Council)	2022年	无	暂停与俄罗斯合作
	波罗的海国家理事会(the Council of the Baltic Sea States)	2022年	无	暂停与俄罗斯合作
	北欧部长理事会(the Nordic Council of Ministers)	2022年	无	暂停与俄罗斯合作

资料来源:郭培清、李小宁:《乌克兰危机背景下北极理事会的发展现状及未来走向》,《俄罗斯东欧中亚研究》2023年第5期。

(三)北极地区卷入核冲突风险加剧

北极无核化一直是原住民社区和更广泛的北极国家人民的持久愿望,然而挑战是艰巨的,因为该社区的两个成员拥有全球90%以上的核武库。[①] 北极地区是世界上核化程度最高的地区,地区大国一直在稳步集结核力量和常规力量。这些因素导致两大核行为体(北约、俄罗斯)在这一竞争日趋激烈的地区关系愈发紧张。现有的威慑模型依赖于冷战时期的两极博弈理论,无法充分解释这些紧张局势。由于气候变化、俄乌冲突与北约扩员,北极地区的核关系并不稳定,存在着严重的安全风险,而这些风险是传统威慑理论所无法应对的。

---

① Taylor & Francis Online, "Cooperative Security and Denuclearizing the Arctic," https://www.tandfonline.com/doi/full/10.1080/25751654.2019.1631696/,最后访问日期:2024年5月10日。

2023 年 3 月，在芬兰加入北约前夕，美国空军首次将 F-35A 战斗机部署至格陵兰岛图勒空军基地。该基地位于北极圈以北 750 英里处，是美军全球最北端的军事基地。各方对此次部署高度关注，认为可携带核弹的 F-35A 能对俄实施秘密攻击。[①]

而在同年 12 月，芬兰与美国签署的防务合作协议并未对核武器做出任何限制。芬兰国内法律明确禁止在其境内储存或运输核武器。芬兰国防部部长海凯宁也称，将确保芬美防务合作协议遵守芬兰法律。不过，国际社会依然对核武器是否会出现在芬兰抱有担忧。目前，美国在欧洲部署的核武器主要集中在德国、荷兰等国境内，一旦这些核武器推进前移至芬兰境内，北约与俄罗斯的核对抗将急剧升级。

三 北极地区"军事化"动态预测与中国因应

（一）北约扩员将进一步加剧北极地区的阵营对抗紧张局面

北极地区的"军事化"进程是美俄战略对抗压力进一步外溢的结果。美国坚持将北极军事安全对话限制在北约总体框架内，亦即俄罗斯与北约的对话，而不是北极八国的磋商。这就导致北极安全治理完全暴露于俄罗斯与北约关系的大气候之下，更容易受到域外地缘安全形势波动的影响。受俄乌冲突刺激，未来北极或出现"安全困境"加剧与"同盟困境"两相叠加的新态势。北极地区安全格局在冷战后由"一超多强"的金字塔形格局转变为以北极北约国家与俄罗斯为两端、芬兰与瑞典为缓冲带的哑铃型格局。因此，北约对俄罗斯地缘围堵的关键在于如何将北欧中立国拉入北约阵营，从而构建遏制俄罗斯的"环波罗的海安全圈"，以增大俄核心经济区所面临的地缘安全风险，完成北极的北约化。芬兰、瑞典加入北约后，北极逐渐展现

---

① 《剑指北极：美国军事部署包藏祸心》，光明军事网，https://mil.gmw.cn/2023-03/02/content_36402475.htm/，最后访问日期：2024 年 5 月 10 日。

出联动欧亚美三大洲安全格局的战略价值，北欧不再是欧洲的边缘地带，而是北极地缘战略格局的核心地带。

在俄乌冲突发生后，北欧北极国家对俄罗斯的战略疑虑加深，相继采取紧急措施强化共同防御能力。瑞典已明确将国防支出提升至国内生产总值2%的目标，芬兰也提出相应军力建设计划。两国加入北约，实际上也反映出北欧国家加强区域和次区域层面安全合作的诉求高涨。2022年3月24日，美国总统拜登在北约特别峰会上明确提出，增强北约集体防御，在6月北约峰会前制订强化北约防御的增兵和能力扩充计划，更新"战略概念"。北约秘书长斯托尔滕贝格6月25日在挪威表示，不会让北极地区安全处于"真空状态"，助长俄罗斯野心。可以想见，挪威和加拿大分别作为北约"侧翼"和"北翼"国家，必然会在北约军力强化中占据要席。俄罗斯与西方国家在北极地区的军事集团对抗成为大概率事件。

而在俄罗斯方面，苏联解体后，俄罗斯在地缘条件、政治、经济上都发生了深刻变化。作为最大的北极国家，俄罗斯的变革一方面重塑了北极的权力格局，另一方面改变了北极在俄罗斯自身国家战略中的地位。由于战略重心转向西方，以及北极安全形势的改善，在很长一段时间内，俄罗斯在北极的军备严重废弛，防卫力量建设停滞。但自普京第三个总统任期开始，在北极经济潜力凸显和北极竞争加剧的大背景下，俄罗斯开始加强北极的防卫力量建设并引发周边国家的强烈安全焦虑。俄罗斯在北极积极的防卫力量建设，是应对西方战略挤压与布局北极未来发展两大动因的交相驱动的结果。经过多年的投入，俄罗斯基本重建了北极防卫体系，北极专门部队的组建提升了俄军在北极的作战水平。"匕首""锆石"高超音速导弹的投入使用，在较小的成本下，极大增强了俄罗斯在北极的不对称威慑能力，成为俄罗斯在北极打造的不对称作战体系的"两板斧"。

因此俄乌冲突发生后，北极国家实际上已经选择以加强军备的做法化解地区"安全困境"。但实际上这种做法只会提高各方临的安全威胁水平，导致所有国家更不安全，并最终引发地区军备竞赛。

（二）中国对于北极地区"军事化"的政策因应

中国在地缘上是"近北极国家"，是陆上接近北极圈的国家之一，是"北极事务的积极参与者、建设者和贡献者，努力为北极发展贡献中国智慧和中国力量"。① 北极地区"军事化"进程的推进，必然会影响到北极的自然状况。而北极的自然状况及其变化对中国的气候系统和生态环境有着直接的影响，进而关系到中国在农业、林业、渔业、海洋等领域的经济利益。因此，我国有必要从多角度、多层面入手，维护北极地区和平与稳定，避免"军事化"进程进一步引发区域冲突与对抗。

首先，我国是北极理事会的观察员国。北极理事会作为北极治理的核心机制，其停摆不仅打破了"北极例外论"的积极论调，还致使北极科学研究、环境保护、可持续发展等合作机制的有效性大打折扣甚至完全失效。我国作为北极理事会观察员国，需积极推动俄罗斯与其他北极国家通过对话解决理事会僵局，协助确保北极理事会框架下应急搜救、灾害响应、科学研究等各方面务实合作如期实施，力争及时恢复北极理事会机制正常运转。同时，各观察员国应以当期形势为契机，探索构建观察员国定期协商机制，深化各方立场沟通与协调，积极参与北极理事会发展磋商并发挥建设性作用，共同维护观察员国在北极地区合法权益，大力推动北极治理体系朝着公正、合理、有序的方向发展。②

其次，我国作为区域合作和多边主义的强大推动者，在俄乌冲突中始终坚持"劝和促谈"的中立立场，同样可以在北极地区的复杂局势中发挥积极作用。我国有必要强调共同维护北极和平与稳定。北极的和平与稳定是各国开展各类北极活动的重要保障，符合世界各国的根本利益。北极国家不能放任区域安全局势一再恶化，最终形成军事对立，国际社会更无法承受冷战

① 《中国的北极政策》，中国政府网，https：//www. gov. cn/zhengce/2018 - 01/26/content_5260891. htm，最后访问日期：2024 年 12 月 12 日。

② 《俄乌冲突对北极地区影响评估》，国合中心网站，2022 年 10 月 25 日，https：//www. icc. org. cn/publications/theories/50. html，最后访问日期：2024 年 5 月 10 日。

期间北极高度军事化的情形再次出现。在此关键时刻，非北极国家也需要发挥更为积极的作用，敦促北极国家尊重彼此合理安全关切，避免因北约东扩而引发新的形势动荡，共同致力于维护和促进北极地区的和平、稳定和可持续发展。

最后，我国必须重视北极地区矛盾激化带来的经济负面影响。如何保持北极国家正常合作免受俄乌冲突带来的政治和经济风险影响，是各方都必须思考的问题。为保障国家利益以及全球能源与经济体系的稳定，中国需要系统性地评估北极油气资源开发的潜在风险，确保现有开发活动的可持续性。此外，应加快推动北极航道的合理利用，强化与北极国家的协调机制，明确非北极国家根据国际法在北极海域享有的科研、航行、飞越和渔业资源开发等合法权利。同时，需要警惕某些西方国家将非北极国家与俄罗斯在北极开展合作行为渲染为"北极威胁论"的倾向，以防影响国际合作的中立性和透明性。

B.3
美国北极研究委员会指导下的
美国北极研究发展透视*

陈奕彤　张　璐**

摘　要： 随着美国不断调整其北极战略以加强对北极地区的控制，北极研究成为美国应对北极挑战和机遇的关键，美国北极研究委员会应运而生。自2003年起，美国北极研究委员会每两年发布一次关于北极研究的报告，报告中的美国北极研究整体呈现出专业化程度不断加深，由自由放任到控制加强，由模糊笼统到清晰具体的发展趋势，环境与健康作为美国北极研究的重点长期存在。美国北极研究委员会最新发布的文件确定了目前美国北极研究的优先事项和目标，它们集中在环境风险和危害、社区健康和福利、基础设施建设、北极经济、研究合作五个领域，这些优先事项和目标一旦实现，将推动美国北极政策、战略和计划中的各项工作。面对美国北极研究的战略调整以及相关部署，作为人类命运共同体的倡议者和践行者，中国可以通过加强数据管理、重视信息共享、培养专业人才队伍、尊重原住民社区等途径深化北极事务的参与。

关键词： 美国　北极　北极研究　美国北极研究委员会

引　言

19世纪，美国以720万美元的价格从沙俄购得阿拉斯加，美国因此成

---

 * 本报告为山东省重点研发计划-软科学（2023RKL01001）的阶段性成果。
** 陈奕彤，中国海洋大学法学院副教授、博士生导师；张璐，中国海洋大学法学院国际法专业硕士研究生。

为北极国家。进入 21 世纪，随着国际形势的变化以及美国当局的战略调整，美国北极政策的内容和目标也不断地改变。2010 年的美国《国家安全战略》报告首次强调，"美国是一个北极国家，在北极地区有着广泛和根本的利益"。① 这标志美国在北极地区的利益正式成为其国家利益的一部分。② 2013 年 5 月，奥巴马政府发布首份美国《北极地区国家战略》，指出美国在北极地区最优先的事项就是"保护美国人民、美国领土、主权权利、自然资源及美国的利益"。③ 此外，奥巴马政府着力通过机构调整和人事任命等方式增强美国行政部门处理北极事务的能力，如成立机构间北极研究政策委员会（Interagency Arctic Research Policy Committee，IARPC）、任命负责北极事务的特别代表等。这一时期，美国北极战略系列文件的发布、北极决策和执行机构以及人员配备的完善标志美国的北极战略正式成形。④ 特朗普执政后，秉持"美国利益至上"的北极战略，在全球性治理问题上奉行单边主义，大力支持在北极地区进行开发，加强军事能力建设。⑤ 2022 年 10 月 7 日，拜登政府发布了《2022 年北极地区国家战略》，面对日益激烈的北极战略竞争，力求使美国既能有效参与，又能掌控主导紧张局势。⑥ 该战略的出台标志美国北极战略的重心从奥巴马政府的"保护优先"，经历特朗普政府的"开发与安全"，到拜登政府的"安全与保护"，形成了逐渐向传统安全利益

① "National Security Strategy," https://obamawhitehouse.archives.gov/sites/default/files/rss_viewer/national_security_strategy.pdf，最后访问日期：2024 年 5 月 21 日。

② 蔡泓宇：《21 世纪以来美国北极战略的演进及其特点》，《当代美国评论》2023 年第 1 期，第 87~104 页。

③ "National Strategy for the Arctic Region（2013），" https://obamawhitehouse.archives.gov/sites/default/files/docs/nat_arctic_strategy.pdf，最后访问日期：2024 年 5 月 21 日。

④ 蔡泓宇：《21 世纪以来美国北极战略的演进及其特点》，《当代美国评论》2023 年第 1 期，第 87~104 页。

⑤ 匡增军：《美国北极战略新动向及对北极治理的影响》，《国际问题研究》2023 年第 2 期，第 73~87 页。

⑥ "National Strategy for the Arctic Region（2022），" https://www.whitehouse.gov/wp-content/uploads/2022/10/National-Strategy-for-the-Arctic-Region.pdf，最后访问日期：2024 年 5 月 21 日。

靠拢的发展脉络。① 在北极地区秩序加速演进的背景下，美国北极战略不断调整，势必对北极地区地缘形态和治理前景产生关键性影响。

随着美国将北极更大程度地纳入其国内和外交战略，北极研究成为美国应对北极挑战和机遇的关键。1971 年尼克松总统发布主题为"美国北极政策和北极政策小组"的《第 144 号国家安全决策备忘录》，提出成立一个机构间北极政策小组，该小组将负责监督美国北极政策的制定，审查和协调美国在北极的活动和计划，加强同其他国家开展合作等。② 这是美国北极科研活动首次进入总统发布的政策文件中。③ 1984 年发布的《北极研究与政策法案》（The Arctic Research and Policy Act of 1984，ARPA）为美国研究的开展提供了更为明确的指导，④ 该法案制定了以北极研究需求和目标为重点的综合性国家政策，设立了独立的联邦机构美国北极研究委员会（The US Arctic Research Commission，USARC）。拜登于 2023 年 2 月 13 日正式提名 USARC 主席迈克·斯弗拉加（Mike Sfraga）担任北极地区巡回大使。此前美国从未设立北极大使，奥巴马时期曾设立美国北极特别代表一职，特朗普时期曾设立美国北极地区协调员，但其级别均低于大使级。⑤ 作为新任北极大使，迈克·斯弗拉加将与其他七个北极国家和原住民团体合作，推动美国在该地区的政策执行。2023 年 2 月 15 日，USARC 发布了《关于 2023~2024 年北极研究目标和目的的报告》（Report on Goals and Objectives for Arctic Research 2023-2024），此报告确定了 2023 至 2024 年美国北极研究的优先事项和目

① 潘敏、廖俊傑：《美国北极战略的变化：动因、影响与中国的应对》，《辽东学院学报（社会科学版）》2023 年第 25 期，第 33~44 页。
② "National Security Decision Memorandum（NSDM-144），" https://irp.fas.org/offdocs/nsdm-nixon/nsdm-144.pdf，最后访问日期：2024 年 5 月 21 日。
③ 孙凯、郭宏芹：《科学、政治与美国北极政策的形成》，《美国研究》2023 年第 2 期，第 9~29 页。
④ "The Arctic Research and Policy Act of 1984, as Amended," https://www.arctic.gov/uploads/assets/arpa_amended.pdf，最后访问日期：2024 年 5 月 21 日。
⑤ Riley Rogerson, "Biden Nominates Alaskan as 1st Arctic Ambassador," https://www.adn.com/politics/2023/02/14/biden-nominates-alaskan-as-1st-arctic-ambassador/，最后访问日期：2024 年 5 月 21 日。

标，它们一旦实现，将推动美国北极政策、战略和计划中的各项工作。① 本报告将从 USARC 的视角出发，对其历年发布的关于北极研究的报告进行梳理和解读，跟踪美国最新北极研究活动的实施进展及后续计划，继而对我国参与北极事务提供启示。

一 USARC 在美国北极研究中的主导性

USARC 是根据 1984 年《北极研究与政策法案》成立的一个独立联邦机构，ARPA 设立 USARC 是为了"研发并建议一项综合性的国家北极研究政策"，同样根据 ARPA 设立的机构间北极研究政策委员会则旨在与 USARC 共同研发这项国家北极研究政策，并制订一项为期五年的北极研究计划来推进该政策的实施，通过协调联邦机构与国内外合作伙伴之间的研究合作来满足美国的北极政策目标和需求。不同于 USARC 作为独立的联邦机构存在，IARPC 因 2010 年 7 月奥巴马发布的一份总统备忘录被确立为国家科学技术委员会（National Science and Technology Council，NSTC）的一个跨机构工作组，② 由美国国家科学基金会（National Science Foundation，NSF）主持开展工作，基金会主任担任主席。鉴于 USARC 与 IARPC 紧密的合作关系，二者的职能边界模糊（见图 1），在讨论 USARC 的同时将不可避免地提及 IARPC。《2022 年北极地区国家战略》指出，关于北极气候变化对环境和社会的影响以及北极在全球气候动态中的作用的协调研究，将以 USARC 的报告和 IARPC 的计划为指导，这对于实现《北极地区国家战略》确定的目标至关重要。③

---

① "Report on Goals and Objectives for Arctic Research 2023–2024," https://www.arctic.gov/uploads/assets/arctic-research-2023-2024.pdf，最后访问日期：2024 年 5 月 21 日。

② "Presidential Memorandum—Arctic Research and Policy Act," https://obamawhitehouse.archives.gov/the-press-office/presidential-memorandum-arctic-research-and-policy-act，最后访问日期：2024 年 5 月 21 日。

③ "National Strategy for the Arctic Region (2022)," https://www.whitehouse.gov/wp-content/uploads/2022/10/National-Strategy-for-the-Arctic-Region.pdf，最后访问日期：2024 年 5 月 21 日。

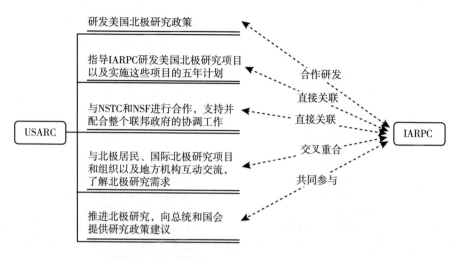

图 1　USARC 和 IARPC 的职能

资料来源：笔者自制。

北极气候变化持续影响着北极地区的环境、社会、文化、政治、经济和安全，这些影响引起了人们对北极的密切关注，凸显了北极的内在价值及其与世界的内在联系。北极研究提供的知识和信息对于该地区的政策制定至关重要，在解决基本科学问题和帮助美国满足其作为北极国家的需求方面也发挥着关键作用。为此，USARC 每两年向总统和国会提交一份《关于北极研究目标和目的的报告》（Report on Goals and Objectives For Arctic Research，以下简称《北极研究报告》），概述其建议的北极科学研究目标和目的（见表 1）。

表 1　根据 2003~2023 年《北极研究报告》整理的美国北极研究目标和事项

发布年份	主要研究目标	其他优先事项/新兴课题
2003	北极地区和全球的气候变化研究； 白令海地区的研究； 北极居民的健康研究； 资源评估研究； 民用基础设施研究	渔业应用研究； 自然资源的开发与保护； 增值产品研究； 偏远地区的技术研究； 通信技术研究及其应用

续表

发布年份	主要研究目标	其他优先事项/新兴课题
2005	北极地区和全球的气候变化研究； 白令海地区的研究； 北极居民的健康研究； 资源评估研究； 民用基础设施研究	渔业应用研究； 增值产品研究； 偏远地区的技术研究； 通信技术研究及其应用
2007	北冰洋以及白令海的环境变化； 北极人类健康； 民用基础设施； 自然资源评估以及地球科学； 原住民语言、身份和文化	重振 IARPC； 修订美国北极研究计划； 可持续计划培养人的能力； 联邦机构对校外研究的支持； 发展和维持北极研究基础设施； 让北极居民和公众参与进来； 审查并修订美国的北极政策和国际承诺
2009~2010	北冰洋以及白令海的环境变化； 北极人类健康； 民用基础设施； 自然资源评估以及地球科学； 原住民语言、身份和文化	阿拉斯加原住民人口统计； 地球上的碳沉积、来源和流向； 北极渔业； 自动无人系统； 可再生资源； 新的开发利用化石能源的方法； 新型传染疾病； 毒素的生物累积； 北极生物勘探； 海洋哺乳动物研究； 冰川和冰盖动力学； 科学研究的规模化； 北极地球系统模型； 北极海冰的观测和建模； 地球工程
2011~2012	观测、了解和应对北极、北冰洋和白令海的环境变化； 改善北极人类健康； 评估自然资源； 推进民用基础设施研究； 评估原住民语言、身份和文化研究需求	黑炭； 臭氧层； 可再生能源/地球能源； 无人驾驶航空器（UAVs）和无人潜航器（AUVs）； 北极渔业； 扩大北极研究
2013	观察、了解和应对北极地区的环境变化； 改善北极人类健康； 了解自然资源； 推进民用基础设施研究； 评估原住民语言、身份和文化	海洋废弃物； 甲烷的排放； 儿童肥胖症； 海洋中的汞

续表

发布年份	主要研究目标	其他优先事项/新兴课题
2015	观测、了解和预测北极环境变化； 改善北极人类健康； 增进对北极自然资源的了解：关注可再生能源； 推动北极"建筑环境"的发展； 探索北极文化和社区复原力； 加强北极地区的国际科学合作	冰冻碎片（FDLs）； 科学传播问题； 北极稀土元素的潜力； 美国北极海洋生物多样性观测网（AMBON）； 北极海洋生态系统研究（MARES）：海洋研究伙伴关系
2017~2018	观测、了解和预测北极环境变化； 改善北极人类健康； 改造北极能源； 推动北极"建筑环境"的发展； 探索北极文化和社区复原力； 加强北极地区的国际科学合作	栖息地迁移； 碳封存； 变暖和解冻的永久冻土层； 破冰活动； 智能北极观测
2019	推进北极基础设施建设； 评估北极自然资源； 观测、了解和预测北极环境变化； 提高社区健康和福利； 加强北极地区的国际科学合作	共同创造知识； 暖化和酸化水域中的北极鳕鱼； 北极无人机
2020~2022	（空缺）	
2023	环境风险和危害； 社区健康和福利； 基础设施； 北极经济； 研究合作	电动汽车和电池； 旅游业； 考古学； 水产养殖； 小型核电； 无人机

资料来源：笔者自制。

"9·11"事件后，美国政府忙于反恐战争，北极事务长期被边缘化，直到2007年俄罗斯科考队员在4000多米深的北冰洋洋底插上俄罗斯国旗后才得以改变。[①] 该事件发生后，丹麦、加拿大、欧盟等北极国家和政治实体

---

① 蔡泓宇：《21世纪以来美国北极战略的演进及其特点》，《当代美国评论》2023年第1期，第87~104页。

迅速加强对北极事务的介入，美国也重新将目光投向北极，从报告内容也可看出这一趋势。《2005 年北极研究报告》的"现状评估"相较 2003 年并无变化，所提出的"主要研究目标"更是完全一致，只不过《2005 年北极研究报告》中的"委员会建议"更为细化、丰富。对于研究报告提出的"其他优先事项"，《2005 年北极研究报告》相较《2003 年北极研究报告》不增反减——删除了"自然资源的开发和保护"这一项，其他内容完全相同。除了"主要研究目标"和"其他优先事项"的高度近似，两次报告有关教育、研究基础设施、国际合作、对机构的建议等内容也几乎完全一致。由此可见，2007 年以前，美国的北极研究集中在传统领域，总体重视程度不高，《北极研究报告》的内容多而杂，重点不突出，数据更新不及时，提出的建议不够具体且缺乏时效性，例如，《2005 年北极研究报告》中的国际合作部分所提及的最新合作也已是 2002 年的活动。①②

2007 年是一个分水岭，恰逢国际极地年（International Polar Year，IPY），《2007 年北极研究报告》无论从格式、框架和内容上都与往年有很大不同。③《2007 年北极研究报告》提出，委员会为《2007～2011 年北极研究计划》（Arctic Research Plan 2007-2011）确立了五个具体研究重点，这是《北极研究报告》首次提及北极研究计划，体现了《北极研究报告》和《北极研究计划》二者的高度关联性和 USARC 对北极研究计划的指导作用。同时，对于"主要研究目标"的阐述更加精练直接，从内容上来看，《2007 年北极研究报告》所展现的美国北极研究在总体上仍然保持和延续原有的研究路线，但创新性地引入了"原住民语言、身份和文化"，直至今日这仍是美国北极研究的重要内容之一。此外，《2007 年北极研究报告》建议重振 IARPC 并修订美国北极研究计划，这是后续美国北极研究活动的核心和

---

① "Report on Goals and Objectives for Arctic Research 2003," https://www.arctic.gov/uploads/assets/usarc_goals_2003.pdf，最后访问日期：2024 年 5 月 21 日。

② "Report on Goals and Objectives for Arctic Research 2005," https://www.arctic.gov/uploads/assets/usarc_goals_2005.pdf，最后访问日期：2024 年 5 月 21 日。

③ "Report on Goals and Objectives for Arctic Research 2007," https://www.arctic.gov/uploads/assets/usarc_goals_2007.pdf，最后访问日期：2024 年 5 月 21 日。

关键。

《2009~2010 年北极研究报告》建议的"主要研究目标"与 2007 年保持一致，但建议的内容更加具体和细化，并融入相关工作的实施进展，涉及的机构、团体、国家合作更加广泛，更具可操作性。① 例如，USARC 建议与国际合作伙伴一起，继续开发维持北极观测网络（Sustaining Arctic Observing Network，SAON）以便更好地了解泛北极变化，并在报告中记录 IARPC 在美国国家海洋和大气管理局（National Oceanic and Atmospheric Administration，NOAA）和 NSF 的领导下，编写了摘要《北极观测网络：美国对泛北极观测的贡献》（Arctic Observing Network：Toward a US Contribution to Pan-Arctic Observing）等一系列具体活动。《关于 2009~2010 年北极研究目标和目的的报告》开辟了"新兴课题"，归纳、评述、强调 USARC 建议关注的新兴领域及相关科学研究，为更好地了解、预测未来的状况和挑战，应对快速变化的北极提供了一个窗口，之后历年发布的北极报告都延续并更新这一板块，具有时效性和前沿性。

自《2011~2012 年北极研究报告》开始，② 报告的结构和内容分布逐渐稳定下来，形成较为固定的模式，"主要研究目标"以具体问题结合具体科研项目的形式加以阐述，并逐渐形成"动机—建议—进展情况"的内容格式，从而能够更为清晰且直观地展示美国北极政策动向和具体的项目实施情况。例如，《2017~2018 年北极研究报告》中"目标 1：观测、了解和预测北极环境变化"项下，首先简明阐述了确立这一目标的动机，继而提出了七条针对此项目标的建议，最后列举了美国国家航空航天局（NASA）的计划和倡议、美国海军研究办公室的计划和倡议、NSF 的计划和倡议、北太平洋研究委员会（NPRB）及其合作伙伴的北极综合生态系统研究计划、美国能源部（DOE）下一代生态系统实验、NOAA 北极研究计划等六项项目进展

① "Report on Goals and Objectives for Arctic Research 2009-2010," https://www.arctic.gov/uploads/assets/usarc_goals_2009-2010.pdf，最后访问日期：2024 年 5 月 21 日。
② "Report on Goals and Objectives for Arctic Research 2011-2012," https://www.arctic.gov/uploads/assets/usarc_goals_2011-2012.pdf，最后访问日期：2024 年 5 月 21 日。

情况。此外，对于 2022 年报告的缺失——根据《2023～2024 年北极研究报告》的说明，受到 COVID-19 的影响，为了避免疾病传播到原住民社区或研究团队内部，许多实地项目被取消，造成了 2020～2022 年的数据缺口，特别是在气候和环境变化的长期工作方面，这对科学研究产生了不利影响。[①] 因此，笔者推测这也造成了报告数据的缺失。

综观 USARC 自 2003 年开始发布的《北极研究报告》，美国北极研究专业化程度不断加深，整体呈现出由自由放任到控制加强、模糊笼统到清晰具体的发展趋势。2007 年以前早期的美国北极研究主要集中在自然资源开采、渔业应用等传统领域，随着国际形势的变化、美国当局对北极态度的转变以及科技的进步，美国北极研究关注的内容开始逐渐转向可再生资源、无人驾驶系统、黑炭等新兴领域，同时加强北极研究机构建设，如重振 IARPC 并调整其职能结构，并开展更多具体的科研项目以推进北极研究计划和北极研究政策。自 2003 年至今，无论报告所提出的研究目标、建议做出怎样的调整，北极环境与北极人类健康始终作为"主要研究目标"而存在。

二　从 USARC 透视美国北极研究的新近发展及后续计划

2023 年 2 月 USARC 发布的《2023～2024 年北极研究报告》提出环境风险和危害、社区健康和福利、基础设施建设、北极经济、研究合作五个主要研究目标，总结了近年来美国北极研究在这五个方面的实施进展，并为后续工作的开展提出了相应的建议。USARC 发布的两年期的《北极研究报告》与 IARPC 制定的《2022～2026 年北极研究计划》[②]（Arctic Research Plan

---

① "Report on Goals and Objectives for Arctic Research 2023 - 2024," https://www.arctic.gov/uploads/assets/arctic-research-2023-2024.pdf，最后访问日期：2024 年 5 月 21 日。

② National Science and Technology Council, "Arctic Research Plan 2022 - 2026," https://www.iarpccollaborations.org/uploads/cms/documents/final-arp-2022-2026-20211214.pdf，最后访问日期：2024 年 5 月 21 日。

2022-2026）共同为美国解决近年北极研究领域最紧迫的难题提供了路线，阐明了美国联邦政府解决北极研究问题的立场和途径。

（一）加强风险预估以应对环境变化

环境的迅速变化增加了应对北极气候和地质灾害风险的紧迫性，在灾害发生前利用研究获得的知识评估和降低风险变得尤为重要，美国为此做出了努力。在过去十年中，随着冰量的减少、变薄和流动性增强，海冰预测网络（Sea Ice Predictions Network，SIPN）的预测准确性有了显著提高，这些预测对渔业、资源开发、航运、人类生存活动和野生动物管理越来越重要。SIPN 团队正计划与白令海沿岸的渔民进行更加紧密的合作，通过纳入海冰厚度、表面粗糙度、融化池和积雪深度等数据，进一步提高海冰预测的准确性，并评估这项工作的社会经济价值。除了进行预测，获取地理数据和地图对于降低自然风险、促进经济发展和维护公共安全同样重要。为此，阿拉斯加地理空间理事会通过一系列的科研活动确定最有价值的数据，然后设计、收集数据并分享成果，同时不断提高数据的可识别性、可访问性、可操作性和重复利用性，大大提高了风险防范能力。由联邦资助建立的明尼苏达大学极地地理空间中心也进行了相关活动，开发了一个高分辨率、随时间变化的北极高程模型——北极 DEM（Arctic DEM）。

对于未来应对环境危害的研究，美国仍然将工作重心放在风险防范上。USARC 建议改进卫星和传感器系统，持续跟踪全球海平面和冰层厚度的变化；勘测并绘制重点沿海地区地图，扩大基础地理空间和水位基础设施建设，以促进海洋贸易并助力沿海社区复原力规划；模拟气温升高对野生动物宿主和准宿主造成的疾病风险，以完善应对措施；监测和研究北极永久冻土退化带来的地球生物化学风险，加深对解冻机理的了解；评估新型污染对健康造成的风险，并预测新型微生物、病原体与人类之间的相互作用；关注北极温室气体排放监测，增加多重风险评估，将永久冻土融化与其他自然灾害联系起来，并计算生态影响。

（二）促进数据交互以提高社区健康和福利水平

面对北极居民和非北极居民之间持续存在的健康差距、与气候相关的健康问题以及食品、能源、水资源、经济不安全等问题，美国尝试通过联邦、州、地方当局及其他实体之间的合作寻求解决方案。阿拉斯加北极地区是一个"医疗荒漠"，因为这里没有足够的医院、初级保健医生、药房和其他医疗服务设施，无法对患者的心率、血压和血糖进行远程监测，并且远程医疗等新兴技术无法及时为患者提供重要的早期干预。① 对临床医生而言，远程监测的好处包括：便于获取病人数据、更好地管理慢性疾病、降低成本和提高效率。美国卫生与公众服务部为一项新的远程医疗宽带试点计划投资了800万美元，以加强政府与阿拉斯加州和其他农村地区的连接，因为在这些地区，资源匮乏、资金短缺是进行远程医疗的主要障碍。② 此外，近年来美国孕产妇死亡审查委员会（Maternal Mortality Review Committees，MMRCs）在州和地区层面召开会议，全面审查妇女在怀孕期间或怀孕一年内的死亡情况，③ 审查目的是为公共卫生和临床改进提供信息，以降低孕产妇死亡率并改善孕产妇健康状况。

后续，美国将通过阿拉斯加原住民社区与其他相关方之间的合作，加强信息跨区域共享、确保数据及时更新，以提高北极地区医疗健康水平。针对孕产妇健康开展研究，保证持续更新北极地区原住民的孕产妇死亡率数据，确定北极农村地区的护理需求和护理障碍；开发创新解决方案，促进健康数据交互，共享健康领域的培训和专业知识，并建立一个用于归档和访问现有健康伙伴关系详细信息的集合地；调查农村地区劳动力的招聘和留用情况，

① 测量心力衰竭患者肺动脉压力的设备可以与数字平台连接，同时向病人和医疗团队通报病情，以便他们就如何管理病人的健康做出决定。

② "Report on Goals and Objectives for Arctic Research 2023–2024," https://www.arctic.gov/uploads/assets/arctic-research-2023-2024.pdf，最后访问日期：2024年5月21日。

③ "Pregnancy-Related Deaths: Data from Maternal Mortality Review Committees in 36 US States, 2017–2019," https://www.cdc.gov/reproductivehealth/maternal–mortality/erase–mm/data–mmrc.html，最后访问日期：2024年5月21日。

尤其是专业卫生人员的招聘和留用情况；加强公共卫生研究人员、当地社区、公共卫生组织和通风系统设计人员间的合作，解决阿拉斯加农村空气质量不达标的问题；更好地获取有关实现北极原住民语言恢复、使用和稳定延续的研究成果；改善原住民在北极研究中的参与情况，支持原住民在与研究相关的决策中发挥重要作用。

（三）推进技术创新以加强基础设施建设

在瞬息万变的气候条件下，不断创新的科学技术要想在极端环境中运行和扩展，实用和功能性强的基础设施尤为重要，其中，北极研究基础设施是推进研究、促进创新所必需的设施和服务。美国最近取得的进展包括Toolik 野外考察站的资助、美国海岸警卫队"希利"号（USCGC Healy）船上的科学技术支持、NOAA 的巴罗大气基线观测站以及 NSF 推动的北极观测网络（Arctic Observing Network，AON）。其中，AON 的概念是受 2007 ~ 2009 国际极地年的启发，来源于美国国家研究委员会一份报告的建议——国际极地年"应作为设计和实施多学科极地观测网的机遇，以提供长期视角"，它的建立与完善加强了美国对北极地区的监测和预测能力，有助于监测和了解北极环境变化，并为区域和全球气候模型提供信息。[1] 2023 年 10月发布的《2022 年美国北极地区国家战略实施计划》提及有关 AON 的后续工作——联邦机构将协调完善可持续的北极观测网络和数据管理系统，并酌情与阿拉斯加测绘执行委员会、阿拉斯加州、当地政府、原住民社区以及国际伙伴合作。联邦机构还将制订一个可持续的北极观测网络和数据管理系统计划，并在设计、开发和实施计划阶段与北极社区进行有效交流。[2]

---

[1] "On the Need to Establish and Maintain a Sustained Arctic Observing Network," https://www.iarpccollaborations.org/uploads/cms/documents/usaon-report-20221215.pdf，最后访问日期：2024 年 5 月 21 日。

[2] "Implementation Plan for The 2022 National Strategy for the Arctic Region," https://www.whitehouse.gov/wp-content/uploads/2023/10/NSAR-Implementation-Plan.pdf，最后访问日期：2024 年 5 月 21 日。

未来，美国的北极基础设施建设将不仅限于北极研究基础设施，还将与社区和地方组织合作开展，创建、改造、维护和运行现存基础设施，量化所需资源、开展合作研究。在目前受到气候变化威胁的 144 个阿拉斯加原住民社区，研究改造基础设施的方法，以适应不断变化的北极环境条件;① 稳定受永久冻融威胁的结构，更换桩基，开发数据集、风险评估和适应战略，为长期解决方案提供信息;调查并评估关键民用基础设施在人类活动或气候变化影响下变得更加脆弱的情况，重点关注单点故障会产生巨大影响的设施，并根据建模和情景规划制定应对措施;由于有 31 个阿拉斯加原住民社区仍然没有稳定的家庭自来水，联邦当局将继续努力为这些社区提供适应气候变化的水和卫生基础设施。②

（四）推动产业转型以促进北极蓝色经济发展

经济研究对于北极地区的政策和决策至关重要，但很少有经济学家关注该地区，缺乏必要的分析数据是原因之一。北极经济分析有助于实现区域可持续发展，并使人们更深入地了解市场力量、自然资本和世居民族经济,③ USARC 将其作为一个独立的研究目标加以强调。一系列研究将有助于向原住民社区、投资者和政府监管者揭示基础设施（如港口、铁路）和传统产业（如石油产业、天然气产业）的可持续性、包容性经济发展的风险回报尺度，同时促进非传统产业（如绿色能源产业、海水养殖产业）向更加重视服务和知识、技术创新以及节能减排的经济转型。北极的蓝色经济是一种

① "Statewide Threat Assessment: Identification of Threats from Erosion, Flooding, and Thawing Permafrost in Remote Alaska Communities," https://www.denali.gov/wp-content/uploads/2019/11/Statewide-Threat-Assessment-Final-Report-20-November-2019.pdf, 最后访问日期: 2024 年 5 月 21 日。

② "Implementation Plan for The 2022 National Strategy for the Arctic Region," https://www.whitehouse.gov/wp-content/uploads/2023/10/NSAR-Implementation-Plan.pdf, 最后访问日期: 2024 年 5 月 21 日。

③ "Transformative Economics for a Sustainable Alaska," https://alaskaventure.org/wp-content/uploads/2021/09/Transformative-Economics-for-a-Sustainable-Alaska-Document-Final.pdf, 最后访问日期: 2024 年 5 月 21 日。

未得到充分利用的资源，蕴含着巨大的机遇。阿拉斯加蓝色经济得到了阿拉斯加海洋集群、阿拉斯加大学的阿拉斯加蓝色经济中心和阿拉斯加海水养殖特别工作组等非营利性组织的支持和推动，这些组织开发了精准渔业、智能浮标、去碳化、资源优化利用方面的项目。阿拉斯加大学为水产资源和生态系统相关的研究、教学和推广提供了资源和支持，创建了美国唯一的在线蓝色 MBA 学位，并在阿拉斯加大学的科迪亚克海产品和海洋科学中心进行新型鱼类产品的开发和技术创新。为更好地理解环境与经济之间的相互关系，白宫发布了美国自然资本核算及相关环境经济统计系统，以解决当时经济账户与现实世界之间脱节的问题，将该系统扩展到北极地区，相关数据可以直接应用于商业战略规划、投资决策以及供应链、运营和风险管理。

　　未来，美国将针对北极经济增加联邦支持，以收集北极社会经济数据，评估联邦对基础设施的投资，推进经济研究，并将其作为跨领域研究的框架。[①] 后续，联邦政府将推进北极生态系统服务的自然资本核算和估值，为政府、企业和消费者决策提供信息，这种核算需要更好地考虑生态系统及其服务在货币、物理和社会文化方面的衡量标准，因为它影响供应链和经济发展的稳定性；鉴于全球能源转型，将发展经济学[②]应用于适当的北极地区，这包括了解全球能源生产和去碳化将何时以及如何影响传统的北极经济发展；调查北极经济发展的机遇，如碳封存、重要矿产开发以及除南北联系外的东西联系；加深对北极海洋业务和航运的了解；创建海洋技术试验台，推动海水养殖和不断发展的海洋生态系统。

（五）加强信息共享以推动国际合作研究

　　北极问题常常具有跨国性，因此应优先考虑通过国际合作研究的方式加

---

①　"Arctic Economics Workshop Final Report," https://www.middlebury.edu/institute/sites/www.middlebury.edu.institute/files/2018-09/Arctic%20Economics%20Workshop%20Final%20Report_0.pdf，最后访问日期：2024 年 5 月 21 日。

②　发展经济学是经济学的一个分支，研究中低收入地区发展过程中的经济问题。

以解决。这种合作具有复杂性，理想的合作是在次国家、地区以及在多种形式的政府（如联邦、州、地方和原住民政府）之间协调进行。合作在很大程度上依赖于互联网接入，它促进了资源、知识和数据的共享，因此，为了提高阿拉斯加水域海洋科学研究计划的透明度、促进交流，IARPC 收集并公开发布了包括研究和科学目标的说明、联邦赞助方、主要研究和业务人员及其所属单位、日期、港口、船只、路线、地点、联系人、网站和数据存储库在内的考察信息。此外，包含动物运动研究的资料库——北极动物运动档案（Arctic Animal Movement Archive，AAMA）涉及 17 个国家 100 多个组织的研究人员，实现了将科学家联结起来并加强合作的目标，研究结果为野生动物管理、保护、生态系统监测和遥感提供了信息，从而更好地了解环境和气候变化对动物迁徙和行为的影响。2023 年 10 月底，第 24 次国际 Argo 资料管理组（ADMT-24）年会在澳大利亚霍巴特召开，来自美国、法国、英国、澳大利亚、德国、日本、韩国、意大利和中国等国的近 80 名代表参加了会议。美国代表在会上对 2022 年 12 月 1 日到 2023 年 10 月 15 日的 Argo（Array For Real-time Geostrophic Oceanography）相关工作进展进行了汇报。Argo 是一项利用自由漂流的剖面浮标从海洋内部收集信息的国际项目。这些浮标遍布全球，随洋流移动，用来测量海洋上层 2000 米的温度和盐度，每年提供 10 万个温度/盐度剖面和参考速度测量值，用于海洋和耦合预报模型的初始化以及动态模型的测试，这种大范围的全球温度/盐度剖面浮标阵列是全球海洋观测系统的重要组成部分。[①] 在报告所述期间，美国 Argo 数据的数据处理中心 AOML 收到了来自 2537 个浮标的实时数据，并向美国全球数据集结中心（GDAC）发送了 84200 多份剖面图，这些数据将会继续发送到用户社区，建模人员、科学家或其他任何想要使用这些数据的人都可以使用。[②]

---

① https://www.aoml.noaa.gov/argo/#1608144091861 - 37861237 - 45db，最后访问日期：2024 年 5 月 21 日。

② "US National Data Management Report 24st ADMT," https://argo.ucsd.edu/wp - content/uploads/sites/361/2023/10/US_NatRep_ADMT24.pdf，最后访问日期：2024 年 5 月 21 日。

对于后续的研究，白宫表示随着北极作战环境的变化，美国必须不断调整行动框架，与其他北极国家加强合作，共享科学研究所需的资源和基础设施，以促进北极地区活动能够安全、可靠地开展。未来，美国将通过北极研究运营商论坛（Forum of Arctic Research Operators），继续与国际野外站、破冰船和其他基础设施运营商合作，推进和协调安排研究活动，加强这些设施在北极地区的跨国使用；优先考虑与加拿大极地知识局建立研究设施交流计划，并加强与格陵兰政府的研究合作；推进以北极为重点的多国信息共享框架，以便各方能够及时交换信息，处理现有文书未涵盖的事件。①

三　对中国的启示

中国对北极地区活动的参与和管理十分有限，除了地理位置的限制，北极地区自然条件多变、社会环境特殊、地缘政治形势复杂等因素也大大增加了中国参与北极事务的难度。但随着中国综合国力不断增强、经济高速增长，从国际视角来看，希望中国更多参与北极地区基础设施建设、经济开发的国际声音愈来愈多；从本国利益出发，北极事务关乎全球未来和人类利益，中国作为世界主要大国，从主观方面有着本国在北极的利益关切，在北极治理进程中发挥自身影响和作用是作为负责任大国的应有使命。2018 年 1 月 26 日，国务院新闻办公室发表了《中国的北极政策》白皮书，明确了中国的北极政策目标和基本原则，体现了中国作为负责任大国参与北极治理、推动北极合作、维护北极和平、构建人类命运共同体的信心和决心。② 美国作为北极国家凭借其天然的地理优势及其先进的科技对北极地区的研究、治

---

① "Implementation Plan for The 2022 National Strategy for the Arctic Region," https://www. whitehouse. gov/wp-content/uploads/2023/10/NSAR-Implementation-Plan. pdf, 最后访问日期：2024 年 5 月 21 日。

② 《中国的北极政策》白皮书（全文），中华人民共和国国务院新闻办公室网站，http:// www. scio. gov. cn/ztk/dtzt/37868/37869/37871/Document/1618207/1618207. htm，最后访问日期：2024 年 5 月 21 日。

理不断深入，中国通过考察美国北极研究和相关政策，在中国北极政策制定、改善方面可以获得一定的启示。

（一）建立本国主导的北极观测网络，加强数据管理

北极地区的数据往往源于十分艰难困苦的条件，在气候、环境快速变化的时期，北极地区的数据具有很高的价值和不可替代性，数据管理对于北极地区的研究至关重要。在准备、生产和发布数据产品的过程中，需要非常谨慎，通常需经标准化或统一化才能实现数据产品的再利用，随着数据量的增加，计算基础设施建设成为加强数据管理的关键部分之一。北极观测网络的核心功能在于收集、检查、组织和分发北极观测的数据资料，同时中国采取必要的措施，对北极观测网络进行不断调整和改进。北极观测网络是进行北极活动的重要基础设施。美国目前的北极观测网络为分布式网络，跨越了多个目标、地点和领域（见图2），它们均为监测和了解气候变化对北极系统的影响而产生，美国利用这些网络进行观测工作的同时也确定了北极研究仍然存在的障碍和挑战。美国北极观测网络提供了关键的、社会性的数据，具有建模和预测能力，能够促进合作交流，但仍有缺陷，如数据的获取、整合和有效性都具有不确定性，这制约了决策的制定。[①]

建立中国主导的北极观测网络，有利于提高获取北极研究数据的即时性、安全性和准确性，从而为政府、科学家、相关组织机构提供可靠的决策依据，进而推动政策的制定、科技的进步和行动的落实。中国要想建立自己的北极观测网络，可以把重点放在与社会发展相关、具有技术可行性和成本效益的观察上。中国应建立一个持续更新的观测清单，确定相应的基础设施，并提供相应的资金支持，以便了解随时间和空间变化的北极变量以及确保北极开发、管理和安全活动；建立专门的门户网站或数据库，

---

① "On the Need to Establish and Maintain a Sustained Arctic Observing Network," https://www.iarpccollaborations.org/uploads/cms/documents/usaon-report-20221215.pdf，最后访问日期：2024年5月21日。

整合专业平台和仪器的数据信息，供政策制定者、科学规划者和数据管理专家使用，以便更好地规划、协调和实现观测目标，从而促进北极观测相关工作的战略评估和决策支持。此外，有必要提供相应的技术工具，以便轻松发现、解析、下载、可视化数据，或将数据应用于关键产品和服务中。美国北极观测的工作通过几个不同机构协调进行，建立中国北极观测网络，可以在政府部门主导的基础上，加强与私营企业、科研平台等主体的合作，推进人工智能和机器学习等尖端技术的创新和使用，以便快速处理复杂的观测数据。

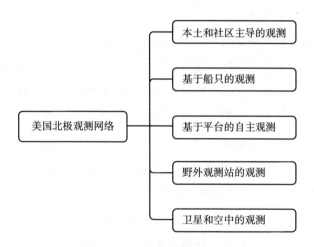

图 2　美国北极观测网络的构成

资料来源：笔者自制。

（二）加强信息共享，促进国际合作

俄乌冲突引发的地缘政治对抗持续不断，导致许多多边问题上的建设性外交沟通中断，北极地区也没能幸免。当前北极地区政治博弈日趋激烈，非北极国家在北极事务参与中的分量越来越重，要想治理好北极地区，更加需要各国和各个国家集团共享信息、通力合作。美国力图维护北极理事会作为北极地区主要多边论坛的地位，在任何可能的情况下通过该

理事会开展工作，① 这无疑助长了单边主义风气。既有国际组织的封闭性妨碍了包括我国在内的大多数国家的参与，② 由于缺乏足够的论坛来应对北极面临的紧迫威胁，日内瓦安全政策中心（Geneva Centre for Security Policy，GCSP）于 2022 年启动了一项谨慎的对话进程，即"高北会谈"（High North Talks），此后定期举行会议。会谈提供了一个非正式平台，使与会者可以在中立的环境下讨论威胁、挑战、潜在的解决方案以及北极地区重新合作的可能领域。高北会谈聚集了北极理事会成员、中国、欧盟、日本和印度等在北极投资最多的国家和地区的专家，旨在制定创造性的解决方案以供决策者考虑。③

无论战争造成的地缘政治影响如何，都必须找到一种应对方案来共同解决北极面临的最紧迫的问题，这些问题本质上是长期性和全球性的，在某些情况下，如果不加以应对，这些问题造成的影响将是不可逆转的。中国作为倡导多边主义的国家、人类命运共同体的倡议者和践行者，可以与其他国家合作构建新的北极信息交流平台、北极事务合作机构，打破信息壁垒、对抗政治制裁，推动构建公平合理、合作共赢的新型北极合作体系。2023 年北太平洋北极共同体会议（North Pacific Arctic Community Meeting，NPARC）于 8 月 28 日在日本札幌召开，恰逢其成立十周年。会议强调，如今亚洲国家可以在社会、经济、科学、环境影响以及国际协定方面对北极问题产生实质性影响，《预防中北冰洋不管制公海渔业协定》就是一个例子，④ 中国得

① "Implementation Plan for The 2022 National Strategy for the Arctic Region," https：//www. whitehouse. gov/wp–content/uploads/2023/10/NSAR–Implementation–Plan. pdf，最后访问日期：2024 年 5 月 21 日。

② 杨华：《中国参与极地全球治理的法治构建》，《中国法学》2020 年第 6 期，第 205～224 页。

③ Paul Dziatkowiec, "Diplomatic Deadlock in the Arctic：Science as an Entry Point to Renewed Dialogue," https：//arcticyearbook. com/arctic – yearbook/2023/2023 – commentaries/512 – diplomatic-deadlock-in-the-arctic-science-as-an-entry-point-to-renewed-dialogue，最后访问日期：2024 年 5 月 21 日。

④ "North Pacific Arctic Community Meeting（NPARC）：A Platform to Develop Asian Perspectives of the Arctic by a Variety of Experts in China, Japan and Korea," https：//arcticyearbook. com/images/yearbook/2023/Briefing_Notes/7BN_Otsuka_AY2023. pdf，最后访问日期：2024 年 5 月 21 日。

以全程参与谈判，并最终签署《预防中北冰洋不管制公海渔业协定》，反映了中国作为全球主要远洋捕捞国的地位，也为中国与北极国家之间创造基于相互理解的合作机会提供了良性空间。① NPARC 成立于 2014 年，是中国、日本和韩国之间开展跨学科研究与合作的平台。一方面，它促进了对北极地区新兴挑战和机遇的讨论；另一方面，北极地区需要这样的平台使之与非北极国家建立链接，从而应对气候变化、环境危机等共同挑战和发展机遇。此外，日本的"北冰洋战略"、韩国的"新北极政策"与中国的"冰上丝绸之路"倡议能够进行战略衔接，② 都是促进合作交流的可行渠道。

（三）推进专业人才队伍建设，构建北极治理知识体系

专业人才在社会发展和人类进步中始终发挥着创新者和引导者的作用，专家们的知识权威帮助他们在北极治理过程中释放了巨大的影响力，这种影响力不仅体现在他们对知识的贡献上，还体现在他们对治理体系中规则制定的推动上。③ 美国将"教育、培训和能力建设"（Education，Training，and Capacity Building）作为北极研究的五个基础活动之一，IARPC 称成功的北极研究取决于知识的获取和传播以及训练有素的劳动力，北极地区的教育、培训和能力建设是北极研究、政策制定和社区复原力的基础。④

北极事务需要在先进的跨学科知识体系下依托高素质的专业人才队伍有序开展，正如波普尔所言"我们不是研究某个主题的学生，而是研究问题

① 陈奕彤、高晓：《北极海洋资源利用的国际机制及中国应对》，《资源科学》2020 年第 11 期，第 2062~2074 页。
② 章成、杨嘉琪：《中国与东北亚国家北极事务合作可行性探究》，《决策与信息》2023 年第 7 期，第 29~37 页。
③ Yang Jian, "How Expert Communities Contribute to the Arctic Governance Systems as and beyond Knowledge Holders," https://arcticyearbook.com/arctic-yearbook/2023/2023-briefing-notes/503-how-expert-communities-contribute-to-the-arctic-governance-systems-as-and-beyond-knowledge-holders，最后访问日期：2024 年 5 月 21 日。
④ National Science and Technology Council, "Arctic Research Plan 2022-2026," https://www.iarpccollaborations.org/uploads/cms/documents/final-arp-2022-2026-20211214.pdf，最后访问日期：2024 年 5 月 21 日。

的学生。而问题可能跨越任何学科的边界"，北极治理对专业知识的需求是多样的，例如，针对事实的观察、关于生态环境保护的技术知识、关于可持续发展的知识、关于信仰体系的知识等。多种知识相互关联，共同构建了北极治理的知识体系，并在专业人才的引领下形成一个具有专业和科学精神的社会体系。要解决北极可持续发展问题，就需要综合考虑经济、环境、社会和政治状况，推进复杂系统的研究和创新，提高北极研究的活力和可持续性。最后，要把理论知识落实到实践中去，作为非北极国家，中国研究人员进行北极探索具有天然的不便，建议高校与船舶企业、航运单位合作，让相关领域人才深入北极海域，积累北极航行经验。充分利用船舶资源，在北极航行的同时进行线上授课或录制网络课程，一方面可以培养实践人才，另一方面可以为相关企业和机构提供人才储备。

（四）尊重当地社区及原住民，推动北极经济可持续发展

几千年来，原住民一直是北极地区的重要组成部分，他们的历史、文化和知识对于理解北极系统至关重要。IARPC 致力于进行北极社区和原住民参与性强的研究，并在《2022～2026 年北极研究计划》中特别呼吁北极研究应将原住民放在首位，以解决目前在各类研究项目中缺乏原住民参与的问题。尽管原住民知识（Indigenous Knowledge，IK）具有丰富的多样性和错综复杂的性质，但它在知识生产环境中经常被忽视，通常被贴上"原始"、"落后"和"不科学"等带有贬义色彩的标签。原住民群体通过复杂的文化建构过程生产的独特知识被忽视、边缘化，并常常被视为一种低劣的社会经验。而实际上，IK 在农业、卫生、教育和自然资源管理等不同领域都有应用，它的集成有助于提高工作的效率和整体质量。但同时，IK 也面临着缺乏主流机构认可、认证和被盗用等挑战，资源不足和快速变化的气候也影响着 IK 在研究、教育、宣传和决策等方面的作用。解决这些障碍对于整合各种知识体系和促进可持续发展至关重要，将 IK 纳入北极可持续经济发展指南，将为加强可持续资源管理、文化可持续性和原

住民可持续融资提供助力。① 目前北极理事会工作的暂停带来了挑战，需要替代机制或临时安排才能在这方面继续取得进展。

中国可以通过制定或加入专门针对北极地区设计的相关软法规范，为北极地区的经济可持续发展提供一个框架。首先，承认原住民社区的独特文化、观念和行为及其在促进可持续发展方面的作用。这种包容对于促进 IK 的融合至关重要，北极原住民有必要更多地参与制定当地的可持续经济发展和投资准则，以整合 IK 并反映原住民的世界观和价值观。其次，人类命运共同体理论与现有极地全球治理的法律框架内的和平利用原则、保护性原则和可持续发展原则具有共通之处。中国作为一个负责任的大国，应当在人类命运共同体理论指引下，制定国际法规范，维护原住民利益以及全人类共同利益，实现北极经济的可持续发展。

四　结语

在经济全球化、区域一体化不断深入发展的背景下，北极在战略、经济、科研、环保、航道、资源等方面的价值不断提升，受到国际社会的普遍关注。美国作为一个北极国家，凭借阿拉斯加州不断推进其对北极的探索和认知。根据 ARPA 设立的独立联邦机构 USARC 一直着力推动美国北极研究的开展，自 IARPC 重振后，与其共同为美国进行北极地区的探索提供指南。在 USARC 指导下的美国北极研究中，北极环境与健康问题作为主要研究目标长期存在，近年来美国通过加强风险预估、促进数据交互以应对环境和健康问题。此外，为了加强基础设施建设、促进北极蓝色经济发展、推动国际合作研究，美国大力推进技术创新、产业转型以及信息共享。北极问题已超出北极国家间问题和区域问题的范畴，涉及北极域外国家的利益和国际社会的整体利益，攸关人类生存与发展的共同命运，具

---

① Alexandra Middleton, "Embracing Indigenous Knowledge in Arctic Economic Development: A Pathway towards ESG and Indigenous Sustainable Finance Integration," https://arcticyearbook.com/images/yearbook/2023/Scholarly_Papers/10_Middleton_AY2023.pdf, 最后访问日期: 2024 年 5 月 21 日。

有全球意义和国际影响。中国应当在参与北极事务过程中提高对数据管理、信息共享、专业人才、原住民社区的重视，建立本国主导的北极观测网络，掌握数据获取主动权，加强国际合作，在专业人才的支持下推进北极治理知识体系建设，在参与北极事务过程中给予原住民充分的尊重，推动北极经济实现可持续发展。

美国"北极安全倡议"对北极安全的影响及其未来走向

吴　昊*

摘　要： 　北极地区的安全事务及其治理事项一贯是美国北极战略的重要内容。近几年，北极地区地缘战略重要性持续凸显、北极地区区域内外的复合安全议题交织出现，加之俄乌冲突所引发的全球和地区性连锁效应，北极地区安全局势正处于迅疾变化之中。所以，美国提出和推进"北极安全倡议"，致力于更好地聚合北极资源、维护北极安全、提振北极优势等，追求美国的北极治理领导权。"北极安全倡议"对北极地区安全格局的演化发展、北约北极战略偏好和实践参与等都具有非常深刻的影响，对北极地区及其周边区域的国际关系发展亦具有非常明显的影响。未来，为了更好地推进"北极安全倡议"，美国将增强其维护北极安全的能力和资源、联动北约北极国家以开展集体行动、继续阻遏俄罗斯北极战略成效和实践活动，致力于能够主控北极地区的安全事务和治理进程。

关键词： 　北极治理　北极安全　北极安全倡议　北极合作

近些年，北极地区的安全事务一直处于持续的动态演变之中，北极安全局势、北极安全治理一直占据着美国北极战略优先议题的重要核心位置。"北极安全倡议"（Arctic Security Initiative）于 2021 年 6 月由美国参议员丹·沙利文（Dan Sullivan）正式提出。《2023 年国防授权法案》正式设置

---

* 吴昊，曲阜师范大学政治与公共管理学院讲师。

专门的修正案，宣布 2023 财年拨款 3.65 亿美元专门用于实施该倡议。"北极安全倡议"是继 2014 年欧洲威慑倡议、2021 年太平洋威慑倡议之后，美国第三项针对特定地区的安全倡议。于美国而言，"北极安全倡议指出我们不能继续忽视北极的至关重要性以及美国领导力的必要性"。[①] "北极安全倡议"重点关注四个领域：第一，战备状态，即实现部队现代化并加强在北极的专门存在，以及支持其他战区的北极行动；第二，物资保障，即改善和强化后勤、基础设施和预先部署战争物资；第三，训练和条令，即建立专门的军事推演和演习以支持北极行动；第四，多边主义，即加强与美国盟友和伙伴的北极合作。[②] 美国致力于联动北极国家的安全资源和实践行动，希冀美国可以最大限度地实现其维护本国北极安全利益、维持北极安全架构符合美国期待的基本目的。

当前，俄乌冲突常态化并且已经实实在在地外溢到北极地区，对北极地区事务及其治理产生了深刻全面的影响。瑞典和芬兰于 2022 年 5 月递交加入北约的申请文件，芬兰于 2023 年 4 月正式获批加入北约，瑞典于 2024 年 3 月正式获批加入北约。因此，北极八国中有七个国家是北约成员国，在美国的诱导和筹划下，北极地区大概率会形成"北约北极七国"与俄罗斯之间的"七 VS 一"的地缘政治和战略格局。而且，美国主导下的"北极安全倡议"将与北约北极集体行动之间形成紧密的战略护持和实践协作。基于此，美国在北极地区的力量将获得持续性发展，北约将进一步成为北极事务发展和北极治理开展的一个重要代理人和行为者，这些共同导致北极地区的和平、稳定和长远发展将发生新的深刻变化。

一 "北极安全倡议"的基本内容

2021 年 6 月 24 日，美国参议员丹·沙利文提交第 2294 号法案，要求对

---

① "Arctic Security Initiative Act of 2021," June 24, 2021, S. 2294, https://www.congress.gov/117/bills/s2294/BILLS-117s2294is.pdf, 最后访问日期：2024 年 5 月 5 日。

② "Arctic Security Initiative Act of 2021," June 24, 2021, S. 2294, https://www.congress.gov/117/bills/s2294/BILLS-117s2294is.pdf, 最后访问日期：2024 年 5 月 5 日。

北极地区进行独立评估，建立"北极安全倡议"。该法案要求美国国防部进行评估并实施与北极地区国家安全利益相关的计划。具体而言，美国国防部北方司令部司令必须与特定国防实体协商和协调，对 2023~2027 财年与北极地区国家安全利益相关的特定目标所需的活动和资源进行独立评估。

第 2294 号法案提出美国北方司令部和美国欧洲司令部以及美国印太司令部等各军事部门协商和协调，国防部需要开展以下重点评估工作：①实施北极地区国防战略和军种具体战略；②维持或恢复美国的相对军事优势，以应对北极地区的大国竞争对手；③降低国防部执行行动和应急计划的风险；④在威慑失败的情况下，最大限度地执行国防部行动和应急计划。

该法案提出要审查当前美国在北极地区的军事力量态势和部署计划，特别是向美国北方司令部、美国印太司令部和美国欧洲司令部等提供接受其支持的北极部队；分析美国在该地区的部队未来可能的调整，包括加强美国的存在、准入、战备、训练、演习、后勤和预先部署的选项等。此外，国防部必须制订"北极安全倡议"计划，以加强北极地区的安全，并根据该法案要求的评估提供信息。国防部必须每年提交一份非机密的未来几年计划，其中可能包括一份机密附件、用于该计划的活动和资源以及实现该计划的详细时间表等。该计划还必须包含在国防部提交的预算材料中，以支持总统2023 财年的预算。而且美国需要加强信息作战能力，开展与盟友和伙伴的双多边军事演习和训练，利用安全合作授权进一步建设伙伴能力。①

2021 年 12 月，参议院通过了《2022 年国防授权法案》，其中包括沙利文撰写的 2021 年《北极安全倡议法案》。该立法要求国防部对北极地区进行安全评估，并确定"北极安全倡议"，并制订五年计划，为国防部和过去发布的北极各军种特定战略提供充分资源。美国北方司令部将与美国印太司令部和美国欧洲司令部协调领导这项独立评估。为了进一步加强美国在北极地区的军事力量，沙利文在《2023 年国防授权法案》中加入了"北极安全

① "Arctic Security Initiative Act of 2021," June 24, 2021, S. 2294, https://www.congress.gov/117/bills/s2294/BILLS-117s2294is.pdf，最后访问日期：2024 年 5 月 5 日。

倡议"修正案。美国授权国防部实施该倡议。这是美国国防部针对北极这一特定区域的一个五年计划，美国将充分利用国防部和其他军事部门在过去几年中提出的针对北极的具体战略来大幅增加对北极的关注和资金投入，涉及军事基地的修复与建设、第11空降师启动、服装与个人设备、雷达站数字化、军人健康与福祉等多个领域。①

二 "北极安全倡议"的战略考量

美国提出"北极安全倡议"是基于其国内政治发展现实和北极地区安全局势现实等做出的现实选择。总体来看，北极国家对于北极安全的差异性和共通性看法是北极安全战略施展的客观环境，是美国推出"北极安全倡议"的区域性背景条件；美国政府对于北极治理领导权的追求和护持心理是美国北极战略的基本目标，是其推出"北极安全倡议"的内在性目的诉求。

（一）北极国家"地域性"的北极安全认知

北极国家对波罗的海安全与北极安全的优先排序各不相同，这种差异化认知促使美国政府选择北极安全议题，将"北极安全倡议"作为聚合北极国家政策和行动可能的"凝合剂"。已故的蒂普·奥尼尔（Tip O'Neill）曾于1977～1987年担任美国众议院议长，他的名言是"所有政治都是地域性的"。就北极防御政策而言，也许所有安全都是地域性的。芬兰、瑞典和丹麦优先考虑波罗的海安全，因为这是他们利益最受威胁的地方。挪威优先考虑北极安全，特别是海上安全和空中安全，因为该国在经济和政治生存方面都严重依赖这些安全。基于此，本报告主要分析加拿大和丹麦对于北极安全

---

① Sullivan Champions Alaska, "The Arctic in Robust FY 2023 Defense Authorization, Dan Sullivan United States Senator for Alaska," https://www.sullivan.senate.gov/newsroom/press-releases/sullivan-champions-alaska-the-arctic-in-robust-fy-2023-defense-authorization，最后访问日期：2024年5月5日。

的区别认知和政策选择。

一般而言,加拿大政府对北极安全的认知和应对,与美国政府的一贯看法存在不少的差异。斯蒂芬·哈珀(Stephen Harper)的保守党政府(2006年1月至2015年10月)为加拿大的北极防务政策设定了自信的基调。那时,贯穿政府文件和公开演讲的主题就是北极对加拿大身份的象征意义,"加拿大的北部是加拿大身份的核心",这一典型言论成为加拿大政府的一贯认知。加拿大2009年的《北方战略》和2010年的《加拿大北极外交政策声明》都重申了哈珀政府保持对加拿大北极领土主权控制的优先地位。《北方战略》承诺"在我们的北极主权领土上保护和巡逻陆地、海洋和天空的能力"①。哈珀政府反对北约在北极发挥作用。从外交部的角度来看,北约严重偏向欧洲及其优先事项。北约的决策可能会在北极危机中破坏加拿大的主权主张,加拿大不希望将北极的主权转让给北约。此外,加拿大官员认为,北约在北极地区发挥更大的作用会激怒俄罗斯,并为非北极国家在北极地区带来不必要的影响力。"加拿大的北极是加拿大的领土,加拿大将依靠加拿大军队和美加关系来保卫它。北约是在欧洲的背景下运作的,该联盟面向东方和欧洲南部,而不是北方。"② 加拿大非常重视北美航空航天防御司令部,把它当作加拿大与美国在大陆防御方面的基础选择,并通过扩展北美北极的防御来维护加拿大的北极安全。

加拿大总理贾斯廷·特鲁多(Justin Trudeau)在2015年10月的议会选举后成为加拿大总理,他的任期一直持续到2024年。特鲁多政府在两个方面改变了其政府对北极话题的基本论调。第一个是弱化北极在加拿大身份中的核心地位,有关北极的言论不再是政府声明的核心内容。第二是公开承认,不管乌克兰发生了什么,加拿大官员需要在北极理事会之外与俄罗斯官

---

① Government of Canada, "Canada's Northern Strategy: Our North, Our Heritage, Our Future," https://publications.gc.ca/collections/collection_2009/ainc-inac/R3-72-2008.pdf, 最后访问日期: 2024年6月28日。

② Government of Canada, "Statement on Canada's Arctic Foreign Policy," https://www.international.gc.ca/world-monde/assets/pdfs/canada_arctic_foreign_policy-eng.pdf, 最后访问日期: 2024年6月28日。

员重新进行外交接触。加拿大国防部官员认为,加拿大北极地区在不久的将来不会受到直接的军事威胁。有的加拿大官员认为"俄罗斯在北极地区正在做的事情具有挑战性,需要进行高度关注,但俄罗斯目前并不具有直接威胁"。① 特鲁多政府旨在强化加拿大北极安全,捍卫加拿大的主权主张,加强加拿大的大陆防御。特鲁多政府北极战略的大致内容是:对作战环境的复杂认识;与美国合作,确保北美防空司令部现代化,以应对现有和未来的挑战;增加在北极的长期存在,并与北极伙伴合作等。② 《2019年加拿大北极和北方双案框架》的大部分国际章节强调通过北极理事会和现有国际组织开展北极合作,与美国建立密切的双边关系,并在次国家一级与阿拉斯加和格陵兰开展协调性活动。该文件继续其合作基调,呼吁重启与俄罗斯在非安全或软安全问题上的双边对话,如开展对北极原住民的经济发展、环境保护和搜救需求等的双边对话。

作为北欧国家的代表,丹麦对北极安全的认知和应对在很大程度上可以代表北极国家中相对弱小国家的一般性习惯看法。首先,丹麦对北极安全威胁的界定有一个演化发展的过程。丹麦在2015~2018年认为其在北极的利益不存在安全威胁。2013年丹麦情报风险评估报告称,"俄罗斯在北极奉行合作政策"。丹麦2014年的情报评估报告称:"俄罗斯可能会对波罗的海国家施加令人生畏的军事压力,这是一种风险。"③ 从这一时间节点便可看出,乌克兰危机的发生及其对北极安全产生的负面影响,导致丹麦对俄罗斯的安全恐惧和防备心理迅速增加。

其次,丹麦对周边安全区域的优先选项有一个发展演变过程。丹麦在2018年发布五年防务协议,提出2018~2023年增加20%国防开支,致力于

---

① Peter Zimonjic, "Stéphane Dion Signals Willingness to Re-engage with Russia," CBC News, https://www.cbc.ca/news/politics/russia-canada-relations-diplomacy-dion-lavrov-1.3420781, 最后访问日期:2024年5月5日。

② Government of Canada, "Canada's Arctic and Northern Policy Framework," https://www.rcaanc-cirnac.gc.ca/eng/1560523306861/1560523330587, 最后访问日期:2024年5月5日。

③ Government of Denmark, "Intelligence Risk Assessment 2014," October 30, 2014, p.9, 最后访问日期:2024年5月5日。

增强丹麦在波罗的海的安全。该防务协议强调"北约是丹麦国防和安全政策的基石"。该协议优先考虑三个特定区域：波罗的海和北大西洋，然后是北约领土以外的国际区域，最后是北极地区。该协议为波罗的海和北大西洋的行动开展指定了大约 56.47 亿丹麦克朗（约 8.89 亿美元），为区域外能力建设指定了 18.79 亿丹麦克朗（约 2.96 亿美元），但只有 2.39 亿丹麦克朗（约 3800 万美元）用于北极地区的能力建设，主要是为了改善丹麦对格陵兰岛和法罗群岛周围的监测和测绘。丹麦的国防战略重点是其在波罗的海和北大西洋地区的北约责任，而不是北极地区。[①] 2018 年，丹麦制定新的外交和安全政策战略，认为世界越来越不稳定，俄罗斯"威胁"其邻国，美国奉行民族主义政策、放弃其传统的领导角色。该战略列出了俄罗斯在欧洲各地的行为，特别提到了俄罗斯在波罗的海的行动，并指责俄罗斯"破坏以规则为基础的世界秩序"。[②]

同样，北极国家对国际机构的态度也有所不同。瑞典，尤其是芬兰，优先考虑欧盟在北极政治、经济甚至军事方面的作用。挪威和丹麦等其他国家在其国防政策中优先考虑北约的作用，基于其当地情况，这种考虑是有道理的。加拿大支持北约在欧洲高北地区发挥强有力的作用，但反对北约在北美北极地区发挥作用。相反，加拿大优先考虑北美防空司令部的作用，将其视为处理北美大陆防御的更合适实体。当各国主张让其青睐的机构发挥主要作用而其他国家不同意时，有关北极防御政策的谈判就会变得复杂。所以，正是因为北极国家"地域性"的安全态度和政策认知，北极国家对于其本国管辖和周边区域安全事务的关注和投入，一般都会维持在一个相对常态化的水平，对于北极安全事务的参与和影响一般相对稳定。基于此，美国提出"北极安全倡议"，致力于联动北极国家的安全资源和实践行动，可以最大

① "2018 Danish Defense Agreement," https://www.fmn.dk/globalassets/fmn/dokumenter/forlig/-danish-defence-agreement-2018-2023-pdfa-2018.pdf，最后访问日期：2024 年 5 月 5 日。
② "Foreign and Security Policy 2019-2020," https://www.dsn.gob.es/sites/dsn/files/2018_Denmark%20Foreign%20and%20security%20policy%20strategy%202019-2020.pdf，最后访问日期：2024 年 5 月 5 日。

限度地实现美国维护本国北极安全利益、维持北极安全架构符合美国期待的基本目的。

（二）美国对北极治理领导权的追求和护持

美国的大战略（Grand Strategy）通常被称为"领导权"，这一战略主要包含军事上的优势、安抚和控制盟友、将其他国家纳入美国所建构的机构和市场、抑制核武器的扩散四个相互关联的部分。美国大战略自冷战时期形成之后一直延续至今，并能够依据国家实际和国际形势而实现调整转变。[①]"美国在北极地区拥有北极国家和霸权国家的双重身份。作为霸权国，美国将北极战略嵌入其全球战略之中。美国北极战略的最大特点是与美国全球战略紧密结合，以维护美国的全球领导地位为最终目标。"[②] 考察发现，美国全球霸权持续性相对衰落的基本态势、美国对于其北极国家身份的不断强调、全球治理与区域治理在理念和资源上的平衡和协调等都是影响美国北极战略的重要因素。

21 世纪，美国全球霸权呈现持续性相对衰落的基本态势。美国国家经济增速滞缓，特别是 2008 年金融危机爆发以后，美国经济呈现长期低迷的态势，导致其国家政策的积极效应和全球战略的竞争力下降。美国深陷反恐战争难以自拔，反恐战争对于美国国力有着极大的消耗，对美国全球战略是一种极大的战略透支；美国在"领导"全球反恐战争过程中的种种不当行为，导致美国"'自由、民主、法制'领袖和旗手"的形象严重受损，[③] 使得美国难以再凭借其所谓的"共同的价值观"带领其盟友和伙伴国开展集体行动，从而谋求全球事务的主导权。总而言之，美国国家实力增强和能力提升的内部依托不够和内生动力不足，国家发展面临的全球性挑战却不断增多，导致美国全球霸权的衰落。从奥巴马政府到拜登政府，美国都是处于全

---

① Patrick Porter, "Why America's Grand Strategy Has Not Changed," *International Security*, Vol. 42, No. 4, 2018, pp. 9-46.

② 郭培清、董利民：《美国的北极战略》，《美国研究》2015 年第 6 期。

③ 徐海娜、楚树龙：《美国对华战略及中美关系的根本性变化》，《美国研究》2021 年第 6 期。

球霸权衰落的过程之中，因此如何增强国家发展动能、重塑美国全球领导力、有效进行霸权护持等都是美国政治和外交的最重要议题。

北极地区作为国际战略新疆域，其事务发展和治理进程已成为全球事务的重要部分，必然是美国全球战略必不可少的部分。奥巴马政府时期，通过主导北极地区的气候治理、开展北极气候治理多边合作，美国致力于树立自己在气候治理领域的领导地位，希冀以此维护其全球领导地位。特朗普首次执政时期，美国从地缘政治竞争的思维出发，有对美国北极"领导地位"遭到削弱的战略忧虑，并试图重新定位北极的战略地位。[1] 特朗普政府认为，随着中俄北极实践参与程度不断加深，以及中俄北极联合行动的开展，北极地区原有的力量平衡格局被打破，美国已无法对北极地区事务进行有效的管控。特朗普政府还认为，北极力量失衡格局不利于美国北极利益的拓展，需要通过诸多手段来维持有利的北极力量平衡。所以，特朗普政府选择增加军费开支、加强北极军事部署、提升美军北极威慑能力等，缩小与俄罗斯在北极地区军事力量上的差距，以维持北极地区内部的力量平衡。可以说，2021 年美国的"北极安全倡议"是建立在奥巴马政府和特朗普首次执政政府北极战略逻辑和实践诉求的基础之上的。

北极事务在拜登政府国家战略中的位置，与特朗普首次执政时期相比会实现大幅提升，但很难恢复到奥巴马时期的重视程度。而这主要因为国内和国际两个层面的制约和影响因素。在国内层面，拜登政府的施政重点是恢复美国社会经济、有力应对新冠疫情、改革移民制度、处理族群关系等。然而，拜登政府国内治理政策的成效有限，外交领域的状况更是迭出，外交努力收效更是有限，囿于美国国内严重的社会分类和充满敌意的共和党人的处处阻挠等，拜登政府国内治理议程的推进非常艰难。[2] 在国际层面，美国在世界各地的战略并非各自独立，而是彼此关联，北极只是美国全球战略中的

---

[1]　信强、张佳佳：《特朗普政府的北极"战略再定位"及其影响》，《复旦学报（社会科学版）》2021 年第 4 期。

[2]　张志新、张志强：《拜登执政开局之年国内治理差强人意》，《世界知识》2022 年第 3 期。

一个联结点。① 近几年，随着印太地区地缘战略重要性和战略实践竞争性的不断提升，美国国防部在 2019 年出台《印太战略报告》（Indo-Pacific Strategy Report）②，拜登政府在 2022 年出台《美国的印太战略》（Indo-Pacific Strategy of The United States）③，美国积极将战略关注和力量投入倾向于印太地区。所以，拜登政府很难拥有充足的精力、稳定的资源和有效的手段以实施高强度的北极战略。在奥巴马政府和特朗普首次执政政府北极战略的影响和警示下，拜登政府力图修补特朗普首次执政政府对 2013 年《北极地区国家战略》的破坏，重新追求美国在北极国际多边治理体系中的优势地位；④ 延续特朗普首次执政政府对美国北极安全的重视，继续强化美国北极活动能力、加强基础设施建设、增强美军北极威慑实力等，保持北极地区在美国国家战略中的务实恰当的位置。所以，美国才会推出并大力实施"北极安全倡议"，致力于将国家意愿和战略资源等尽可能聚焦北极安全议题。

美国海军 2021 年 1 月发布《蓝色北极：北极战略蓝图》（A Blue Arctic：A Strategic Blueprint for the Arctic），提出了未来几十年美国在北极地区的主要安全利益和目标及相应战略举措。美国海军部队将在全方位军事任务中展开行动，以遏制侵略、阻止恶意行为，确保海上通道和海洋自由，加强现有的和正在形成的联盟和伙伴关系，保卫美国免受攻击。⑤ 美国陆军 2021 年 3

---

① 郭培清、孙兴伟：《论小布什和奥巴马政府的北极"保守"政策》，《国际观察》2014 年第 2 期。

② The Deparment of Defense，"Indo-Pacific Strategy Report：Preparedness，Partnerships，and Promoting a Networked Region，" https：//assets. documentcloud. org/documents/6111634/DOD-INDO-PACIFIC-STRATEGY-REPORT-JUNE-2019. pdf，最后访问日期：2024 年 5 月 5 日。

③ The White House，"Indo-Pacific Strategy of The United States，" https：//www. whitehouse. gov/wp-content/uploads/2022/02/U. S. -Indo-Pacific-Strategy. pdf，最后访问日期：2024 年 5 月 5 日。

④ 姜胤安：《拜登政府的北极政策：目标与制约》，《区域与全球发展》2021 年第 5 期。

⑤ The Department of the Navy，"A Blue Arctic：A Strategic Blueprint for the Arctic，" https：//media. defense. gov/2021/Jan/05/2002560338/-1/-1/0/ARCTIC% 20BLUEPRINT% 202021% 20FINAL. PDF/ARCTIC%20BLUEPRINT%202021%20FINAL. PDF，最后访问日期：2024 年 5 月 5 日。

月发布《重获北极优势》（Regaining Arctic Dominance：The U. S. Army in the Arctic），主要阐述了北极的地缘政治格局、北极环境对当前和未来作战的影响，以及美国驻阿拉斯加州陆军情况等，提出了美国陆军在北极的战略和作战框架等内容。[①] 2022 年 10 月 7 日，拜登政府发布美国新版《北极地区国家战略》（National Strategy for the Arctic Region），凸显北极安全议题的重要性，将安全、气候变化与环境保护、可持续发展、国际合作与治理列为美国北极战略的四大支柱。[②] 2023 年 10 月 23 日，拜登政府发布《2022 年北极地区国家战略实施计划》（Implementation Plan for the 2022 National Strategy for the Arctic Region），延续 2022 年版《北极地区国家战略》所提出的四大支柱，并为每个战略目标指定了牵头机构、支持机构、潜在合作伙伴、时间任务表和进度衡量标准等，旨在全面落实和推进美国北极战略。[③] 通过分析美国指涉北极的相关战略文件可知，美国积极追求北极治理领导权，强调北极区域内外安全事件和实践对美国国家安全的重要意义，追求在北极地区尽可能地实现美国的战略偏好和利益诉求。所以，美国提出和实施"北极安全倡议"，旨在统筹其国内外关注和投入北极安全的意愿和资源，通过在北极安全议题及其延展区域中塑造美国领导力，致力于追求建构美国的北极权势。

三 "北极安全倡议"的主要影响

实践进展表明，在世界百年未有之大变局的当下，大国竞争、俄乌冲突、北约扩员等纵横交织于北极地区及其周边区域，共同给北极地区乃至全

---

① United States Army, "Regaining Arctic Dominance：The U. S. Army in the Arctic," https：//api. army. mil/e2/c/downloads/2021/03/15/9944046e/regaining - arctic - dominance - us - army - in - the - arctic - 19 - january - 2021 - unclassified. pdf，最后访问日期：2024 年 5 月 5 日。

② The White House, "National Strategy for the Arctic Region," https：//www. whitehouse. gov/wp - content/uploads/2022/10/National-Strategy-for-the-Arctic-Region. pdf，最后访问日期：2024 年 5 月 5 日。

③ The White House, "Implementation Plan for the 2022 National Strategy for the Arctic Region," https：//www. whitehouse. gov/wp-content/uploads/2023/10/NSAR - Implementation - Plan. pdf，最后访问日期：2024 年 5 月 5 日。

球安全格局等都构成非常明显且复杂深刻的影响。正因如此，随着北极区域内外的新事件和新实践的不断出现和影响凸显，美国提出和实施"北极安全倡议"，对北极地区安全格局、北约的北极战略实践等具有深远影响。

（一）对北极地区安全格局的影响

人类活动极大地改变了地球生态系统的一些关键要素，我们已经步入了"人类世"时代。"人类世"时代的全球环境问题较之以往更加复杂，呈现出非线性、突发性以及难以预测性等特征。① 与世界其他任何地方相比，气候变化对北极地区居民的生存威胁更为严重。有数据表明，北极地区的预计气温上升速度将是全球其他地区的近四倍。在环境问题的牵连效应之下，北极地区在政治、军事、环境、科技等多方面发生着纵深变化。其一，政治上传统地缘政治竞争长期存在且解决的难度很大，北极国家之间的政治关系的相关敏感因素很多；其二，北极地区的军事战略价值长期以来都是北极国家的重点，北极各国一直通过各种方式拓展其北极军事存在、提升其北极军事威胁力，北极军事竞争的形势一直比较紧张；其三，环境生态变化速度加快、程度加深，各国单独应对环境问题的难度很大，进行安全合作的需求和必要性不断提升，全球性辐射力在拓展；其四，北极科技发展速度加快，各国北极科技合作的各项条件在逐渐成熟，科技合作在很大程度上弥合了北极国家之间的竞争关系；② 其五，北极地区的治理机制主要分为区域性机制和全球治理机制，区域性机制注重北极的环境保护和可持续发展，但由于其具有排他性并缺乏强制性规范，一方面降低了域外国家参与北极治理的积极性，另一方面无法协调区域内国家之间的利益纷争。全球治理机制难以有针对性地解决北极地区具体的治理问题，且国际社会治理忽视北极国家的地缘优势，使北极国家无偿让渡其在北极区域的先占利益，实际操作难度较大。

2014年初乌克兰危机的发生进一步加速了北极地区的态势变迁。受乌

---

① 孙凯：《"人类世"时代的全球环境问题及其治理》，《人民论坛·学术前沿》2020年第11期。
② 张亮、杨松霖：《北极地区科技合作的发展趋势与中国的对策》，载刘惠荣主编《北极地区发展报告（2021）》，社会科学文献出版社，2022，第176页。

克兰危机的影响，俄罗斯与美国等国之间的安全关系愈发紧张。出于安全和发展的考虑，俄罗斯在其北极领土部署了先进的军事力量，它们支持采取反介入、区域拒止的方式来保护其战略资产。俄罗斯在其北部和西部边境整修或建造了新的军事基地，并部署了先进的防空系统、拦截机、反舰导弹和进攻性战术武器。其中一些军事基地可以帮助北方海航道沿线的搜救工作，并达到保护俄罗斯战略核力量免受美国常规攻击的防御目的。然而，俄罗斯的能力也给美国和北约在保护波罗的海国家免受俄罗斯胁迫方面带来了重大问题。例如，位于北莫罗斯克、圣彼得堡和加里宁格勒的俄罗斯防空系统覆盖了芬兰和波罗的海国家、瑞典北部和挪威、瑞典南部、波兰大部分地区以及德国部分地区的空域。北极地区民众认为，与俄罗斯的冲突可能会因波罗的海危机、巴伦支海或挪威海的事故或事件，或者北极地区重新爆发的战斗等其他冲突而升级。所以，为了更好地联动盟友以共同防范俄罗斯，美国在2021年推出"北极安全倡议"，既期望能够全政府式地聚合国内北极战略资源，又期待能够全体系式地联动国际盟友北极能力，致力于建构有利于美国及其盟友的北极地区安全架构，对于北极地区国际关系和安全架构的影响是明显的。

拜登政府致力于提振美国北极治理领导权，依托由其盟友和伙伴所建构的北极治理体系，注重统筹硬软综合实力以整体推进"北极安全倡议"，灵活务实地参与北极事务并谋求领导北极治理进程。首先，拜登政府注重将关键性高精技术应用于其北极实践行动，积极追求美国在北极地区的影响力。2021年12月，美国国家科学技术委员会发布《2022~2026年北极研究计划》，确定社区复原力和健康、北极系统相互作用、经济可持续发展等为优先研究领域，致力于增强美国在北极地区的感知力和行动力，推动北极地区的复原力建设和可持续发展。[1]《北极地区国家战略》提出了"科学了解和保护北极生态系统""追求可持续发展""部署基于证据的决策"等目标，

---

[1] National Science and Technology Council, "Arctic Research Plan 2022-2026," https://www.iarpccollaborations.org/uploads/cms/documents/final-arp-2022-2026-20211214.pdf, 最后访问日期：2024年5月5日。

《2022~2026 年北极研究计划》的顺利推进可以为实现这些目标提供保障。此外，美国正在加强联邦、部落、州、地方和国际伙伴的合作，共享情报和信息，以保持领域意识；通过增加受训人员的数量，发展极地装备，继续推进"北极星计划"（North Star Initiative）等，以确保美国全年都可进入北极地区。[1]

美国积极加强其北极能力建设、增强其北极军事部署，积极提升美国在北极地区的强制力。拜登政府的《北极地区国家战略》将北极安全列为首要战略目标，美国将"提高对北极环境的认识并发展全政府的能力，以支持美国扩大在北极地区的活动；加强与盟国和伙伴的合作，更好地管理军事化或意外冲突的风险"。[2] 美国陆军第 11 空降师于 2022 年 6 月正式启动，承担陆军在北极地区的主要军事行动，致力于保障美国的北极利益。[3] 海岸警卫队和海军开展极地安全防卫舰的建造计划，从 2024 年开始陆续下水六艘新船以替代老旧破冰船。极地安全防卫舰将装备武器，帮助美国在北极和南极保持"防御准备状态"（Defence Readiness）。[4] 拜登政府的《2022 年北极地区国家战略实施计划》进一步强调将加强与盟友的"北极边缘"（Arctic Edge）、"北极挑战"（Arctic Challenge）、"强大盾牌"（Formidable Shield）、"北欧反应"（Nordic Response）等北极演习，共同捍卫北极安全利益、降低北极安全风险。[5]

---

① The White House, "Implementation Plan for the 2022 National Strategy for the Arctic Region," https://www.whitehouse.gov/wp-content/uploads/2023/10/NSAR-Implementation-Plan.pdf, 最后访问日期：2024 年 5 月 5 日。

② The White House, "National Strategy for the Arctic Region," https://www.whitehouse.gov/wp-content/uploads/2022/10/National-Strategy-for-the-Arctic-Region.pdf, 最后访问日期：2024 年 5 月 5 日。

③ Joe Lacdan, "Army Re-activates Historic Airborne Unit, Reaffirms Commitment to Arctic Strategy," https://www.army.mil/article/257356/army_re_activates_historic_airborne_unit_reaffirms_commitment_to_arctic_strategy, 最后访问日期：2024 年 5 月 5 日。

④ Keivn McGwin, "Armed Icebreaker to Protect US Interests," https://polarjournal.ch/en/2022/05/06/armed-icebreaker-to-protect-us-interests/, 最后访问日期：2024 年 5 月 5 日。

⑤ The White House, "Implementation Plan for the 2022 National Strategy for the Arctic Region," https://www.whitehouse.gov/wp-content/uploads/2023/10/NSAR-Implementation-Plan.pdf, 最后访问日期：2024 年 5 月 5 日。

（二）对北约的北极战略实践的影响

北约是北极事务的重要参与方、北极治理的重要行为体、北极秩序的重要建构者、北极安全的重要影响者，其战略和实践对于北极地区事务发展的影响是独特的。北极一直在北约战略蓝图中占据重要位置，北约从战略实施、军事部署、科学研究等多领域开展北极实践。需要指明的是，北约的机体运行和战略实践开展深受美国的国家战略和外交政策的导向和影响，北约对外战略和实践开展在很大程度上是服务于美国的战略诉求与实践。当前，美国高度重视北极安全事务、积极推进"北极安全倡议"，联动其盟友共同构筑美国主导下的北极国际关系架构，这对于北约北极战略和实践参与等具有深远影响。

乌克兰是俄罗斯与北约国家进行战略对峙和地缘竞争的交叉点，乌克兰危机以及当前的俄乌冲突对于北约北极战略实践的影响是极为明显且深远的。自 2014 年以来，乌克兰危机持续发酵，美国等西方国家与俄罗斯之间的关系紧张，美国和欧盟持续对俄罗斯施加多轮经济制裁，竭力压缩对方的战略空间。乌克兰危机外溢到北极地区，使得北极地区的经济、能源、海空搜救等事务都受到了不同程度的消极影响。2013 年 9 月，俄罗斯总统普京宣布重启位于北冰洋新西伯利亚群岛上的军事基地。2014 年 12 月，俄罗斯成立了北极联合战略司令部，主要目的是加强对北海道沿线现有和计划中的军事设施的保护。在俄罗斯的安全冲击下，美国等北约国家的态度就此发生根本性转变，俄罗斯被认定为北约安全的主要威胁。[①] 2022 年 2 月 24 日，因北约扩员及顿巴斯冲突，普京宣布开展"特别军事行动"，俄乌冲突正式爆发。俄乌冲突对地区政治与安全、世界经济复苏、全球减贫、粮食和能源安全、生态环境等诸多方面带来严重负面冲击。当前，俄乌冲突依旧，似有"常态化"的趋势。分析可知，俄乌冲突暗含各方深刻的战略考量和利益追

---

① Eugene Rumer, Richard Sokolsky, Paul Stronski, "Russia in the Arctic-A Critical Examination," https://carnegieendowment.org/2021/03/29/russia-in-arctic-critical-examination-pub-84181, 最后访问日期：2024 年 5 月 5 日。

求，引发俄罗斯与美国等西方国家的综合性战略碰撞，对国际安全架构、全球经济发展和国际金融体系等造成撕裂性破坏。

俄乌冲突对于地区和全球都有着深刻的影响。第一，俄乌冲突导致地缘格局发生重大变化。一方面，它导致国际力量对比发生此消彼长的变化。俄罗斯的实力在很大程度上受到削弱，经济发展韧性受损、军事实力和战略资源被消耗。另一方面，它导致地区秩序动荡分化。俄罗斯想实现独立国家联合体一体化的希望破灭，对于西向周边国家的影响和渗透迅速稀薄。而且俄罗斯实力下降可能引发欧亚大陆秩序的分化与重组，促使欧亚安全秩序和关系架构等来到亟待调整的节点。第二，俄乌冲突可能促使世界地缘政治格局出现分水岭。一方面，北约在欧洲的地位上升。俄罗斯被视为"共同敌人"，使以美国为主导的北约更加团结，北约的功能领域、指涉范围、影响程度在扩大。另一方面，从某些角度而言，俄乌冲突的发生、发展和影响等似乎使美国成为最大的地缘政治赢家。美国利用俄乌冲突的风险外溢和安全辐射，促使欧洲的运行体系和安全防务等对美国的依赖和需求在很大程度上迅速提升，这在一定程度上有助于美国提振其全球领导地位。[①]

俄乌冲突后，北极合作建立起来的治理机制走向瓦解，安全竞争开始占据主导地位。[②] 如表1所示，俄乌冲突对于北约扩员暨北约"北扩"的影响极为明显。2022年6月29日，北约领导人正式邀请芬兰和瑞典加入北约。2022年7月5日，北约秘书长斯托尔滕贝格与芬兰外长哈维斯托及瑞典外交大臣林德在布鲁塞尔的北约总部正式签署了芬兰、瑞典两国加入北约组织议定书。按照程序，这份议定书随后将交由北约现有的30个成员国批准。2023年4月3日，北约秘书长斯托尔滕贝格表示，芬兰将于4月4日加入北约，芬兰正式成为北约第31个成员国。2024年3月7日，瑞典首相克里斯特松向北约文件保管国美国递交瑞典加入北约的文件，标志着瑞典正式加入

---

① 倪峰、达巍、冯仲平等：《俄乌冲突对国际政治格局的影响》，《国际经济评论》2022年第3期；冯玉军：《俄乌冲突的地区及全球影响》，《外交评论（外交学院学报）》2022年第6期。

② 赵宁宁：《北极军事安全博弈新态势及国际影响》，《思想理论战线》2023年第5期。

北约,成为北约第 32 个成员国。这样,北极国家中便有七个国家是北约成员国,随着芬兰和瑞典相继加入北约,波罗的海沿岸国家除俄罗斯之外都是北约国家,而一些西方媒体因此将波罗的海称为"北约之湖"。有评论称,"北约之湖"的形成不仅彻底改变了波罗的海地区的安全架构,空前压缩了俄罗斯的战略空间,还将俄欧对抗范围扩大到北欧,俄罗斯或将在北极地区陷入被动。"北约之湖"所体现的北极安全架构的新变化,恰好给美国依托阵营思维推进北极战略和开展北极实践等,留出了战略空隙和操作可能。俄乌冲突所产生的一系列连带效应,与美国大力推行"北极安全倡议"、构筑北极安全阵营体系等形成深度的战略勾连与行动交互,对于北极地区安全格局、北约今后的北极实践参与等均具有深远影响。

表 1　北极国家的基本概况

国家	北冰洋沿岸国家	签署《联合国海洋法公约》	联合国安理会常任理事国	欧盟成员国	北约成员国
加拿大	是	2003 年			是
美国	是	未签署	是		是
俄罗斯	是	1997 年	是		
丹麦	是	2004 年		是(格陵兰岛除外)	是
挪威	是	1994 年		欧洲经济区成员	是
芬兰		1996 年		是	是
瑞典		2003 年		是	是
冰岛		1985 年		候选成员	是

资料来源:笔者自制。

四　"北极安全倡议"的未来远景

近两年的实践进展可见,俄乌冲突引发的欧洲国家的安全焦虑正在加速欧洲国家的"军备竞赛",也会增加美欧关系的不确定性和脆弱性,对美国的全球安全认知和战略建构的影响重大。在这样的现实背景下,美国将继续

大力推进"北极安全倡议",既期望能够全政府式地聚合其北极战略资源,又期待能够全体系式地联动其盟伴北极能力,建构有利于美国及其盟伴的北极地区安全架构。

(一)聚合美国北极战略资源和提振美国北极领导能力是关键

"北极安全倡议"的基本目标是促使美国国防部改善"实现美国在北极目标和战略实践上的协调"。"北极安全倡议"重点关注四个领域。一是部队为北极任务做好准备,包括现代化配置和持续性存在。二是提升美国北极实践的保障性,即需要改善后勤、基础设施和物资预置。该倡议还重点关注训练和理论,包括定期进行北极行动的军事推演和演习,以及与美国盟友和伙伴加强在该地区的合作。[①] 最近几年,美国空军、陆军、海军、国防部、海岸警卫队以及美国白宫等均发布了北极战略文件,既具体指导美国单兵种、单机构的北极战略行动,又整体统筹美国全政府、全体系的北极战略资源。

为减轻北极地区潜在的战略威胁,美国增加在该地区的外交存在,举行军事演习,加强其部队存在,重建破冰船队,扩充海岸警卫队资金,提升北极安全事务在美国军事体系中的地位。首先,美国加大对海岸警卫队的人员配置和军备强化。美国海岸警卫队每年在北极开展行动,通常使用中型极地破冰船希利号执行科学和其他任务。海岸警卫队正处于采购三艘新型重型极地破冰船的早期阶段,致力于增强其破冰能力。海岸警卫队和美国军方都与北极地区的盟友和伙伴进行演习和行动,从海上预警、海上演习和海上应敌等几个方面开展合作。美国艾莉森国家安全中心研究员布伦特·萨德勒(Brent Sadler)建议美国海军部部长应召开海军委员会,审查并重新调整对海岸警卫队战时任务的支持,寻求现有巡逻舰的设计解决方案,结合实际需求开展新的采购计划;该委员会应制订一份综合的海军30年计划,明确规

---

① "Arctic Security Initiative Act of 2021," June 24, 2021, S. 2294, https://www.congress.gov/117/bills/s2294/BILLS-117s2294is.pdf, 最后访问日期:2024年5月5日。

定战时任务、相关的快艇设计要求以及海岸警卫队飞机和快艇的战时过渡计划。他还建议美国国会增加海岸警卫队的行动预算，以增加战时训练和海外部署，重点是增强护航和反潜战行动能力，最大限度地与盟友和伙伴的海军进行演习、重要港口访问以及双边信息交流等。[①]

其次，美国将北极视为重要的军事行动战场，并已着手对其能力和前沿装备、人员和基础设施等进行重大升级，致力于切实推动"北极安全倡议"。拜登政府重视气候变化，提高了气候变化在美国北极战略中的地位。以联合国"海洋十年"为契机，开展新一轮的北极海洋科学研究合作，增进对处于快速变化下北极的认识，有助于应对气候变化带来的影响。[②] 关键矿物和稀土是支持对抗军事威胁和气候变化至关重要的技术所必需的原料，目前美国正在推动北约北极国家在北极地区寻找和开采新的关键矿物和稀土。美国石油学会发布的"规划、设计和建造北极条件下的结构和管道"在北极油气资源开发领域具有重要影响。[③] 由于美国在发展关键矿物开采和加工以及北极军事能力方面拥有领导地位，美国已将这些新诉求纳入北约的战略议程和实践行动之中。挪威和丹麦已经带头考察北约在北极地区的政策态度和可能面临的战略态势。此外，随着北约新成员国芬兰和瑞典的加入，北极地区现在的国际格局实际上已呈现出俄罗斯和北约之间的对峙格局，这刺激美国积极带动其盟友和伙伴提高北极领域意识、开展北极情报共享和增强北极行动护持。在北极从事科学考察和环境保护离不开实地数据的收集，北极问题的核心要素是"数据问题"。[④] 所以，情报共享和数据合作等将在"北极安全倡议"的未来施展中占据重要位置。

---

① Brent Sadler, "A Conflict-Ready Coast Guard Is Vital to U. S. Success in a Long War with China," https://www. heritage. org/defense/report/conflict-ready-coast-guard-vital-us-success-long-war-china，最后访问日期：2024 年 5 月 5 日。

② 刘惠荣、李玮：《"联合国海洋科学促进可持续发展十年"背景下的北极科技政策动向》，载刘惠荣主编《北极地区发展报告（2021）》，社会科学文献出版社，2022，第 138 页。

③ 陈奕彤、高晓：《北极海洋资源利用的国际机制及中国应对》，《资源科学》2020 年第 11 期。

④ 董跃、盛健宁：《人工智能发展对北极安全态势的影响和中国参与》，《中国海洋大学学报（社会科学版）》2024 年第 1 期。

（二）强化北约在"北极安全倡议"后继推进中的角色是优先项

近年来，北极再次成为地缘政治竞争和安全挑战的焦点。快速的气候变化导致冰盖融化、开辟新的航线、获取自然资源以及潜在的军事活动。此外，俄罗斯在北极的军事集结和演习等行动引发了人们对该地区安全与稳定的担忧。北极理事会等外交对话论坛的运作被中断。这些事态发展带来了复杂的挑战，需要北约采取全面和适应性的方法，以更好地完成北约自身的战略调适、强化北约在美国"北极安全倡议"中的定位和效用。

"北极安全倡议"与俄乌冲突共同促使美国和其他的北约北极国家之间的北极战略协作和行动互操作性大幅度提升。北欧国家在俄乌冲突后已经大幅上调了军费开支额度，在集体"北约化"后，这些国家将加强与北约的军事合作，采购包括五代战机和反导系统在内的先进武器装备，并与美国订立新的防卫合作协议。芬兰与俄罗斯之间有1340公里的边境线，是欧盟成员国中与俄罗斯边界线最长的国家。芬兰拥有一支约21500人的常备军，并有能力在战时召集超过20万名预备役人员。芬兰和瑞典放弃中立国地位加入北约，产生的标杆效应是明显的，并将影响一批欧洲中立国的立场。芬兰政府发布的一份安全环境评估报告指出，由于俄乌冲突，芬兰和欧洲的安全局势正处在冷战以来最难以预测和最严重的状态。如果波罗的海地区发生军事冲突，芬兰将难以独善其身，它必须为将来可能遭遇的军事和政治威胁做好准备。[1] 由于瑞典和芬兰有着密切的军事联系，如果芬兰面临安全威胁，瑞典也会感受到更大的压力，因此瑞典会选择与芬兰保持政策步调一致。

瑞典与芬兰都有着与北约密切合作的悠久历史。两国与北约部队有过联合训练，还曾为北约领导的阿富汗行动和打击极端组织"伊斯兰国"国际联盟派遣过部队，享有很高的情报共享水平。瑞典和芬兰加入北约意

---

[1] Janne Kuusela, "As a New Arctic Ally, Finland Contributes to Arctic Security and Defence," https://www.wilsoncenter.org/blog-post/no-25-new-arctic-ally-finland-contributes-arctic-security-and-defence，最后访问日期：2024年5月5日。

味着除俄罗斯以外的北极国家都成为北约成员，这将促使北极议题更多地出现在北约内部，并使北约在未来介入北极事务获得更大的"合法性"和话语权。北约在北极事务中影响力的扩大，将给其他非北极的北约成员国提供参与北极事务的机会，北约有望成为非北极声音的一个重要代理人。① 芬兰和瑞典加入北约所引发的负面效应将可能远远大于俄乌冲突本身，产生极大的地缘政治动荡，对大国之间的战略博弈、格局平衡与稳定都会产生负面影响。或者可以这样说，由瑞典和芬兰加入北约导致的欧洲整体北约化，将会使俄罗斯在欧洲的处境更加艰难，其与欧洲之间的矛盾也将更难以化解。

在此状况下，为了应对北极地区的新近挑战，北约重申了对北极防御和安全的承诺。该组织认识到需要采取灵活且具有前瞻性的方法来适应不断变化的北极局势。2023 年，北约军事委员会主席罗伯·鲍尔海军上将在第 10 届北极圈论坛上发表主旨演讲时，公布了"北方区域计划"（Regional Plan North）——北约作为该组织重组的一部分将实施的几个区域计划之一。北约强调："该计划特别关注大西洋和欧洲北极，并由我们位于诺福克的最新盟军联合部队司令部负责……当瑞典追随芬兰的脚步加入我们后，北极理事会八个成员国中的七个成为北约盟国。我们感谢北欧盟国在该地区加强合作、投资和保持警惕。北极对北约一直具有战略重要性，我们必须确保它保持自由和通航。"② 除了区域计划外，北约新的北极态势还包括提高监视和侦察能力，改善成员国之间的互操作性，以及加强与北极国家和北极理事会等多边组织的伙伴关系。2023 年 7 月的北约维尔纽斯峰会公报重申了这一新态势，其中指出"北约和盟国将继续开展必要的、经过校准和协调的活动，包括通过执行相关计划"。北约的北极战略强调解决传统和新出现的安

---

① 岳鹏、顾正声：《俄乌冲突下北极地区安全面临的新形势及对中国的影响》，《俄罗斯学刊》2024 年第 1 期。

② "'Arctic Remains Essential to NATO's Deterrence and Defence Posture', Says Chair of the NATO Military Committee," https://www.nato.int/cps/en/natohq/news_219529.htm, 最后访问日期：2024 年 5 月 5 日。

全威胁、确保该地区保持稳定和安全的重要性。① 随着北极国家中北约成员国数量的增多，北约对于北极事务的重视和参与亦将增强。拜登政府的《北极地区国家战略》提出，"我们将与北约盟国和伙伴开展协调一致的活动，目的是捍卫北约在该地区的安全利益，同时减少风险，防止意外升级，特别是在与俄罗斯的紧张局势加剧期间"。② 在"北极安全倡议"的框架下，美国旨在建构其主导下由其盟友和伙伴构成的北极"小圈子"，并强化与盟友和伙伴在技术、贸易和安全等方面的联结和协作，美国在北极地区的话语权和影响力将进一步增强。

（三）提升对俄罗斯后续实践行动的整体把控以及做好战略回应

为了更好地推进"北极安全倡议"，美国及其北约盟友将会更关注一些可能升级为北极武装冲突的情况，致力于尽力阻遏俄罗斯的北极参与和实力发挥。第一个也是最明显的情况是俄罗斯与北约在波罗的海或黑海地区的冲突蔓延到北极。俄罗斯对波罗的海国家或乌克兰附近的北约部队的军事行动将涉及或可能涉及驻扎在北莫尔斯克的俄罗斯北方舰队，这可能将冲突扩大到北极。即使俄罗斯海军没有立即发动攻击，北约部队也必须将俄罗斯北方舰队视为潜在敌对势力，这意味着北约可能会在俄罗斯发动"特别军事行动"后对它们发动预防性攻击。无论哪种情况，都将存在横向升级到北极的重大风险。在这种情况下，详细了解俄罗斯的行动和动向至关重要。第二种情况涉及军事演习或训练期间的误会或事故。俄罗斯军队因对西方军事资源发动模拟攻击以及在不激活定位应答器的情况下开展行动而闻名。它们对挪威的瓦尔多雷达设施、瑞典哥特兰岛、丹麦博恩霍尔姆岛以及其他地区的北约船只和飞机发动了模拟攻击。如果西方军队做出不同反应，或者俄罗斯

① "Vilnius Summit Communiqué," https：//www. nato. int/cps/en/natohq/official_texts_217320. htm? selectedLocale＝en，最后访问日期：2024 年 5 月 5 日。

② The White House，"National Strategy for the Arctic Region," https：//www. whitehouse. gov/wp-content/uploads/2022/10/National-Strategy-for-the-Arctic-Region. pdf，最后访问日期：2024 年 5 月 5 日。

军队在没有接到命令的情况下发动袭击,其中任何一起事件都可能升级并失控。第三种情况涉及北极地区矿产开采或商业捕鱼的争端升级乃至失控。俄罗斯和挪威对于挪威是否对斯瓦尔巴群岛周围水域和海底拥有唯一管辖权存在分歧。如果俄罗斯以武力支持其主张,可能会引发冲突。如果国家授权的大型捕鱼作业在这些水域进行捕捞活动,冲突可能会爆发。①

可能几乎所有北极事件或研究报告等都会提到气候变化、经济机会和地缘政治紧张局势。在美国及其盟友看来,俄罗斯对这些问题的看法与其邻国不同。从军事战略角度来看,无论气候变化的速度如何,北极地区对俄罗斯仍然至关重要。俄罗斯加强了多领域军事建设和存在,并在北极保持了重要的军事能力。北方舰队、北极航线和自然资源对俄罗斯的战略重要性并未减弱。俄罗斯在乌克兰遭受的巨大损失并没有对其在北极除地面部队之外的能力产生直接影响。俄罗斯破坏北约盟友之间的互相支援和北大西洋航行自由的能力是对北约最为严重的战略挑战。

随着芬兰、瑞典加入北约,北欧地区正在形成新的战略格局。2009 年 11 月,丹麦、芬兰、冰岛、挪威和瑞典五国成立北欧防务合作组织(NORDEFCO)。当时,该组织中的丹麦、挪威、冰岛为北约成员国。北欧防务合作组织的目标是通过合作来加强各成员国的国防能力。不过,该组织强调它并不是一个军事联盟,也不致力于建立新的军事或政治联盟。随着芬兰和瑞典正式加入北约,该组织成员便全部成为北约国家,该组织与北约之间的安全交互和防务互动必将实现大幅提升,北约对北欧地区安全局势的影响亦将大幅增强。北约成员资格以及北欧国家与美国之间更密切的双边合作安排——特别是新的和现有的防务合作协议——加强了波罗的海地区和北欧的稳定与安全。在北部,北约正在形成一个从波罗的海到北极地区的强大而统一的地区。欧洲-大西洋地区的防御正在整体规划、演练和实施。芬兰和瑞典的北约成员资格

---

① David Auerswald, "All Security Is Local: Arctic Defense Policies and Domain Awareness," https://www.atlanticcouncil.org/in-depth-research-reports/report/all-security-is-local-arctic-defense-policies-and-domain-awareness/,最后访问日期:2024 年 5 月 5 日。

加强了包括高北地区在内的欧洲大西洋地区的安全与稳定。[1] 从军事战略角度来看,强调波罗的海与北极和高北地区之间不可分割的联系至关重要。芬兰和瑞典的加入给北约带来的另一个影响是,该联盟在北极的陆地领土和空域将显著增加,以补充北约在高北地区的传统海上重点。就北极能力而言,芬兰拥有大量地面部队和重型火炮,而瑞典拥有规模庞大的空军。再加上芬兰、挪威和丹麦的互操作战斗机,北欧国家总共拥有 200 架现代化战斗机,堪称欧洲的北约北极空军。[2]

基于上述可知美国"北极安全倡议"的未来发展。美国等北约国家一方面会保持对俄罗斯北极战略和实践的高度关注,另一方面会做好在北极地区开展作战的可能性准备,从地区和全球、话语和实践等综合维度建筑战略围堵和打压俄罗斯的北极安全架构。"北极安全倡议"推动下的美国北极战略和实践,将重点关注陆军和空军的北极新专业知识和北极新实践能力,与包括英国在内的志同道合的盟友加强北极深度合作,持续加大投资力度,增强其在北极地区环境下的行动能力等,凡此种种或是美国未来需要联动其盟友和伙伴需要做到和做好的事情。

五 结语

在俄乌冲突依旧及其影响持续外溢的当下,北极地区的军事合作显然是不可想象的。但是,如何在这个新的地缘政治框架内解决气候变化、原住民问题、海洋安全和环境保护等一系列复杂的北极问题呢? 这是所有北极国家所必然要思考的问题。受世界百年未有之大变局、大国竞争和俄乌冲突等综合影响,北极地区当前和未来的合作与稳定面临着一个充满不确定性的时

---

① Elley Donnelly, "NATO in the Arctic: 75 Years of Security, Cooperation, and Adaptation," April 3, 2024, https://www.wilsoncenter.org/blog-post/polar-points-no-26-nato-arctic-75-years-security-cooperation-and-adaptation, 最后访问日期: 2024 年 5 月 5 日。

② David Auerswald, "All Security Is Local: Arctic Defense Policies and Domain Awareness," https://www.atlanticcouncil.org/in-depth-research-reports/report/all-security-is-local-arctic-defense-policies-and-domain-awareness/, 最后访问日期: 2024 年 5 月 5 日。

代。美国在 2021 年推出"北极安全倡议",既期望能够全政府式地聚合其北极战略资源,又期待能够全体系式地联动其盟友的北极能力,致力于建构有利于美国及其盟友的北极地区安全架构,对于北极地区国际关系、北极地区安全架构的影响是显著的。其实,芬兰和瑞典加入北约增加了地区安全的清晰度,但也造成了紧张局势,并引发了人们对与俄罗斯就一系列具有挑战性的北极气候、人类利用和科学问题进行接触的前进道路的深切担忧。同样,受美国国内政治极化、政治派系角逐、社会矛盾纷扰等因素的掣肘,美国到底拥有多大的战略意愿和资源以切实推进"北极安全倡议",我们需要对此保持充分客观的战略观望。总之,"北极安全倡议"到底能够在多大程度上聚合美国北极战略资源、提振美国北极利益份额、塑造北约北极实践优势等,这些均需要留待未来检视。

B.5
俄乌冲突后俄罗斯北极政策再定位分析

厉召卿*

摘　要： 俄乌冲突的爆发深刻改变了世界的地缘政治形势，其溢出效应影响也蔓延到北极。在西方对俄罗斯开展全面的政治封锁、经济制裁的背景下，俄罗斯及时对其北极相关政策做出了调整，进一步提升俄罗斯在北极地区的战略地位，着重强调北极安全利益，同时将俄罗斯北极政策的实施"去西方化"，以应对"不友好国家"的抵制行为。在国际合作方面，俄罗斯强调与其友好的国家进行深入且广泛的合作。俄罗斯北极相关政策的调整对整个北极的地缘政治和治理格局造成重要影响，大国竞争因素和俄罗斯对安全利益的重视进一步加深了北极"再安全化"的态势，俄罗斯也希望通过加强与友好国家的合作，促进北极治理多元化发展，构建多边对话平台，促进世界多极化发展。

关键词： 俄罗斯北极政策　北极地缘政治　北极治理　俄乌冲突

一　俄罗斯北极相关政策调整的战略背景

2022年初俄乌冲突发生，其突然性、长期性特征深刻改变了东欧的安全态势，也对全球的地缘政治形势产生了剧烈影响。从微观角度看，俄乌冲突发生在东欧，但其外溢效应已蔓延至整个欧亚大陆。从宏观角度来看，作为欧洲的北方节点，北极成为欧洲国家下一步重点经营对俄罗斯战略的关键

＊ 厉召卿，中国海洋大学法学院博士研究生。

地带，而俄罗斯作为最大的北极国家、俄乌冲突的主角之一，整个欧洲已形成与其对立的态势。在西方国家"一边倒"的情况下，俄罗斯遭受了经济和政治上的全面封锁。冲突的突然性和长期性需要俄罗斯对北极政策积极做出调整以适应新现实情况。

（一）政治封锁破坏北极治理合作

俄乌冲突造成的北极地缘政治变化体现在传统的北极对话机制失去原有作用，其最明显的例子为北极理事会的停摆。作为北极最重要的治理机制，北极理事会自成立起就在北极治理中发挥了重要作用，也是北极地缘政治稳定的重要协商平台。[①] 每年举行的北极理事会部长级会议是北极国家抛弃分歧、寻求共识的重要机制。而北极理事会的轮值主席国制度给了北极国家平等地轮流领导北极理事会的权利。而 2021~2023 年恰逢俄罗斯担任北极理事会轮值主席国，在 2021 年接任北极理事会轮值主席国之后，俄罗斯发布了《2021~2023 年俄罗斯联邦担任北极理事会主席国的优先事项》和《2021~2023 年俄罗斯联邦担任北极理事会主席国的计划》。[②] 俄罗斯一度希望将其作为提升自身国际影响力，巩固自身北极政治大国身份的力量倍增器，并将其担任北极理事会轮值主席国的任期作为俄罗斯实施新北极政策的重要机遇期。

在俄乌冲突未发生前，俄罗斯也通过此平台加强北极合作，甚至在某些领域还取得了一定的成就。例如，2021 年 2 月俄罗斯外长拉夫罗夫与美国总统气候问题特使约翰·克里讨论了气候变化问题，双方同意在北极理事会框架下进一步合作，俄罗斯和美国将把重点放在北极保护上，特别是限制烟尘排放，以及森林部门的项目和核能合作上。9 月，俄罗斯总统气候问题特使鲁斯兰·埃德尔格列耶夫与美国总统气候问题特使约翰·克里举行了会谈，[③] 欧

---

① 郭培清、杨楠：《俄罗斯任职北极理事会主席及其北极政策的调整》，《国际论坛》2022 年第 2 期。

② "RUSSIAN CHAIRMANSHIP 2021－2023," 北极理事会官网，https：//arctic－council. org/about/russian-chairmanship-2，最后访问日期：2023 年 11 月 2 日。

③ "Russia to Cooperate with US on Arctic, Forests：Report," https：//www. thesundaily. my/world/russia-to-cooperate-with-us-on-arctic-forests-report-NE7143197，最后访问日期：2023 年 11 月 2 日。

盟也表示愿意在北极理事会框架下与俄罗斯进行合作，且欧盟北极事务特别代表迈克尔·曼恩接受俄罗斯国际文传电讯社采访表示，俄罗斯与欧盟在北极理事会框架下的优先事项是重合的，可以通过在俄罗斯任轮值主席国期间的紧密合作共同应对北极的环境问题。① 同年 10 月，莫斯科举行了北极海岸水生和陆地生态系统生物修复（生物清理）国际会议。来自俄罗斯、加拿大、美国和芬兰的著名科学家参加了此次活动，与会者指出，生物修复项目在改善北极环境安全方面发挥着重要作用，特别强调了以安全和技术健全的方式扩展方法的重要性。②

在俄乌冲突发生前，各个北极国家都表示了希望北极理事会各成员国和观察员国都遵守北极理事会框架下制定的规则和秩序，也表达了对俄罗斯维护而不是破坏北极理事会现有规则和秩序的期望。在两年的任期内，俄罗斯有望通过担任北极理事会轮值主席国的机遇实现促进国际北极合作，降低北极地缘政治紧张度的宏伟目标。但俄乌冲突让形势有了 180 度的转弯。

2022 年 3 月，除俄罗斯外的 7 个北极国家（加拿大、丹麦、芬兰、冰岛、挪威、瑞典和美国）发表了联合声明，宣布暂停北极理事会及其附属机构的所有会议。③ 北极理事会大约有 130 个项目在进行中，包括气候变化、生物多样性、原住民和可持续发展等重要的北极项目，自排除俄罗斯之后，这些项目都未能继续取得进展。④ 北极理事会的停摆让北极最重要的对话和机制平台无法发挥平衡北极国家话语权、降低北极地缘政治风险的作用。俄乌冲突发生后，北极理事会的最大作用是保持俄罗斯与其他北极国家的对话，

① Чиновник ЕС：Приоритеты РФ и Евросоюза в Арктическом совете близки，https：//ru. arctic. ru/international/20210319/991921. html，最后访问日期：2023 年 11 月 2 日。

② "Russian and Foreign Scientists Discussed Innovative Technologies for Rehabilitation of the Polluted Arctic Coastline，" https：//www. yahoo. com/now/russian－foreign－scientists－discussed－innovative-173500716. html，最后访问日期：2023 年 11 月 2 日。

③ "Joint Statement on Arctic Council Cooperation Following Russia's Invasion of Ukraine，" https：//www. state. gov/joint－statement－on－arctic－council－cooperation－following－russias－invasion－of－ukraine，最后访问日期：2023 年 11 月 2 日。

④ "Arctic Council Future Uncertain with Isolated Russia，" https：//thebarentsobserver. com/cn/node/9776，最后访问日期：2023 年 11 月 2 日。

但是由于西方单方面的拒绝，北极理事会的作用现在难以发挥。

除了北极理事会外，北极治理中其他重要合作平台以及北极海岸警卫队论坛等机制也因为俄乌冲突而停止运行。北极海岸警卫队论坛始于2015年，目的是保持北极政治对话通道的通畅和海洋边境安全、管理合作的推进，论坛维持了制度化对话与实况演习，促进北极国家间互信和合作，即使疫情期间也以线上、线下方式保持机制继续运转。① 北极海岸警卫队论坛的停滞让北极海空发生事故和意外冲突时失去了对话的直接渠道，不利于北极危机管理，甚至可能会影响到北极地缘政治的稳定性。此外，巴伦支海欧洲-北极圈理事会、波罗的海国家理事会等也因为俄乌冲突而停止运行或排除俄罗斯参与。② 关于北极治理的未来，学界已经有很多讨论，例如建立"北欧+"机制、重建"北极理事会2.0"，其核心都是将俄罗斯排除在外。③

可见，在俄乌冲突后，北极的主要对话治理机制失能，让北极整体的地缘政治风险上升，尤其是在北极安全态势不断紧张、俄乌冲突短期内完全解决希望渺茫的情况下，北极的现有机制在西方的主导下完全将俄罗斯排除在外，彻底切断对话渠道，让俄罗斯不得不重新思考如何与西方对话。除俄罗斯之外的北极国家彻底被"一边倒"的西方冷战思维绑架，以意识形态和所谓的"民主阵营"划分敌我，其后果就是排除最大的北极国家进行北极国际合作，这本身就是一个伪命题，以西方国家自己的话来说即"看不见房间里的大象"，所有北极国家都了解北极合作和治理无法离开俄罗斯，但是因为"政治正确"而切断了与俄罗斯的外交联系，不仅让俄罗斯在北极合作中寸步难行，其他希望与俄罗斯进行合作的北极国家和利益攸关方也面临重重困难，北极地缘政治的合作形势面临严重危机。

面对西方的全面政治封锁，俄罗斯2020年3月发布的《2035年前俄罗

---

① "Arctic Coast Guard Forum," https://www.arcticcoastguardforum.com/about-acgf，最后访问日期：2023年11月2日。

② T. Koivurova, A. Shibata, "After Russia's Invasion of Ukraine in 2022: Can We still Cooperate with Russia in the Arctic?" *Polar Record*, 2023.

③ 郭培清、李小宁：《乌克兰危机背景下北极理事会的发展现状及未来走向》，《俄罗斯东欧中亚研究》2023年第5期，第1~20页。

斯联邦北极国家基本政策》中有关国际合作中的部分明显不再符合现实要求。俄乌冲突前北极国家之间合作与竞争共存的态势已发生根本性变化,①对原本的政策进行修订,使其更加符合俄罗斯的国家利益,适应新的地缘政治环境成为必要。

(二)经济封锁使俄罗斯北极开发进程放缓

俄乌冲突后,欧洲与俄罗斯的关系陷入冷战后的一个新的低谷期。欧盟强烈谴责俄罗斯对乌克兰的军事行动,同意对俄采取进一步的限制性措施,不断扩大对俄的制裁领域,对俄罗斯的能源禁令成为欧盟此次制裁的重点。

在俄乌冲突前,欧洲超过40%的能源从俄罗斯进口,对俄罗斯能源制裁虽然会对欧洲经济造成重大影响,但西方仍然坚持对俄进行全面的经济制裁。② 西方对俄能源制裁的影响主要有两个:一个是对俄直接出口的能源产品进行直接制裁,另一个是对俄能源项目的金融、技术、市场进行间接制裁。

在对俄直接制裁方面,俄乌冲突发生4天后,加拿大首个宣布禁止从俄罗斯进口原油,③ 开启了西方对俄能源直接制裁的大门,并在同年6月8日禁止向俄罗斯油气、采矿和化学工业提供服务。④ 2023年2月,欧盟委员会通过了第10套制裁措施,禁止购买、进口俄罗斯的原油和部分石油产品。⑤ 此外,

① 赵隆:《试析俄罗斯"北极2035"战略体系》,《现代国际关系》2020年第7期,第44~50页。

② "Russia's Energy War Heats up in Ukraine, a View from The Arctic Circle," https://sofrep.com/news/russias-energy-war-heats-up-in-ukraine-a-view-from-the-arctic-circle, 最后访问日期:2023年11月2日。

③ "Canada to Ban Imports of Crude Oil from Russia," https://www.bbc.com/news/business-60564781, 最后访问日期:2023年11月2日。

④ "Canada Imposes Sanctions on Russian Oil, Gas and Chemical Industries," https://www.canada.ca/en/global-affairs/news/2022/06/canada-imposes-sanctions-on-russian-oil-gas-and-chemical-industries.html, 最后访问日期:2023年11月2日。

⑤ "10th Package of Sanctions on Russia's War of Aggression against Ukraine: The EU Includes Additional 87 Individuals and 34 Entities to the EU's Sanctions List," https://www.consilium.europa.eu/en/press/press-releases/2023/02/25/10th-package-of-sanctions-on-russia-s-war-of-aggression-against-ukraine-the-eu-includes-additional-87-individuals-and-34-entities-to-the-eu-s-sanctions-list, 最后访问日期:2023年11月2日。

欧盟委员会和国际能源机构（IEA）还共同提议在两年内将对俄能源依赖度降低2/3，并在2030年完全不进口俄罗斯能源。①

除了直接对俄罗斯的能源进口进行全方位的打击之外，G7集团（美国、英国、法国、德国、日本、意大利和加拿大）还在第八轮对俄制裁中引入俄罗斯石油价格上限机制，禁止提供与向第三国海上运输原产于俄罗斯或从俄罗斯出口的原油（截至2022年12月）或石油产品（截至2023年2月）有关的海上运输、技术援助、经纪服务、融资或财政援助。新的禁止欧盟船只向第三国提供此类产品的海上运输的规定自欧盟理事会一致决定引入价格上限起适用。根据欧盟委员会的数据，贸易制裁涉及价值70亿欧元的进口禁令。② 欧盟认为，价格上限将大幅减少俄罗斯从石油中获得的收入，并有助于稳定全球能源价格。

以上对俄罗斯能源的直接制裁大幅削减了俄罗斯能从欧洲市场获得的利润空间，导致俄经济下行压力加大。在全方位制裁压力下，以能源出口型经济为主的俄罗斯2023年国内生产总值增长3.6%，虽然西方的制裁影响了俄罗斯能源出口，但是通过与发展中国家的贸易，俄罗斯积极填补缺失的西方市场等因素，俄罗斯的经济有望持续复苏。③

如果说西方对俄罗斯的直接制裁仅仅让它失去了欧美的市场，俄罗斯尚可通过寻求更多、更广泛的合作伙伴来解决，那么西方通过金融、技术、市场等方式针对俄罗斯的间接制裁的打击也不容小觑，尤其是在气候恶劣、社会经济发展水平较低的俄罗斯北极地区，间接制裁对俄罗斯北极开发造成的打击更加明显。

---

① "A 10-Point Plan to Reduce the European Union's Reliance on Russian Natural Gas," https://www.iea.org/reports/a-10-point-plan-to-reduce-the-european-unions-reliance-on-russian-natural-gas，最后访问日期：2023年11月2日。

② "European Union Adopts Eighth Package of Sanctions against Russia, Including Oil Price Cap," https://tass.com/politics/1518831，最后访问日期：2023年11月2日。

③ 《俄罗斯统计局：2023年俄罗斯GDP增长3.6%》，新华网，http://www.news.cn/world/20240208/ca4c7baa429447b3ba49980cfd22a439/c.html，最后访问日期：2023年11月2日。

在俄乌冲突之前，美国对俄罗斯的制裁已经影响了俄罗斯北极地区的发展。2019 年，中国中远航运集团作为俄罗斯北极亚马尔 LNG 项目的重要参与者，受到美国制裁俄罗斯的影响，该公司拥有亚马尔 LNG 项目运输船队 15 艘船中的 14 艘的股份。船队中 Arc7 级 LNG 运输船是亚马尔 LNG 项目的重要运输力量，① 彼时制裁对俄罗斯北极开发影响尚不明显，俄罗斯通过使用挂俄罗斯船旗船只、成立俄国内航运公司等方式尚可有效规避，但是俄乌冲突发生后，西方的制裁对俄罗斯北极开发的影响逐渐显现。

首先在金融方面，西方将俄罗斯排除在国际资金清算系统（SWIFT）之外后，日本冻结三家俄罗斯银行 Bank Rossiya、Promsvyazbank 和 VEB（俄罗斯开发银行）在日本的资产。不久之后，日本同意欧盟的立场，将七家俄罗斯主要银行（包括已被日本制裁的三家）排除在 SWIFT 之外。② 在欧盟第六套制裁措施下，俄罗斯北极重要油气项目"东方石油"重要合作伙伴新加坡的托克（Trafigura）审查其在该项目中的股权，未来可能退出在俄罗斯北极的投资。③ 在西方制裁下，国际金融机构对俄北极投资普遍存在恐惧心理，俄北极投资资金问题逐渐凸显。

在技术和基础设施方面，部分欧盟国家是俄罗斯北极油气项目的重要设备供应商，欧盟的制裁让依赖西方技术的俄罗斯液化天然气气田未来发展堪忧。④ 在北极基础设施建设方面，西方的制裁也让俄罗斯面临困境，代表俄罗斯港口疏浚工程 98%以上的四大疏浚公司（Van Oord、Boskails、Jan de

---

① "U. S Sanctions against Chinese Shipper Reverberate on Russian Arctic Coast," https://thebarentsobserver. com/en/industry- and - energy/2019/10/us - sanctions - against - chinese - shipper - reverberate - russian-arctic-coast，最后访问日期：2023 年 11 月 2 日。

② "Rising Japan-Russia Tensions Cause for Concern," https://asiatimes. com/2022/04/rising - japan-russia-tensions-cause-for-concern，最后访问日期：2023 年 11 月 2 日。

③ "Embargo Looms, but Russia Proceeds with its Biggest Arctic Oil Project," https://thebarentsobserver. com/en/industry-and-energy/2022/05/oil-embargo-looms-russia-proceeds-its-biggest-arctic-oil-project，最后访问日期：2023 年 11 月 2 日。

④ Береговые охраны США и России продолжают сотрудничество в Беринговом проливе, https://pro-arctic. ru/11/04/2022/news/45526#read，最后访问日期：2023 年 11 月 2 日。

Nul、DEME）的承包商已退出俄罗斯的北极技术设施项目。[1] 俄罗斯的北极技术的强对外依赖性，尤其是对欧美的强技术依赖性使俄罗斯的北极开发前景受阻。2023 年 11 月 2 日，美国对俄罗斯"北极 LNG-2"项目建设进行了大规模制裁，[2] 旨在降低俄罗斯未来的能源生产和出口能力，同时保持美国能源占据世界市场。由于美国的制裁，法国道达尔能源公司（TotalEnergies）、中国石油天然气集团有限公司（简称"中石油"）和中国海洋石油集团有限公司（简称"中海油"）、日本三井物产和日本石油天然气机械株式会社（JOGMEC）已不再履行北极资产的合同，停止为俄提供资金，也不能购买其产品。[3]

综合来看，西方对俄制裁大大打击了俄罗斯的经济发展状况。对能源的直接制裁体现在俄罗斯宏观经济衰退、国内生产总值下降、丢失欧洲能源大市场上；间接制裁则严重破坏了俄罗斯北极能源开发的路线图，金融制裁让俄罗斯北极开发丧失了大量的西方资金，技术制裁让严重依赖西方技术的俄罗斯面临项目难以完工、开发难以为继的情况，而航运方面的制裁让俄罗斯北极能源物流陷入困境。而且西方对俄在政治上的冷淡态度让俄罗斯通过政治手段解除制裁的可能性十分渺茫。本由政治问题引发的经济问题反而加重了俄罗斯在北极面临的地缘政治困境。在西方全面制裁大背景下，如何突破制裁限制，保证俄罗斯北极开发的可持续性成为俄北极政策中的新考量问题。

二 俄乌冲突后俄罗斯北极政策再定位

2023 年起，俄罗斯集中对涉及北极的政策进行了调整，包括《2035 年

---

[1] "Boskalis、DEME、Jan De Nul、Van Oord withdraw from Russia," https://www.dredgingtoday.com/2022/05/20/boskalis-deme-jan-de-nul-van-oord-withdraw-from-russia，最后访问日期：2023 年 11 月 2 日。

[2] "Taking Additional Sweeping Measures against Russia," https://www.state.gov/taking-additional-sweeping-measures-against-russia，最后访问日期：2023 年 11 月 2 日。

[3] Все зарубежные акционеры останавливают участие в «Арктик СПГ - 2», https://pro-arctic.ru/26/12/2023/news/47382？ysclid=lrvlk52186164800188，最后访问日期：2023 年 11 月 2 日。

前俄罗斯联邦北极国家基本政策》《2035 年前俄罗斯联邦北极地区发展和国家安全保障战略》《2035 年前北方海航道发展规划》《俄罗斯联邦对外政策构想》《俄罗斯联邦海洋学说》等文件。在新政策中，俄罗斯根据地缘政治新态势以及自身面临的实际问题，制定了相应的指导方针。

（一）外交政策突出俄罗斯北极战略地位

北极一直以来是俄罗斯的重要战略要地，其地位也在不断提升，从俄罗斯发布的《俄罗斯联邦海洋学说》（以下简称《学说》）和《俄罗斯联邦对外政策构想》（以下简称《构想》）中可看出。俄乌冲突后俄罗斯更新的两个国家海洋和外交纲领性文件《构想》（2023 年）和《学说》（2022 年）更是将北极的战略定位提升到最高优先级。

北极第一次作为重点关注内容出现在 2013 年发布的《构想》中。2008年发布的《构想》虽然有北极相关内容出现，但相关内容仅体现在俄罗斯强调加强与北欧国家和加拿大的务实合作上，该《构想》未将北极地区作为一个整体外交重点。[①] 2013 年发布的《构想》中，俄罗斯倡导"优先同北极国家合作，在北极理事会、北冰洋沿岸五国、巴伦支海欧洲-北极圈理事会等多边框架下进行合作"。[②] 2016 年发布的《构想》首次将北极作为外交优先项。彼时俄罗斯外交优先次序为独联体—欧洲和大西洋地区—美国—北极—亚太—中东与北非—拉丁美洲—非洲。该《构想》反对将政策对抗和军事对抗引入北极。[③] 与北极相关的条款包括第 75 条和第 76 条（总 108条），相较之前发布的《构想》，2016 年的《构想》无论在篇幅还是描述的详细程度上都有很大提升。[④]

① Концепция внешней политики Российской Федерации, http://kremlin. ru/acts/news/785，最后访问日期：2023 年 12 月 5 日。
② 于水镜：《新俄罗斯外交政策的嬗变》，北京外国语大学，博士学位论文，2019。
③ 黄登学：《从〈俄罗斯联邦对外政策构想〉看俄外交的地区优先次序》，《世界知识》2017年第 2 期，第 33~35 页。
④ Указ Президента Российской Федерации от 30. 11. 2016 г. № 640, http://static. kremlin. ru/media/acts/files/0001201612010045. pdf，最后访问日期：2023 年 10 月 4 日。

2023 年 3 月 31 日，俄罗斯最新版的《构想》发布，该文件发布于俄乌冲突背景之下，具有明显的重新调整战略布局、反击西方国家遏制战略意味。① 在该《构想》中，北极出现的顺序由之前第 75 条提前至第 50 条，且在外交优先次序中，北极成为仅次于俄罗斯近邻地区的第二位，目前的顺序为近邻—北极—中国与印度—亚太—中东—非洲—拉丁美洲—欧洲—美国与其他盎格鲁-撒克逊国家。相较 2016 年的《构想》，2023 年的《构想》去掉了之前"与北欧国家、加拿大、美国加强合作，北极理事会、北冰洋沿岸五国、巴伦支海欧洲-北极圈理事会等多边框架下进行合作"的内容，增加了"对俄罗斯奉行的建设性政策且有兴趣在北极开展国际活动的非北极国家进行互利合作"，并且将中国与印度单独罗列，体现出俄罗斯未来外交政策对加强与中印两国合作的重视。②

2023 年的《构想》体现了俄乌冲突后西方政治封锁态势下，西方国家对俄罗斯进行主动施压，拒绝对话和合作，使得俄罗斯不得不采取"进攻性"外交政策，将俄属北极地区的安全定位为最高优先级，③ 在保证北极地区绝对安全的情况下维持北极地区的开发与合作。有学者认为北极处于俄罗斯地缘战略第一圈，将北极置于外交顺位中的优先地位表明了俄罗斯捍卫北极权益的决心。④

（二）海洋政策突出俄罗斯北极核心利益

在《学说》中，北极战略地位也在持续提升。在 2001 年发布的《学说》中，俄罗斯将北极列于海洋政策次序的第二位（大西洋—北极—太平

① 于游:《新版〈俄罗斯联邦对外政策构想〉评析》，《东北亚学刊》2023 年第 5 期，第 130~145 页。
② Концепция внешней политики Российской Федерации（утверждена Президентом Российской Федерации В. В. Путиным 31 марта 2023 г.），https://www.mid.ru/ru/foreign_policy/official_documents/1860586，最后访问日期：2023 年 10 月 4 日。
③ 梁朕朋:《〈俄罗斯联邦对外政策构想〉与俄对外政策未来走向》，《俄罗斯学刊》2024 年第 2 期，第 100~116 页。
④ 王晓泉:《从新〈俄罗斯联邦外交政策构想〉析俄外交战略调整》，《俄罗斯学刊》2023 年第 5 期，第 5~26 页。

洋—里海和印度洋地区），北极是俄罗斯舰队自由出入大西洋的重要战略咽喉，俄北极专属经济区和大陆架上的资源是俄经济发展的重要财富。在2001年发布的《学说》中，"北极"关键词共出现了10次。① 在2015年发布的《学说》中，"北极"关键词出现的频次大幅提高，共出现29次，且有单独章节"北极区域方向"进行阐述，相较2001年发布的《学说》，北极地区在地位和论述篇幅上都有明显提升。

2015年发布的《学说》在2001年版基础上，更加注重北极的战略稳定，并增加了北极的海洋环境、生物资源养护、勘探、搜救、溢油处理等方面的篇幅。北方海航道也成为2015年版《学说》的重点内容，主要体现在俄罗斯破冰船建设、港口与基础设施建设、航行条件的改善上。在军事安全方面，2015年的《学说》强调俄罗斯北方舰队的发展建设，开发监测北极航线的系统，限制外国海军、商船在俄北极地区的活动。在国际合作方面，2015年的《学说》提出与北极国家积极合作。② 在2015年版《学说》中，北极战略地位进一步提升，且俄罗斯对于北极的认知也进一步丰富，俄罗斯在北极的国家利益不仅局限于北极的资源、航道、军事方面，还在可持续发展、国际合作、搜救等方面进一步细化，体现出俄罗斯对于海洋政策认知的与时俱进。同时，在其他方面，2015年版《学说》更加重视在大西洋方向与北约的军事对抗，着重强调军事力量在海洋战略中发挥的作用。③

2022年7月31日，2022年版《学说》发布。在该《学说》中，"北极"作为关键词出现了17次，相较2015年版有所减少。但需要注意的是，2022年的《学说》有关北极的内容比2015年版更多，且分布范围更广，涉及方面更多，篇幅也有大幅增加，"北极"一词更深度融入《学说》中。首

---

① МОРСКАЯ ДОКТРИНА РОССИЙСКОЙ ФЕДЕРАЦИИ НА ПЕРИОД ДО 2020 ГОДА, ttp://www. kremlin. ru/supplement/1800, 最后访问日期：2023年11月2日。

② Морская доктрина Российской Федерации （утв. Президентом РФ 26. 07. 2015）, https://legalacts. ru/doc/morskaja-doktrina-rossiiskoi-federatsii-utv-prezidentom-rf-26072015, 最后访问日期：2023年11月2日。

③ 左凤荣、刘建：《俄罗斯海洋战略的新变化》，《当代世界与社会主义》2017年第1期，第132～138页。

先，2022 年发布的《学说》强调俄罗斯北极外大陆架对于俄罗斯国家利益的重要性，在之前的版本中虽有体现，但这版《学说》更加强调了依据《联合国海洋法公约》进行划界。同时，2022 年的《学说》直言不讳地提出，"一些国家努力削弱俄罗斯对北方海航道的控制，在北极建立海军存在，北极发生冲突的可能性增加"①，体现了俄罗斯对于北极地缘政治现状的认知情况有所改变。其次，2022 年的《学说》删除了有关与北极国家加强合作的内容，提出在北极地区应主要装备俄罗斯国产设备、船舶、军舰等，还提出应提升信息基础设施建设、北极科学研究水平、搜救能力。

总体来说，在 2022 年的《学说》中，俄罗斯对于北极核心利益认知有了一定变化，在强调北极是俄罗斯资源宝库的基础上，更加突出了俄罗斯对于北极航线的控制，尤其是在外国海军活动增强的情况下，俄罗斯北极海域安全利益成为核心要点。而在资源开发方面，2022 年的《学说》更强调俄罗斯的自主技术可控性。俄乌冲突后，西方全面制裁俄罗斯，俄罗斯的冰级 LNG 运输船、LNG 生产线建设遭受制裁，延缓了俄罗斯北极开发进程，实施可靠有效的进口替代也成为 2022 年的《学说》的重点内容之一。

（三）北极政策修正案"去西方化"特征明显

2020 年 10 月 26 日，俄罗斯总统普京签署批准《2035 年前俄罗斯联邦北极地区发展和国家安全保障战略》。在国际合作方面，该战略提到："在国际双边和多边机制下，同外国进行合作，包括在与挪威和《斯匹次卑尔根群岛条约》缔约国进行平等互利合作的条件下，确保俄罗斯在斯匹次卑尔根群岛的存在，在北极海岸警卫队论坛框架下同北极国家进行合作，在2021~2023 年俄罗斯联邦担任北极理事会轮值主席国期间和北极经济理事会框架下开展工作，增加与国外原住民的联系，吸引外国投资者参与北极地区

---

① Морская доктрина Российской Федерации，https：//www. mid. ru/ru/foreign_policy/official_documents/1688734，最后访问日期：2023 年 10 月 4 日。

经济项目，加紧执行《加强国际北极科学合作协定》。"① 目前，北极理事会
（包括北极经济理事会）、北极海岸警卫队论坛全面停摆，2023 年 2 月 21 日
发布的《2035 年前俄罗斯联邦北极地区发展和国家安全保障战略》修正案
指出："在双边基础以及相应的多边框架机制内发展与外国的关系，考虑到
俄罗斯联邦北极地区国家利益情况下，扩大国际经济、科学技术、文化和跨
境合作，同时在气候变化研究、环境保护以及北极可持续自然资源开发方面
开展合作。"② 这种表述的出现显示了俄罗斯对于北极理事会以及相关的传
统北极对话治理机制的失望和排斥。

《构想》（2023 年）和《学说》（2022 年）都删除了与北极国家进行合
作的内容，可见俄罗斯在北极相关政策文件中完成了彻底的"去西方化"，
北极也成为俄罗斯与西方开展地缘政治对抗的前沿阵地。在政策文件中
"去西方化"是俄罗斯在西方主动发动政治诘难后的主动应对方式。从政策
文件中可以看出，俄罗斯并不排斥与其他国家在北极地区进行合作，而是西
方对待俄罗斯的态度让俄罗斯无法继续保持与西方的合作。

俄乌冲突之后，三份主要的俄罗斯北极政策文件的调整体现出北极地
缘政治新环境下俄罗斯对于北极的新认知。在战略地位上，俄罗斯将北极
提高到之前从未有过的高度，在外交政策中强调北极对于俄罗斯的高度战
略价值。在核心利益上，北极安全利益成为重中之重，保证俄罗斯对于俄
北极海域控制权、提升自主开发能力成为俄罗斯北极核心关切。俄罗斯认
为，只有在保证北极安全、技术自主、航道可控的情况下才能维护俄国际
核心利益。三份文件的共同特征是"去西方化"。俄罗斯作为最大的北极
国家，一直以北极圈内最大、最重要的国家身份自居，不排斥与北极圈内
其他国家合作，而俄乌冲突发生后，全面、彻底的"去西方化"是俄罗

___

① Указ Президента Российской Федерации от 05.03.2020 г. № 164, http://www.kremlin.ru/
acts/bank/45255/page/1, 最后访问日期：2023 年 10 月 4 日。
② 内容变更见 Основы государственной политики в Арктике на период до 2035
года, http://kremlin.ru/acts/news/70570? utm_referrer = korabel.ru%2Fnews%2Fcomments%
2Fvneseny_izmeneniya_v_osnovy_gosudarstvennoy_politiki_v_arktike.html&fbclid = IwAR3fqEz
RAhzpBAVi8qhdYDoiv44GPcqVT5BNaIE2Ju6fo1sSZquKEtttfvI, 最后访问日期：2023 年 10 月 4 日。

斯应对美国强迫其北极盟友"选边站",事实形成了北极治理的"反俄阵营"的主动手段。

三 俄罗斯北极政策调整的影响

俄罗斯此次调整北极相关政策发生在俄乌冲突后西方对俄政治封锁、经济制裁的大背景下。冲突的持续极大加剧了地区安全态势的紧张程度,北极"再安全化"趋势明显。尤其是在芬兰和瑞典两国加入北约后,波罗的海实际上已成为"北约内海",加之北约初创成员国挪威、冰岛两国的北方压力,致使俄罗斯在北极地区面临安全风险外溢的问题。俄罗斯北极政策的相应调整一方面是为了维护自身安全利益,另一方面仍然强调世界多极化发展,体现出俄罗斯对于建立更加公平的世界秩序的期望。

(一)北极"再安全化"程度加深

北极"再安全化"已经不是一个新鲜的话题。早在 2017 年,美国《国家安全战略》就重点关注美俄之间在北极的大国竞争,2019~2020 年美国密集发布北极相关战略,都将俄罗斯视为北极和平的"有力竞争者"。俄罗斯则为了维护自身的安全利益,在北极进行了一系列的军事建设,包括提升北方舰队作战能力、强化北极方向核力量、重建冷战时期军事基地等措施。

在俄乌冲突发生之前,俄罗斯与北极圈内其他国家仍然保持一定程度的安全合作,包括在 2011 年北极安全部队圆桌会议、2015 年北极海岸警卫队论坛等平台的合作。[1] 俄乌冲突发生后,北极安全部队圆桌会议、北极海岸警卫队论坛两个平台均将俄罗斯排除在外。[2] 俄罗斯在北极的新政策中"去

---

[1] 郭培清、厉召卿:《对峙与合作:北极安全态势分析》,《中国海洋大学学报(社会科学版)》2021 年第 4 期,第 70~80 页。

[2] "Is It Possible to Continue Cooperating with Russia in the Arctic Council?" https://gjia.georgetown.edu/2022/06/29/is-it-possible-to-continue-cooperating-with-russia-in-the-arctic-council,最后访问日期:2023 年 12 月 15 日。

西方化"的表述也决定了俄方难以在安全方面与西方再度进行合作。

新政策对于俄北极安全利益的强调具有明显的"排外性"特征，尤其是《学说》中对北方海航道控制权的描述。伴随《学说》的发布，俄罗斯立法规定在俄罗斯规定的北方海航道沿线海域，在同一时间，外国军舰或政府船舶不得超过一艘，外国潜艇需要上浮且悬挂国旗航行，且通行前需提前90 天通过外交渠道进行申请。① 美国则针对北方海航道问题进行了专门的回应，认为美国需要使用军舰在北方海航道进行自由航行行动，还要使用潜艇或无人水下潜航器在水下通过。② 由于美国缺乏具有抗冰能力的军舰，如果出现紧急情况，美国不得不面临向俄罗斯求助的两难困境，这种情况对于美国来说是不可接受的风险。由于 2020 美国在彼得大帝湾的自由航行行动遭到了俄罗斯的强烈抗议，美国是否会进行北极自由航行行动仍然有待观察。③

除安全对话机制的停摆以及美俄针对北方海航道航行进行的对抗之外，北极"再安全化"还体现在西方与俄罗斯举行大规模、常态化的北极军事演习，北欧国家中芬兰、瑞典加入北约，形成针对俄罗斯的"阵营化"对抗趋势等。2023 年 3 月，北约在挪威及其周边海域举行了大规模的"联合维京"军事演习，有 9 个国家 20000 多名士兵参加，是 2023 年在挪威举行的最大规模的演习。④ 据统计，从 2022 年 2 月 24 日俄乌冲突发生起至 2023 年 12 月 31 日，俄罗斯在北极地区进行了 32 次军事演习，美国及其盟友在北极进行了 23 次演习，在不到两年的时间内，平均每个月就有两次以上

① "Russian Parliament Passes Law Limiting Freedom of Navigation along Northern Sea Route," https://thebarentsobserver. com/en/arctic/2022/12/russian – parliament – passes – law – banning – freedom-navigation-along-northern-sea-route，最后访问日期：2023 年 12 月 15 日。
② "Build a Coalition for Northern Sea Route Security," https://www. usni. org/magazines/proceedings/2023/august/build-coalition-northern-sea-route-security，最后访问日期：2023 年 12 月 15 日。
③ Todorov Andrey, "Dire Straits of the Russian Arctic: Options and Challenges for a Potential US FONOP in the Northern Sea Route," *Marine Policy*, 2022.
④ "Winter Military Exercises Are Under Way in Northern Norway," https://www. arctictoday. com/winter-military-exercises-are-under-way-in-northern-norway，最后访问日期：2023 年 12 月 15 日。

演习。①

乌克兰危机后，北欧国家共同建立的北欧防务合作组织进行了内部整合，2023年3月，挪威、芬兰、瑞典和丹麦的空军签署意向书，为发展北欧联合空军基地奠定了基础。② 2023年5月，丹麦正式加入永久结构性合作（PESCO），在欧盟框架下加强了北欧的安全合作能力。③ 加之芬兰、瑞典加入北约后让北约"阵营化"对抗介入更加有效，原来芬兰、瑞典两个中立国的转变让俄罗斯的战略焦虑增加，打破原有权力平衡结构，对于北极安全治理有害无利。④ 俄罗斯不再将西方国家看作竞合对象，而是完全的竞争对手。俄对北极的战略定位再提升，北极利益核心化，让整体北极"再安全化"态势进一步加深且更为明显。

（二）世界"多极化"格局加速发展

在西方全面封锁俄罗斯的背景下，传统的北极合作陷入困境，但困境并不意味着北极治理毫无进展。俄罗斯和西方国家仍然在一些低政治领域保持了有限合作，同时俄罗斯通过调整北极政策，也在探索北极治理合作的新路径。俄罗斯还通过引入更多对俄友好的国际伙伴，提升北极参与多元化程度，在北极地区建设多边对话平台。

在2023年《构想》中，俄罗斯强调了反霸权、将俄罗斯建设成未来多极世界重要一极的多极化格局的重要性。俄乌冲突标志着俄罗斯与西方关系的彻底割裂，如何应对美国霸权主义，在主权平等、尊重彼此利益基础上恢

---

① "Arctic Military Activity Tracker," https://arcticmilitarytracker.csis.org，最后访问日期：2023年7月5日。

② "Ambitious Vision for Nordic Defence Cooperation in the Works," https://www.arctictoday.com/ambitious-vision-for-nordic-defence-cooperation-in-the-works，最后访问日期：2023年9月4日。

③ "EU Defence Cooperation: Council Welcomes Denmark into PESCO and Launches the 5th Wave of New PESCO Projects," https://www.consilium.europa.eu/en/press/press-releases/2023/05/23/eu-defence-cooperation-council-welcomes-denmark-into-pesco-and-launches-the-5th-wave-of-new-pesco-projects，最后访问日期：2023年9月4日。

④ 姜胤安：《北约对北极事务的介入及影响》，《现代国际关系》2023年第10期，第43~57页。

复与俄罗斯的互动，建立良好对话是俄罗斯的重要议题。①

　　促进多极化发展也体现在北极治理方面，北极治理在多极体系中更倾向于多元化发展。尽管西方对俄罗斯全面抵制，但是北极治理问题不会因此消失，北极治理面临的现实问题反而会更加严峻。在北极理事会的"北极七国"发布抵制俄罗斯的共同声明后，俄罗斯仍然参与了《预防中北冰洋不管制公海渔业协定》执行。这体现了俄罗斯在北极渔业治理中的不可或缺性，西方同样对俄罗斯参与表示认同。② 在 2023 年的北极理事会轮值主席国换届中，挪威采用了线上会议的方式，实现了成功交接。③ 俄罗斯与美国海洋警卫队在渔业执法、搜救以及保护海洋环境方面仍然保持合作。④ 北极理事会于 2024 年 2 月 28 日发布声明，将会逐步推动项目级的工作恢复。⑤

　　在北极"阵营化"对抗现状中，"全球南方"群体让世界多极化进程更加深入。俄罗斯也向中国、印度、韩国、土耳其等多个国家表达了进一步加强北极合作的愿望，俄罗斯外交政策对于世界能源、经济、地缘经济格局将产生深远影响，⑥ 是 2023 年《构想》的实践体现，也是北极治理参与主体多元化的标志。以西方话语主导的"北极例外论"已经完全失去了价值，此论调本就是西方国家想将北极维持在"圈子化"治理之中的一厢情愿的设想。俄罗斯北极相关政策的调整将会吸引更多的治理主体参与北极治理。北极治理的多元化将推动世界的多极化进程。

---

① Морская доктрина Российской Федерации, https://www.mid.ru/ru/foreign_policy/official_documents/1688734, 最后访问日期：2023 年 12 月 15 日。
② 郭培清、李小宁：《乌克兰危机背景下北极理事会的发展现状及未来走向》，《俄罗斯东欧中亚研究》2023 年第 5 期，第 1~20 页。
③ 冯晓慧：《挪威北极战略重心演变及其担任北极理事会轮值主席国的政策走向》，《海洋世界》2024 年第 2 期，第 70~77 页。
④ 杜晓杰：《俄乌冲突背景下俄罗斯北极战略的调整与未来走向》，《俄罗斯学刊》2024 年第 1 期，第 101~116 页。
⑤ "Arctic Council Advances Resumption of Project-Level Work," https://arctic-council.org/news/arctic-council-advances-resumption-of-project-level-work，最后访问日期：2023 年 12 月 15 日。
⑥ 王晓泉：《从新〈俄罗斯联邦外交政策构想〉析俄外交战略调整》，《俄罗斯学刊》2023 年第 5 期，第 5~26 页。

四　结语

俄罗斯的北极相关政策一直是伴随着北极地缘政治发展而不断改变的。俄乌冲突的溢出性效应和长期持续性让俄罗斯在这一特殊节点对其北极相关政策做出了适应性的调整。美国仍然受到"霸权思想"的影响，通过"阵营化""选边站"的方式胁迫盟友按照符合自身利益的方式行事。面对西方的政治封锁、经济制裁，俄罗斯首先从政策上进行调整，随后做出相应的应对实践，如再度提升北极战略定位，叙事话语上"去西方化"。这些实践一方面可以应对西方的打压，另一方面可以给中国等发展中国家带来深度参与北极事务的机遇。例如金砖国家可适应俄新北极政策，积极参与北极治理，通过俄罗斯的牵动，让金砖国家等非阵营行为体与已形成"反俄"思维定式的美西方进行对话，通过三边合作的方式共同推动北极治理合作的继续。

B.6
英国新北极政策框架演变及其利益分析[*]

刘惠荣　张笛[**]

摘　要：　英国外交、联邦与发展事务部于 2023 年 2 月 9 日发布了最新的综合性北极政策《向北望：英国与北极》，提出新的北极政策框架，承诺将在促进北极稳定和繁荣方面发挥关键作用。该北极政策承袭并发展了 2013 年《应对变化：英国北极政策》与 2018 年《超越冰雪：英国北极政策》两个北极政策，在北极气候变化和保护环境合作方面确定了框架，在北极防务和军事合作方面提出了新的愿景。英国 2023 年北极政策在选定北极合作伙伴的模式上也有所发展，一方面合作伙伴的选定目标更为清晰，另一方面英国也通过北约成员国的身份探索提升自身在北极事务话语权的可能性。

关键词：　英国北极政策　北极气候变化　环境保护　北极治理

　　2013 年，英国发布《应对变化：英国北极政策》报告，由此成为第一个制定和颁布综合性北极政策文件的北极域外国家。2018 年，英国政府出台《北极防务战略》和《超越冰雪：英国北极政策》等战略文件，表明英国政府对相关北极地区事务的立场，并列举参与北极事务的系列措施。2021年，英国发布《竞争时代的全球英国：安全、防务、发展与外交政策综合评估》报告，将北极防务内容作为其重要阐述部分。2022 年 3 月，英国国

---

　*　本报告为国家社会科学基金"新时代海洋强国建设"重大专项课题（项目号：20VHQ001）的阶段性成果。

　**　刘惠荣，中国海洋大学海洋发展研究院高级研究员，中国海洋大学法学院教授，博士生导师；张笛，中国海洋大学海洋发展研究院博士生。

防部发布《英国在高北地区的防务贡献》报告，宣称北极地区对英国国防至关重要，强调将加强在北极地区的军事力量。① 2023 年 2 月 9 日，英国外交、联邦与发展事务部（Foreign，Commonwealth & Development Office）极地地区部门（Polar Regions Department）发布《向北望：英国与北极》（Looking North：the UK and the Arctic）报告（2023 年北极政策），提出新的北极政策框架，承诺将在促进北极稳定和繁荣方面发挥关键作用。

英国新北极政策的出台有两个重要的背景，一是俄乌冲突，二是英国脱欧。俄乌冲突在某种程度上重新激活了北约，不仅芬兰、瑞典等非北约国家准备加入北约或提出加强与北约的合作，北约的现有欧洲成员国一致强调有必要进一步强化北约在欧洲的军事存在。② 脱欧后，英国的全球影响力出现了一定程度的下降。在欧盟内部，它失去了参与决策和影响政策制定的能力；与此同时，作为非欧盟成员国，它还失去了在欧盟框架内与其他成员国"讨价还价"的能力，需要在全球范围内重新调整伙伴关系。③ 2021 年，英国内阁办公室发布了《竞争时代的全球英国：安全、防务、发展与外交综合评估》报告（以下简称《报告》），强调俄罗斯是欧洲-大西洋地区的最大威胁，而北约则是维护该地区集体安全的基础。④ 2023 年新北极政策称俄乌冲突威胁到该地区的稳定，并从根本上破坏了北极理事会自 1996 年成立以来一直具有的和平合作特征；提出英国将与其北极伙伴和盟国合作，打击该地区的恶意和破坏稳定的行为和活动，支持减少对俄罗斯的战略依赖的努力，反对那些想要挑战国际秩序和航行自由的人。因此英国在

① 《英派遣"未来突击队"引领北极行动》，新华网，http://www.news.cn/mil/2022-05/27/c_1211651411.htm，最后访问日期：2024 年 6 月 30 日。
② 倪峰、达巍等：《俄乌冲突对国际政治格局的影响》，《国际经济评论》2022 年第 3 期，第 50 页。
③ 李翰林：《后脱欧时代英国的国家角色变迁——认知变化、动机驱动与外交选择》，《欧洲研究》2023 年第 6 期，第 160 页。
④ "Global Britain in a Competitive Age：the Integrated Review of Security, Defence, Development and Foreign Policy," 2021 年 7 月 2 日，https://www.gov.uk/government/publications/global-britain-in-a-competitive-age-the-integrated-review-of-security-defence-development-and-foreign-policy/global-britain-in-a-competitive-age-the-integrated-review-of-security-defence-development-and-foreign-policy，最后访问日期：2024 年 6 月 30 日。

2023 年的新北极政策中强调北约成员国的身份认同以及遏制俄罗斯在北极的活动。

一 英国2023年新北极政策框架

英国 2023 年新北极政策旨在实现英国在北极的长期目标，英国将围绕以下四个优先领域展开活动：第一，推动北极伙伴关系与合作，英国将在国际层面积极促进该地区的繁荣与安全，认识并探索应对气候变化等全球挑战的解决方案，继续培养和加强与北极伙伴的现有关系，寻求进一步的合作机会，以实现共同目标；第二，保护北极地区气候、人类和环境，英国加入了一系列的组织，并与一些机构①合作，关注北极海洋酸化、原住民文化、生物多样性、海洋垃圾（包括微塑料）等议题，寻求更大的参与度和话语权；第三，维护安全和稳定，遵照、总结一系列的法律文件和报告，促进与北约、北极国家不同程度的军事安全合作，在此基础上着重提高应对冰层消退引发的不断变化的区域环境的能力；第四，促进共同繁荣，英国对实现北极繁荣有明确的愿景，提出须通过安全、负责任和可持续的方式实现经济和商业发展。

（一）合作与协作

英国 2023 年新北极政策坚持了英国以往的北极政策的定位，即英国并非北极国家，但作为该地区最近的邻国，北极对英国的利益至关重要，尤其是在气候和安全方面。英国强调充分尊重八个北极国家和该地区原住民的主权权利，并将凭借其在该地区的外交能力、英国武装部队的防御能力以及英国科研界的北极专业知识，确保该地区的和平。

英国仍然强调北极理事会的作用，同时将俄乌冲突作为引子，认定俄罗

---

① 如全球海洋联盟（Global Ocean Alliance）、自然与人类高雄心联盟（High Ambition Coalition for Nature and People）、加拿大极地知识组织（Polar Knowledge Canada）、加拿大国家研究委员会（National Research Council of Canada）等。

斯将会威胁北极安全，并借此传达出英国期望北约军事力量在北极事务中发挥更重要的影响力。英国称北极理事会一直是促进北极合作的杰出政府间论坛，俄乌冲突从根本上影响了北极理事会自成立以来的和平合作。英国强烈支持其他七个北极国家暂停与俄罗斯在北极事务中接触的决定，支持它们在2022年6月在不涉及俄罗斯参与的项目中有限度地恢复它们在北极理事会的工作。

英国的这些立场和态度也表现在与北极国家和北极圈外国家的合作愿景中。英国对北极圈内国家和圈外国家表现出不同的态度。除俄罗斯外，英国对北极圈内其余七国表现出极高的尊重。英国寻求与加拿大、丹麦（格陵兰岛）在科研、学术交流、原住民权益等方面的合作；期望与瑞典、芬兰继续开展环境保护、科研教育及环境方面的合作；加强与丹麦、挪威、冰岛的渔业合作和经贸联系；寻求与除俄罗斯之外的其他北极圈内七国的防务或者军事层面的合作。这七个国家外加俄罗斯都是北极理事会的成员国，从英国的北极合作框架可以看出英国对北极圈内七国主权的尊重和对北极理事会在北极事务中地位的认同。

英国在阐述与上述几个国家的合作愿景时都特意强调了这些国家与北约的联系，如提到加拿大、丹麦、冰岛、挪威、美国是北约的成员国，瑞典是北约的观察员国；英国对于当时寻求加入北约的芬兰也表达了支持态度。俄罗斯则成为特例。英国声明暂停与俄罗斯在北极的政府间交流与合作，仅保持必要的接触。俄乌冲突是英国采取此立场的理由，同时脱欧后的相对孤立境遇导致的英国寻求增强北约在北极的存在感也是重要原因。

（二）保护气候、人类和环境

英国新北极政策在这部分的表述较为谨慎。该政策文件既未特意强调北极圈外国家参与北极事务的重要性，又以比较谨慎的措辞避免了北极圈内和圈外国家在相关议题上的对立。如气候变化和新挑战一节提到了应对气候变化需要世界各国的共同努力，但是英国并未细化与北极圈内和圈外国家的合作框

架，而是以"继续与其他国家合作"（continued to work with other countries）来代指。"人民"（People）这一节主要涉及的是与原住民的接触和合作，英国亦未具体化合作国家及合作流程。俄罗斯拥有大量的北极原住民，而在"合作与协作"一节中英国声明将断绝与俄罗斯的官方交流合作。原住民在北极合作中具有如此重要的地位源于其独特的国际法地位，不应因为俄罗斯的政治原因而孤立其原住民。无论如何，对原住民的保护是国际人权事业的一部分，不应受到国际政治因素的过多干涉。

英国在污染和海洋垃圾问题上的立场可以总结为不寻求破坏现有的北极格局。英国的主张分为两种：一是增强欧洲国家间现有治理机制下的合作，二是增加新的全球治理机制。如英国寻求与《保护东北大西洋海洋环境公约》①的其他缔约方合作，包括通过 2022 年 6 月发布的新的《保护东北大西洋海洋环境公约区域行动计划》，防止和大幅减少东北大西洋海洋垃圾，原因是"北极水域约占《东北大西洋海洋环境公约》海域面积的40%"。②对于全球性的治理机制英国则主张推陈出新。英国是主张解决海洋塑料污染问题的主要国家，在 2022 年 3 月的联合国环境大会上发起了制定一项新的具有法律约束力的国际条约的提案，并在政府间谈判委员会会议上采取了雄心勃勃的立场，旨在于 2024 年底前制定新条约。在联合国环境大会通过一项决议后，英国还牵头建立了一个独立的政府间化学品、废物和污染科学政策小组，该决议寻求成立一个不限成员名额的工作组，以便在 2024 年底之前成立该小组。以上思路可以总结为，对于有针对性的北极治理议题，英国主张在欧洲国家间解决（而非北极圈内八国间，因为英国并不在此八国之列）；对于可能涉及北极的全球性议题，如海洋垃圾治理，英国主张建立全球性的机制。这样欧洲国家仍然比亚洲国

---

① 该公约缔约方包括比利时、丹麦、欧洲联盟、芬兰、法国、德国、冰岛、爱尔兰、荷兰、挪威、葡萄牙、西班牙、瑞典、英国、卢森堡、瑞士。参见保护东北大西洋海洋环境委员会网站：https://www.ospar.org/convention。

② "WWF Urges OSPAR to Enhance Marine Conservation Efforts in the Arctic," 2023 年 10 月 16 日，https://www.arcticwwf.org/newsroom/news/wwf-urges-ospar-to-expand-marine-conservation-efforts-to-the-arctic/，最后访问日期：2024 年 11 月 26 日。

家在北极问题上享有更高的话语权,既让英国有理由以欧洲国家(甚至北约成员国)的身份成为北极事务的主导者,又容易得到欧洲国家的声援,看似在表面上解决了其他北极圈外国家参与北极事务的问题。英国之谨慎可见一斑。

在候鸟保护问题上,英国称通过其境内组织联合自然保护委员会(The Joint Nature Conservation Committee)为北极理事会北极动植物保护(Conservation of Arctic Flora and Fauna)工作组的北极圈海鸟专家组(Circumpolar Seabird Expert Group)和北极候鸟倡议(Arctic Migratory Birds Initiative)的工作提供技术投入,并强调"英国也是《非洲-欧亚水鸟保护协定》(African Eurasian Waterbird Agreement,AEWA)的缔约方,这是一项多边环境协定,旨在协调国际力量,保护和管理包括海鸟在内的迁徙水鸟"。[1]

实际上该协定的缔约国仅限于欧洲和非洲,其余各洲均无国家参与。从AEWA 的官方网站可以看出,北美洲、亚洲存在诸多域内未缔约国家[2](Non-Party Range State),这表明就保护北极候鸟而言,现有的 AEWA 机制是远远不够的,且包括英国在内的各缔约国都能意识到这一点。但是英国并未提出扩大相关合作的愿景。对于作为候鸟重要栖息区域的俄罗斯并不在现有机制中,但可以想见的是,若英国诚心提升对候鸟的保护水平,很难绕过俄罗斯。中国在该网站未被标示为域内未缔约国家,因而英国绕过与中国的合作可以理解。但值得注意的是,加拿大作为 AWEA 标示的域内未缔约国家,亦未出现在英国的愿景中。

英国对北极深海采矿的参与渠道是国际海底管理局。英国政府还承诺不赞助或不支持为深海采矿项目发放任何开采许可证,除非有足够的科学证据证明深海采矿项目对深海生态系统的潜在影响,且国际海底管理局已经制定

---

① UK Government,"Looking North: The UK and the Arctic," https://www.gov.uk/government/publications/looking-north-the-uk-and-the-arctic,最后访问日期:2024 年 6 月 30 日。

② https://www.unep-aewa.org/en/parties-range-states,最后访问日期:2024 年 6 月 30 日。域内未缔约国家是指对某一保护物种的生存区域(range)具有重要性,但未签署或加入相关国际协议的国家。

了强有力的、可执行的环境法规和标准。英国为此在 2023 年 10 月底发布声明，宣称暂停深海采矿，以保护海洋生态系统。[①] 同时推出新的英国深海采矿环境科学网络。该网络的工作是收集并分析科学数据，以帮助评估深海采矿的环境影响，帮助填补目前在深海采矿对生态系统的影响方面的证据空白，汇集英国的环境科学专业知识进行国际共享。英国政府宣称该网络将与英国决定支持国际海底管理局暂停授予深海采矿项目开发许可证的决定相对应。这意味着在有足够的科学证据来评估深海采矿活动对海洋生态系统的影响以及国际海底管理局制定和通过强有力的、可执行的环境法规、标准和准则之前，英国不会赞助或支持发放开采许可证。[②] 英国此举在科学上有一定的前瞻性，但与许多国家的观点分歧较大，如挪威作为资源依赖型国家，积极支持深海采矿项目。挪威因其巨大的石油和天然气储量而成为世界上最富有的国家之一，其大陆架有大量矿产资源，挪威海床富含铜、锌、锰和钴等矿物。挪威正在实施一项战略，寻求新经济机会和减少对石油和天然气依赖，开放挪威大陆架的部分地区用于商业深海采矿。[③] 挪威石油与能源大臣泰耶·奥斯兰（Terje Aasland）在一份声明中表示，该国需要矿产来帮助向更绿色的经济过渡。他说："目前，资源由几个国家控制，这使我们变得脆弱。"[④] 这种地缘战略意义上的动机可能是因为许多重要资源对数字技术或可再生技术必不可少，却集中在一部分国家。[⑤] 深海地质、地形、水深、矿

---

① "UK Supports Moratorium on Deep Sea Mining to Protect Ocean and Marine Ecosystems," 2023 年 10 月 30 日, https://www.gov.uk/government/news/uk-supports-moratorium-on-deep-sea-mining-to-protect-ocean-and-marine-ecosystems, 最后访问日期：2024 年 6 月 30 日。

② "Government Launches New UK-based Environmental Science Network on Deep-sea Mining," 2024 年 2 月 19 日, https://www.gov.uk/government/news/government-launches-new-uk-based-environmental-science-network-on-deep-sea-mining, 最后访问日期：2024 年 6 月 30 日。

③ "Deep-sea Mining in the Arctic Ocean Gets the Green Light from Norwegian Lawmakers," 2023 年 12 月 5 日, https://apnews.com/article/norway-underwater-mining-arctic-663c7fceba5fc41e84affc5f84d52504, 最后访问日期：2024 年 6 月 30 日。

④ "Norway Proposes Opening Its Waters to Deep-sea Mining, Says Minerals Needed in Green Transition," 2023 年 7 月 21 日, https://apnews.com/article/norway-deepsea-mining-minerals-green-transition-3708a82da2f894f4b917ff2e11f91547, 最后访问日期：2024 年 6 月 30 日。

⑤ 《深海采矿有多难》, 2023 年 10 月 8 日, 《环球》杂志官方网站, http://www.news.cn/globe/2023-10/08/c_1310744402.htm, 最后访问日期：2024 年 6 月 30 日。

石赋存形式的复杂性，给采矿车海底作业带来巨大挑战。而且海底采矿车定位导航困难，这些对采矿国有较高的技术要求。英国在开采技术方面并不占据优势。表1展示了2017～2022年国内外主要深海矿产资源开发装备的发展情况。

表1 2017～2022年国内外主要深海矿产资源开发装备的发展情况

时间/年	国家/单位名称	水深/m	试验内容	备注
2017	日本/日本国家石油天然气和金属公司(JOGMEC)	1600	采矿车采集和水利提升试验	—
2017	欧盟/可行性替代采矿作业系统(VAMOS)	—	采矿车定位导航及感知试验	—
2017	比利时/全球海洋矿产资源公司(GSR)	4571	采矿车行走试验	—
2018	比利时、德国/GSR、地球科学和自然资源研究所(BGR)	—	采矿车行走、结核收集试验和环境影响评估研究	—
2018	中国/长沙矿冶研究院有限责任公司	514	"鲲龙500"采矿车单体海试	采矿车额定生产能力为10t/h
2018	中国/长沙矿山研究院有限责任公司	2000	"鲲龙2000"富钴结壳规模取样器海试	—
2019	荷兰/皇家IHC公司(Royal IHC)	300	采矿车行走试验	—
2019	比利时/GSR	4500	履带式行走和液压采集试验	光纤电缆故障,测试中断
2019	中国/长沙矿山研究院有限责任公司	2900	声学测量、行走、截割与采集等综合海试	采集了150kg富钴结壳
2019	中国/中国科学院深海科学与工程研究所	2498	采矿车单体海试	—
2020	日本/JOGMEC	1600	富钴结壳试采	收集了649kg富含钴镍的海底地壳
2021	比利时/GSR	4500	履带式行走、液压采集和环境影响监测试验	再次启动了该矿机的海式,并完成了行走和试航

续表

时间/年	国家/单位名称	水深/m	试验内容	备注
2021	印度/国家海洋技术研究所（NIOT）	5270	采矿机移动和机动性测试	—
2021	中国/大连理工大学	500	"长远号"智能混输装备海试	关键核心部件混输泵稳定运行流量大于 240 m^3/h，最大流量达 356 m^3/h
2021	中国/上海交通大学	1300	"开拓一号"深海重载作业采矿车海试	验证了海上布放回收姿态控制、海底自主行进控制等技术
2021	中国/中国大洋矿产资源研究开发协会	1306	深海采矿全系列联动试验	在测试期间，车辆共收集了 1166 kg 多金属结核
2022	加拿大/金属公司（TMC）	4400	多金属结核收集、运输和水面系统试验	生产能力为 100t/h

资料来源：王国荣、黄泽奇等：《深海矿产资源开发装备现状及发展方向》，《中国工程科学》2023 年第 3 期。

"科学、研究和创新"部分主要是回顾英国过去的作为，并未提出如何支持英国未来北极相关科学研究的愿景，可能是因为英国国内对此问题尚未达成共识，亦可能是因为英国并未将本部分课题作为重点，而是将工作重心放在建立与北极圈内国家的联系上。

与之相比，英国在北极国际科学合作方面更为积极进取。2023 年英国的北极政策报告提到英国认识到并欢迎国际北极科学委员会在支持国际合作方面发挥的作用，重视 2024 年将在爱丁堡主办的北极科学首脑会议周；英国致力于最大限度地发挥英国北极和南极伙伴关系以及一年两次的英国北极科学会议的影响；英国科学与创新网络与每个国家的北极利益相关者建立联系，并通过国际科学会议投射英国的影响力；英国还致力于增强和确保原住民研究人员作为受人尊敬的合作伙伴充分参与北极研究的必要性，在研究方面与原住民社区建立更密切的联系。

英国在安全方面对本国到访北极国民的保护和规训也与其对本国研究的态度呈现出不同的面貌。在"北极旅游和来访的英国国民"一节，英国提到"在访问北极时，我们希望英国国民安全，并确保所有国际旅客和运营商不会损害北极环境，"并"对于考虑访问该地区的旅行者，英国外交、联邦与发展事务部与旅游业代表协商，制定了具体的北极旅行建议"。

英国在北极国际科学合作方面的态度值得肯定，但其对国内北极科学研究的支持水平也应该提升到与其参与北极事务的规划相匹配的程度，否则其国内科研水平可能落后于其寻求的国际合作所需要的层次。

（三）维护安全与稳定

英国将北极的安全稳定分为三个方面，其一是随着对北极利用的增加，北极可能对人类带来的安全威胁也将增加；其二是北极地区涉及重大的利益，各国在北极的竞争可能会导致冲突；其三是全球其他区域的冲突可能影响北极地区的安全和稳定。

中国和俄罗斯是英国在北极安全问题上重点关切的国家，尽管英国没有明说，但将中俄的北极战略愿景与英国保护盟友安全利益、维护北极地区安全稳定的承诺放在一起，似乎暗示英国将中俄作为其在北极地区竞争的主要对手。

英国对加拿大的态度有些若即若离。英国在 2023 年北极政策中称："（英国）需要做好准备，保护并酌情维护我们的权利，反对那些希望挑战国际秩序和航行自由……的人。"① 加拿大一直主张西北航道水域为其内水，并通过划设直线基线的方式予以固定。1985 年，加拿大外交部部长发布了一系列举措，以实现加拿大对北极水域，尤其是西北航道水域的有效控制。其中一项就是在北极群岛水域划定直线基线，并特别提到了这条基线"划

---

① UK Government, "Looking North: The UK and the Arctic," https://www.gov.uk/government/publications/looking-north-the-uk-and-the-arctic, 最后访问日期：2024 年 6 月 30 日。

定了加拿大历史性内水的外部界限"。① 加拿大的这一主张不符合英国声称的航行自由理念，但并未被英国作为竞争对手列出。

（四）促进共同繁荣

"促进共同繁荣"部分的重点问题是北极航线。值得关注的是英国在北极航线问题上对中国的态度。英国认为，中国的"一带一路"建设未能降低对北极航线环境的负面影响，但英国并未给出令人信服的理由。英国列举的自身对北极航线的贡献也并非其一家专属。例如英国称其与国际海事组织（IMO）的合作能够减轻对北极环境的不利影响，其对《国际极地水域船舶操作规则》（简称《极地规则》）的参与为北极航线的安全提供了保障。但除英国外，中国作为国际海事组织的理事国在气候变化、技术、港口运营、海员培训、造船、船舶设计、船舶回收等方面均有重要贡献，对保护北极环境具有重要意义。这得到了时任国际海事组织秘书长林基泽和国际海事组织候任秘书长阿森尼奥·多明戈斯（Arsenio Dominguez）的认可。② 中国同样参与了《极地规则》的制定，也是《防止中北冰洋不管制公海渔业协定》的十个缔约国之一。中国还积极通过在目前受监管（或未受监管）领域制定新规则这一方面发挥积极作用，制定北极地区的国际规则与法律。③ 英国对北极环境和安全的重视值得肯定，但中国对北极航线的安全和北极环境的重视程度也非常高。英国 2023 年北极政策提到的中国"潜在威胁"并不成立。

---

① Donat Pharand, "Canada's Sovereignty Over the Northwest Passage," *Michigan Journal of International Law*, vol. 10（2）, 1989, p. 653; Department of External Affairs, "Statement in House of Commons," 10 September 1985, Communique No. 85/49, p. 3.

② 《中国再次高票当选国际海事组织 A 类理事国》，2023 年 12 月 3 日，中国新闻网网站，https://www.chinanews.com.cn/gn/2023/12-03/10121690.shtml，最后访问日期：2024 年 6 月 30 日。

③ Harriet Moynihan, "China Expands Its Global Governance Ambitions in the Arctic," 15 October 2018, https://www.chathamhouse.org/2018/10/china-expands-its-global-governance-ambitions-arctic，最后访问日期：2024 年 6 月 30 日。

二　英国北极政策演进的新特点

英国自 2013 年、2018 年再到 2023 年北极政策的出台，其北极政策的演进既有传承又呈现变化。英国 2023 年北极政策与 2018 年发布的《超越冰雪：英国北极政策》（2018 年北极政策）相比，总体上保持了一致，如对气候变化和环境保护的重视，但是在目标和战略愿景上出现了微妙的差别。首先是自身定位的转变。在 2018 年北极政策中，英国传达的是如何积极融入北极事务，强调北极理事会的绝对地位。2023 年北极政策则在强调北极理事会的地位的基础上，进一步强调了北约在北极事务中的作用。英国作为北约成员国，对北约地位的强调意味着英国对自身的定位开始向"主人翁"方向转变。其次是军事和防务目的增强。2018 年北极政策在 2013 年北极政策的基础上，增加了一节的内容，来阐明英国在北极防务方面的利益。2023 年北极政策则进一步强化这部分内容，不仅强调北约在北极事务中的参与和存在，更细化了与各北极圈内国家的防务合作愿景。最后是对不同国家的态度区分更明显。英国对中国和俄罗斯的态度更为警惕，明确表明俄罗斯对北极地区的安全威胁，以及与俄罗斯在北极合作方面脱钩的态度。英国在合作方面对北极圈内国家和圈外国家做出更明显的区分，增加了与北极圈内国家合作的比重，与圈外国家的合作比重则大为降低。

（一）自身定位的转变

英国一以贯之地强调自身非北极国家的身份，并希望以此身份为北极事务做出贡献。但是从 2013 年和 2018 年再到 2023 年北极政策内容的变化可以发现英国正在为参与北极事务寻找新的身份。

2013 年北极政策的中心思想是传达英国在国际法的框架下参与北极科学、环境保护、气候治理的愿景，着重强调北极圈内国家在北极问题上的独特地位，将北极理事会作为参与北极事务的最重要平台，在承认和尊重北极圈内国家主权和原住民权利的基础上，展现英国在北极事务中的领导力。领

导力主要体现在气候变化和环境保护方面。2013 年北极政策提到，长期以来，非北极国家一直对北极产生影响，例如，它们是北极污染物（如汞）的来源、气候变化的促成者或北极产品的消费者。反之，北极的变化也会对非北极国家产生影响。有些北极问题的影响纯粹是区域性的。其他问题则具有全球影响，或者是由全球进程引起的。英国认为，北极政策中那些受更广泛的全球影响或有助于全球影响的方面，最好通过与广泛的行为者进行公开对话来讨论。英国将积极鼓励北极理事会和其他区域论坛进一步让非北极国家参与到具有全球重要性的北极事务中来。2018 年北极政策则称英国将成为最活跃和最有影响力的非北极国家之一。但无论是 2013 年还是 2018 年的北极政策，英国均将北极利益相关国家分为北极国家和非北极国家，尝试以非北极国家的身份参与北极事务。

英国曾尝试将欧盟作为参与北极事务的切入点，但脱欧事件使得英国的这一愿景无法持续。英国在 2013 年北极政策中与欧盟合作的政策框架包括几个方面。第一，全面执行欧盟范围内的海豹产品贸易政策，其中包括一项明确的豁免，允许因纽特人和其他原住民社区传统上为维持生计而进行的狩猎活动所产生的海豹产品的自由贸易；第二，英国将与欧盟合作，并通过欧盟讨论北极捕鱼和渔业的可持续管理问题；第三，英国积极参与多个区域渔业管理组织的工作，并将继续与欧盟合作，确保这些组织以有效的方式运作，从而使生态系统的可持续性和科学在这些组织的决策中处于领先地位。2018 年北极政策则体现出欧盟在英国北极战略中的地位变化，多次提及英国在脱欧之后的政策安排。如英国重申脱欧不会影响英国对参与北极事务的重视，脱欧不会减少英国与欧盟国家的联系，反而会有利于英国与非欧盟国家构建更紧密的关系，以及在脱离欧盟后应积极向北极沿岸国学习渔业管理方面的经验知识。2018 年北极政策虽然也提到与欧盟的合作，但多为重申英国与欧盟过往既存的合作，较少提及与欧盟未来合作的愿景。2023年北极政策对欧盟则仅仅停留在略有提及的水平，仅以之表明英国与欧盟在北极事务上还存在合作关系，但可以看出欧盟已经不再是英国切入北极事务的重要助力了。

（二）防务和安全内容的强化

与 2013 年和 2018 年的北极政策不同，英国在 2023 年北极政策中强化了对防务和安全内容的倚重。除了俄罗斯之外，英国在阐述与其余七个北极圈国家的合作愿景时均提到了要进行在北极区域的防卫合作或军事合作。

2022 年 3 月发布的《英国在高北地区的防务贡献》① 更详细地阐述了英国将采取哪些行动来支持其维护北极稳定与安全的目标。这清楚地表明"高北地区和维护北大西洋防务的安全仍然非常重要"。英国将确保其随时准备并有能力保护其北极利益。2023 年北极政策提到，英国与大多数北极国家有着密切的关系和双边防务合作协议。这些都为伙伴关系奠定了坚实的基础。英国提到将根据英国皇家海军和加拿大海岸警卫队之间的 2021 年谅解备忘录开展新的活动，并寻求机会在加拿大进行英国寒冷天气训练；2022 年 5 月，英国和芬兰在赫尔辛基达成联合声明，重申双方对深化防务和安全合作的共同愿望，并加强防务合作；英国强调和挪威的北极防务和安全关系是持久、广泛的，对两国都具有战略意义，两国有着长期的密切合作历史；英国致力于与瑞典建立牢固的长期防务和安全关系；2022 年 5 月，英国和瑞典达成了一项双边政治团结宣言，开展更密切、更强有力的防务和安全合作；英国将继续与丹麦合作发展军事能力，使其能够在该地区开展行动，并维护英国及其盟国的利益；英国正在加强与美国的联合军事训练、演习和人员交流计划，2022 年 5 月，英国和美国宣布计划通过英国皇家海军和美国海岸警卫队之间的持续合作进行更密切的协调，包括在北极地区的合作；英国与冰岛也在扩大防务和安全方面的合作。

英国与许多国家寻求在北极地区的军事和防务合作，与此同时，英国指出俄罗斯也在加强在北极的军事存在，并提醒俄罗斯的军事行动应遵守国际法。

---

① https：//www. gov. uk/government/publications/the‐uks‐defence‐contribution‐in‐the‐high‐north，2023 年 10 月 13 日，最后访问日期：2024 年 6 月 30 日。

（三）继续贯彻选择北极合作对象的区分性原则

英国 2023 年北极政策继承了 2013 年和 2018 年北极政策，对其北极事务潜在合作对象进行区分。对北极圈内国家，英国表现出极大的合作兴趣，而对北极圈外国家则并未传达出太多合作愿望。

对北极圈内国家和原住民抱有极高的合作热情是英国自 2013 年发布第一个北极政策以来一以贯之的方向。在 2013 年北极政策中，英国提到将支持和尊重北极国家在北极的主权和主权权利，支持北极国家根据国际法促进治理的举措；支持北极理事会作为讨论北极问题的地区论坛，并将在北极理事会的工作中发挥积极作用。英国在 2018 年和 2023 年的北极政策中表达了同样的观点。但是正如前文所述，除了寻求与北极圈内国家的合作外，英国一直在以建构主义的方式寻求新的身份定位，以更好地参与北极事务，取得对北极事务的领导地位。2013 年和 2018 年英国北极政策表现为对欧盟成员国身份的运用，2023 年英国北极政策则表现为对北约成员国身份的运用。

对于非北极国家或北极圈外国家，2013 年英国北极政策提到"英国有兴趣与北极国家和非北极国家在共同感兴趣的领域进行探索"。2018 年英国北极政策提到"鼓励……非北极国家参与到具有全球重要性的北极事务中来"。2023 年英国北极政策提到："英国与其他非北极国家有许多共同利益，包括北极理事会的其他观察员国。我们将寻求加强与欧洲和印太地区伙伴的合作，以实现我们在北极的共同目标。"或许是由于没有找到与北极圈外国家的有针对性的合作方向，英国并未表现出对与北极圈外国家合作的较高热忱。

三 英国北极政策的利益分析

英国北极政策的演进体现出其背后的利益考量。英国作为在地理上临近北极的国家，北极地区的生态环境变化对英国的影响较为明显，英国以此为契机开展北极科学研究国际合作符合其利益。英国自脱欧以来面临相对孤立的局面，其与欧盟国家间贸易和合作的程序复杂化，相比于合作性，英国和欧盟的竞争性更为凸显，再加上欧洲能源危机的爆发，使得英国更加注重北极的能源和经济利益，更加注重与欧盟外国家的合作。乌克兰危机为英国在北极事务中扮演重要角色提供了契机，英国作为非北极圈内国家，在北极理事会中一直处于追随者地位（观察员国），因此英国寻求改善其在北极事务中的地位，北约将成为英国介入北极事务最合适的平台。

（一）全球气候变化

北极是全球气候变化的"灵敏区"，对于理解和应对全球变暖具有重要意义。英国可能希望通过加强在北极地区的科学研究和环境保护努力，为全球气候变化提供更多解决方案，同时增强其在国际气候议程中的领导地位。极地研究环境审计小组委员会主席詹姆斯·格雷议员说："在冰川和冰盖融化导致英国大范围洪水和不可逆转的天气模式之前，我们必须全力以赴，更好地了解北极的变化。我们必须优先考虑科学和多学科研究，并为其提供更多资金。目前，北极科学研究主要集中在夏季，而北极的冬季——它可以告诉我们大量关于天气的信息——正在研究中。英国大学之间需要更多的合作，以避免重复寻求相同信息的科学努力，并与我们的国际合作伙伴一起学习和共享资源。"[1] 现在海冰日渐减少，生态系统和栖息地正在发生变化，生活在北极的 400 万英国人的生活环境正在遭受巨大破坏。根据气候变化委员会的数据，在英国，到 2080 年，海平面上升可能会导致多达 150 万处房产被洪水淹没，政府可能不得不决定哪些地区需要防洪和管理来保护，哪些地区不需要防洪。与其他国家一样，对英国而言，北极的气候变化带来的环境利益是参与北极事务的最基本的利益。

---

[1] " ' What Happens in the Arctic Doesn't Stay in the Arctic' : EAC Calls for Better Focus of Arctic Issues in Whitehall and Funding Boost for Research," 2023 年 10 月 13 日，https：//committees. parliament. uk/committee/650/environmental-audit-subcommittee-on-polar-research/news/197857/what-happens-in-the-arctic-doesnt-stay-in-the-arctic-eac-calls-for-better-focus-of-arctic-issues-in-whitehall-and-funding-boost-for-research/，最后访问日期：2024 年 6 月 30 日。

（二）地缘政治竞争

随着北极冰层融化，该地区的航运路线（如北冰洋航线）和资源（如石油、天然气和矿产资源）越来越被国际社会所关注。英国可能希望通过更新北极政策来确保其在未来北极的地缘政治和经济版图中占有一席之地。俄乌冲突可能影响英国与俄罗斯之间在北极事务上的合作空间，促使英国在其北极政策中强调与其他北极国家以及欧盟和北约盟国的合作，以建立和维护其认可的国际北极秩序。

俄乌冲突发生后，英国对不同国家表现出不同的态度。英国将欧盟和北约国家视作最亲密的北极合作伙伴，在提到与北极理事会八个成员国的合作愿景时，除俄罗斯外，对其余国家大多强调了北约（或潜在北约）成员国的盟友属性。这其中芬兰并非北约盟国，但是正在寻求加入北约。英国对其加入北约也持支持态度。俄罗斯并非北约成员国，且被英国视为参与北极事务的主要竞争对手。英国在该政策框架中表现出抵触与俄罗斯的合作。英国的一系列倡议显示出其建立新的北极秩序的雄心。极地研究环境审计小组委员会提出，国际合作至关重要，英国政府应考虑在2032～2033年下一个国际极地年之前投资一项北极项目，将志同道合的国家聚集在一起，将北极研究提升到政治议程上。委员会担心北极理事会的工作不太可能像俄乌冲突之前那样恢复正常，因为自俄乌冲突发生以来，已有130个研究项目暂停。俄乌冲突对北极科学产生了严重影响：西方科学家失去了数据，也无法进入半数的北极地区。

除了科学和研究之外，英国极地研究环境审计小组委员会认为冰层的消退和北极资源的可用性正在导致西方、俄罗斯和中国之间的竞争，从而加剧了地理紧张局势。在俄罗斯被"冻结"北极理事会的活动后，它一直在俄罗斯北极地区与中国合作进行石油和天然气开采。委员会主席提到，北极理事会的成立旨在促进北极国家的合作，其影响力正在减弱，其许多重要工作已经停滞。英国指出，无法访问俄罗斯数据令人担忧，西方科学家现在无法进入北极一半的地区，"必须寻找替代性的国际论坛来支持北极研究并开展合作"①。此处能体现出英国些许矛盾的心理。英国一方面坦言俄罗斯被排除在北极研究之外是导致北极合作难以开展的症结所在，另一方面在新的北极愿景中愈加抵触与俄罗斯的合作，反而将问题的解决寄托于建立新的国际论坛，可见其最终目标可能是在北极地缘政治和经济竞争中获得更大的版图。

（三）国际合作

加强与北极国家及北极理事会非成员国的合作可能是英国新政策的一个重点。尽管俄乌冲突本身直接关系到地缘政治和安全问题，但它也可能影响国际合作在环境保护和气候变化应对中的角色。例如，我们看到英国更加强调在北极地区维持和加强多边机制和国际合作，以应对气候变化等全球性挑战，部分原因可能是试图弥补因地缘政治紧张而可能受损的国际合作。脱欧后，英国更加需要通过双边和多边渠道维持和扩大其国际合作。在北极政策中，英国可能寻求加强与北极理事会成员国、观察员国以及其他国际组织的合作，来补偿退出欧盟可能带来的一些合作机会的损失。

英国美洲事务大臣戴维·鲁特利（David Rutley）于2024年4月访问美国阿拉斯加州，重申对北极安全与繁荣的承诺。他提到英国致力于应对影响北极的地缘政治和环境挑战，阐明了英国与北极之间的密切联系，以及英国如何在与北极圈内国家的紧密关系之上发挥适当的领导作用，以应对该地区的重大变化，主要是俄乌冲突带来的北极地区军事化的威胁。② 俄乌冲突仍

① "'What Happens in the Arctic Doesn't Stay in the Arctic'：EAC Calls for Better Focus of Arctic Issues in Whitehall and Funding Boost for Research," 2023年10月13日，https：//committees. parliament. uk/committee/650/environmental-audit-subcommittee-on-polar-research/news/197857/what-happens-in-the-arctic-doesnt-stay-in-the-arctic-eac-calls-for-better-focus-of-arctic-issues-in-whitehall-and-funding-boost-for-research/，最后访问日期：2024年6月30日。

② "UK Reaffirms Commitment to Arctic Security and Prosperity," 2024年4月11日，https：//www. gov. uk/government/news/uk-reaffirms-commitment-to-arctic-security-and-prosperity，最后访问日期：2024年6月30日。

然是英国增强北极事务话语权的重要切入点。英国在议会报告中提到，俄罗斯在北极地区具有重大的安全威胁，英国应与盟国合作以应对可能出现的危害行为。由于该地区海上活动的增加以及俄罗斯与西方之间关系的急剧恶化，北极地区紧张事态升级的风险有所增加。英国将继续与其盟国密切合作，以保持良好的态势感知能力，收集情报并分享俄罗斯在高北地区的活动。英国应在北极渔业管理国际论坛上与其盟国开展合作，以确保北极鱼类种群的长期可持续性，从而保障粮食安全。未来几十年，北极的商业海上活动可能会大幅增多，从而增加污染和事故的风险，作为领先的海洋国家和国际海事组织的总部所在地，英国应该在谈判新的《极地规则》方面发挥主导作用。英国政府应制定政策，与包括企业在内的其他各方合作，审查《极地规则》的有效性，以及如何加强它以减轻安全和环境风险。受北极地缘政治形势的影响，北极理事会的效力正在减弱，但这并不意味着它不再有用。英国政府认为，北极理事会的继续运作符合英国的利益，且在北极理事会框架下和工作组层面重新与俄罗斯接触有可能确保恢复与气候变化和污染相关的重要科学合作和数据交换。英国政府可以通过继续与合作伙伴合作维护《联合国海洋法公约》规定的规则和义务，帮助加强北极治理。①

（四）科学研究与技术创新

支持北极科学研究和技术创新，不仅可以提高英国在北极事务中的影响力，还可以促进国内科学研究与发展，特别是在气候变化、海洋学和极地技术等领域。此前作为欧盟成员国，英国曾参与众多由欧盟资助的北极科学研究项目。脱欧意味着英国需要寻找新的资金渠道和合作伙伴来支持其在北极地区的科研活动。新的北极政策可能会体现出英国对继续科学研究的承诺，以及寻求国际合作伙伴的意图。在过去十年中，自然环境研究委员会（Natural Environment Research Council）对英国北极环境研究的资助稳步增加，

---

① "Our friends in the North: UK Strategy towards the Arctic," 2023 年 10 月 13 日，https://publications. parliament. uk/pa/ld5804/ldselect/ldintrel/8/804. htm#_idTextAnchor003，最后访问日期：2024 年 6 月 30 日。

资助了"北极研究计划"（Arctic Research Programme，2011 年至 2017 年）、
"NERC 改变中的北冰洋计划"（NERC Changing Arctic Ocean Programme，2017
年至 2022 年）和"加拿大-因纽特人努南加特-英国北极研究计划"（Canada-
Inuit Nunangat-United Kingdom Arctic Research Programme，CINUK，2022 年至
2025 年）。① 目前还在实施中的 CINUK 项目宣称旨在解决与因纽特人努南
加特陆地、沿海和近岸海洋环境的气候驱动变化有关的关键问题，以及增
加对因纽特人与社区健康和福祉的影响。CINUK 项目包括肺部健康、基于
社区的研究，基于社区的野生动物监测，社会生态复原力，因纽特青年、
健康和环境管理，粮食安全等十三个项目。② 此外，英国还资助了一批助学
金项目，包括 2024~2025 年英国-格陵兰北极研究助学金计划（United
Kingdom-Greenland Arctic Research Bursaries Scheme 2024-2025）、2024~2025
年英国-冰岛北极科学伙伴关系计划（United Kingdom-Iceland Arctic Science
Partnership Scheme，2024-2025）、2024~2025 年英国-日本北极研究助学金
计划（UK-Japan Arctic Research Bursaries Scheme，2024-2025）、2024~2025
年英国-北极理事会工作组-研究和参与计划（UK-Arctic Council Working
Groups-Research and Engagement Scheme，2024-2025）、2023~2024 年英国-
格陵兰北极助学金（UK-Greenland Arctic Bursaries，2023-2024）。这些项目
是英国脱欧后积极寻求与其他国家进行北极科研合作的重要标志。

（五）经济与能源安全

通过参与北极资源开发，英国可能寻求能源供应多元化和确保国家能源
安全，同时为英国企业提供参与北极资源开发和新航线运输的机会。鉴于俄
罗斯是全球主要的能源供应国之一，俄乌冲突及其引发的国际制裁可能影响
全球能源市场，增加对北极地区资源开发的兴趣和紧迫性。英国可能会在新
的北极政策中考虑保障能源供应和参与北极资源开发的战略。英国最大能源

---

① "Britain in the Arctic," https://www.bas.ac.uk/about/the-arctic/britain-in-the-arctic/，最
后访问日期：2024 年 6 月 30 日。

② https://www.cinuk.org/projects/，最后访问日期：2024 年 6 月 30 日。

供应商、英国天然气公司（British Gas）母公司 Centrica 首席执行官克里斯·奥谢（Chris O'shea）表示，影响数百万人生活水平的能源价格飙升，可能会持续长达两年之久。奥谢指出，没有理由预计天然气价格"很快"会下降。"市场表明，未来 18 个月至两年，天然气价格将居高不下。"① 许多英国政客目前正呼吁加大对诸如北海天然气供应的投资。乌克兰危机升级以来，西方实施一揽子经济制裁措施，大幅减少对俄罗斯出口。受制裁反噬效应影响，欧洲能源价格飙升，通胀高企，民众实际工资严重缩水，购买力下降。对于英国市场而言，由于一半天然气依赖国际进口，受国际能源价格波动影响更大。

英国脱欧后，英国与欧盟之间的经贸往来更为繁琐，打击了英国市场，英国有必要探寻新的经济机会和增长点。北极地区丰富的自然资源和新兴的航运路线可能为英国企业提供新的商业机会。穿越北极地区可以将亚洲和北欧之间的旅行时间减少 10～12 天。除了节省时间外，这还将降低燃料成本和排放，从而激励航运公司更频繁地利用北极航线。英国的地理位置意味着其将从这些新的海上贸易路线的开放中受益。此外，新北极政策有助于英国为可能出现的海洋渔业危机做好准备。例如 2024 年 2 月 21 日，俄罗斯国家杜马（议会下院）宣布通过了一项彻底废除同英国渔业协定的法案。这可能被视为英国面临渔业危机的一个信号。英国在北极地区的渔业有直接利益。英国消费的鱼类中有很大一部分来自北冰洋和邻近水域。2021 年 1 月至 11 月，英国 70% 的海产品进口来自北极地区国家。挪威、冰岛和法罗群岛是英国海产品贸易价值最高的三个进口地。

四　结语

国际形势风云变幻，英国至今已经发布了三份北极政策框架。自 2013

---

① 《英国最大能源供应商警告：能源危机可能持续两年之久》，2024 年 1 月 12 日，财联社网，https://m.cls.cn/detail/913636，最后访问日期：2024 年 6 月 30 日。

年发布第一份北极政策框架以来，英国自身的需求和诸多事件的发生迫使英国不断调整其在北极事务中的定位。英国脱欧使得英国在北极事务中迫切寻求新的身份认同，俄乌冲突给了英国试图扩大北约在北极事务中话语权的契机，英国在北极问题上对中国有一丝警惕。诸多国际和国内利益是催生英国新北极政策的原因。国际利益包括全球气候变化、地缘政治竞争、国际合作，国内利益包括科学研究与技术创新、经济与能源安全、国内政策与国际形象、安全与防御。

英国在 2023 年北极政策中认同北极理事会的地位，弱化欧盟的存在，强调北约在北极事务中的作用，积极排除俄罗斯在北极事务中的影响力，同时将中国作为潜在的竞争对手。英国正在转变自身定位，希望提高在北极事务中的话语权和影响力，寻求从北极事务追随国转向"主人翁"。为实现这些目标，英国大大增加了对北极地区军事和防务问题的重视，不仅强调北约在北极事务中的参与和存在，而且细化了与各北极圈内国家的防务合作愿景。

资源开发篇

B.7
挪威北极海域矿产勘探开发战略新发展、相关争议与展望[*]

王金鹏　范晓寒[**]

摘　要： 作为有漫长海岸线的北极国家，挪威拥有丰富的海洋资源。2023年挪威发布了新的《挪威矿产战略》，同时向挪威议会提交了在位于北极海域的本国大陆架上进行矿物开采的提案。2023年挪威北极海域矿产勘探开发战略主要内容集中在发展矿产活动的可持续性、挪威未来开采关键原材料的潜力、挪威北极海域矿产勘探开发的法律框架与融资工具以及政府前瞻性矿产政策的五个优先领域。挪威北极海域矿产勘探开发战略也在国际上引发了涉及环境影响和商业价值等方面的争议。目前挪威对北极海域矿产勘探开发仍然表现出较为积极的态度，可以预见其将以审慎态度继续推进矿产资源勘探开发。

---

* 本报告为国家社科基金重大研究专项（项目编号：20VHQ001）的阶段性成果。
** 王金鹏，中国海洋大学法学院副教授、硕士生导师，海洋发展研究院研究员；范晓寒，中国海洋大学法学院国际法专业硕士研究生。

关键词：　挪威　海洋战略　矿产战略　深海采矿

引　言

　　挪威作为矿产资源十分丰富的北极国家，采矿业在挪威的商业和工业中发挥了重要作用，是该国最古老的出口产业之一，为挪威的经济发展做出了重要贡献。深海海底蕴含着重要且稀缺的矿产资源。随着陆上矿产资源的开发力度逐步加大，陆上矿产资源数量减少，一些国家将目光转向深海矿产的开采。挪威作为海洋资源丰富的国家，一向重视海洋产业的发展。挪威受自身经济转型等现实需求驱动且近年来对海底资源进行了测绘与评估，也开始着眼于从海底获取资源，并于2020年开始根据其《海底矿产法》[①] 启动了开放大陆架部分地区进行矿产活动的进程。

　　自2011年以来，挪威离岸局（Norwegian Offshore Directorate，原挪威石油局）参加了多次联合科学考察，其中包括与卑尔根大学合作（2011～2021年）和特罗姆瑟大学合作（2020～2021年）进行深海数据采集。[②] 挪威离岸局的测绘考察和与有关科学机构合作的数据构成评估挪威海洋金属矿产资源的基础。2020年春季，挪威能源部（Ministry of Energy）启动了挪威大陆架矿产活动的开放进程。挪威离岸局受委托绘制挪威大陆架上最具商业价值的矿床，并根据测绘准备对资源潜力进行评估。资源评估被作为后续开放矿产活动区域的决策依据之一。根据挪威离岸局2023年1月发布的《海底矿产资源评估》报告[③]，目前在挪威大陆架上发现并进行了资源评估的矿产资源

---

① "Act Relating to Mineral Activities on the Continental Shelf（Seabed Minerals Act），" Norwegian Offshore Directorate，https：//www. sodir. no/en/regulations/acts/act－relating－to－mineral－activities－on－the－continental－shelf－seabed－minerals－act/，最后访问日期：2024年4月17日。

② "Data Acquisition and Analyses，" Norwegian Offshore Directorate，https：//www. sodir. no/en/facts/seabed－minerals/data－acquisition－and－analyses/，最后访问日期：2024年4月27日。

③ "Ressursvurdering havbunnsmineraler，" https：//www. regjeringen. no/contentassets/a3dd0ce426a14e25abd8b55154f34f20/ressursvurdering－havbunnsmineraler. pdf，最后访问日期：2024年4月18日。

包括数量可观的锰结壳和硫化物。由于硫化物和锰结壳的形成过程不同，因此在进行资源评估时需要根据具体情况采取不同的方式。根据《海底矿产资源评估》报告的内容，在现有资源（包括已经探明的资源和通过矿产学和地质学基础知识等方式推测的可能存在的资源）中有一部分可能是可开采资源。但截至《海底矿产资源评估》报告发布时，挪威对开采技术和开发解决方案的认识仍较少，因此难以对矿产资源情况和开采回采率做出评估。[①]

2023年6月，挪威政府新发布了《挪威矿产战略》[②]（Norges mineralstrategi）白皮书，同时挪威政府向挪威议会提出在本国大陆架上开采矿物的提案。这也是其推动本国向绿色经济转型的最新政策进展。但由于目前深海采矿在全球来说都是一个新兴产业，国际社会对深海采矿科学认知不足，加上北极海域生态环境的特殊性，《挪威矿产战略》的发布及议会对提案的批准引起了国际社会的广泛讨论。本报告首先从梳理挪威既有的相关海洋战略和政策入手，对《挪威矿产战略》出台的背景进行探讨，继而对此战略的具体内容进行深入分析，并对该战略和挪威深海采矿提案引发的有关争议进行探讨，最后对挪威北极海域矿产勘探开发战略的实施前景进行展望。

一 挪威2023年北极海域矿产勘探开发战略提出的背景

基于以往相关政策文件奠定的基础和挪威对绿色转型关键原材料的需求现状，挪威2023年北极海域矿产勘探开发战略被提出。通过对以往相关政策文件的梳理可以看出该战略在贯彻以往文件重点的基础上提出了挪威矿产资源勘探开发的新发展目标。《挪威矿产战略》也对挪威进行矿产开采和海

---

① "Ressursvurdering havbunnsmineraler," https：//www. regjeringen. no/contentassets/a3dd0ce426a14 e25abd8b55154f34f20/ressursvurdering-havbunnsmineraler. pdf，最后访问日期：2024年4月18日。

② Norwegian Ministry of Trade, Industry and Fisheries, "Norges mineralstrategi," https：//www. regjeringen. no/contentassets/1614eb7b10cd4a7cb58fa6245159a547/no/pdfs/norges - mineralstrategi. pdf，最后访问日期：2024年4月20日。

底采矿的背景和原因进行了说明，包括挪威要实现向绿色经济转型、满足发展矿产工业的需求和保障本国的国防安全等方面。这也体现了挪威实施矿产开采战略的动力所在。

（一）挪威北极海域矿产勘探开发政策发展历程

挪威拥有丰富的海洋资源开发潜力。海洋领域是挪威未来重点关注的领域之一，海洋产业是促进挪威经济发展和能源转型的重要动力，也是挪威创造价值和就业的重要来源。[①] 为了促进海洋资源开发的有序布局和开展，挪威在海洋领域颁布了一系列国家战略与计划（见表 1），并且随着相关政策文件的不断出台，挪威在深海采矿领域的政策也不断地完善。

表 1　挪威以往相关海洋战略与政策中所涉深海矿产开发内容

文件名称	发布时间	与矿物开采有关的内容
《新的增长，引以为傲的历史——挪威政府的海洋战略》*	2017 年	作为挪威首个国家海洋战略，指出挪威在海底矿物开采方面潜力很大，并在管理框架和勘探技术等方面提出了要求，但也指出挪威大陆架矿产资源勘探和开采的管理框架存在不足，相关条例不完整，提出将为挪威大陆架的矿产活动制定新条例
《蓝色机遇——挪威政府更新的海洋战略》**	2019 年	在海底矿产方面，该战略指明挪威离岸局正在绘制挪威大陆架海底矿物的资源潜力图，且将以新的《海底矿产法》对矿物的勘探和生产进行规制，提出政府将考虑开放挪威大陆架的部分地区，允许商业和可持续地开发海底矿物。该战略首次提出了在海底进行矿物商业开采活动，构成挪威后续关于海底矿物商业开采政策发展的基础
挪威《大陆架矿产活动法》（《海底矿产法》）***	2019 年 7 月	该法提供了挪威规制海底采矿的法律框架，规制涉及海床海底矿产勘探与开发的活动，规定了在挪威大陆架上进行矿产商业开采所需满足的法律要求

---

① 张所续：《挪威海洋战略举措的启示与借鉴》，《中国国土资源经济》2020 年第 7 期。

续表

文件名称	发布时间	与矿物开采有关的内容
《挪威的海洋综合管理计划》白皮书****	2020 年 4 月	该白皮书指出,挪威根据《海底矿产法》进行的战略环境评估工作已经开始,挪威离岸局正在制定资源评估和研究方案;从海底提取矿物的技术仍在开发过程中,采矿活动对环境的潜在影响尚存在不确定性
《蓝色海洋,绿色未来——政府对海洋和海洋产业的承诺》*****	2021 年 7 月	该政策提出与海底矿产有关的商业活动还处于相对早期的阶段。同时可再生能源的进一步发展和社会数字化程度的提高是挪威对大陆架上矿产资源需求不断增长的驱动力

* "New Growth, Proud History——The Norwegian Government's Ocean Strategy," Norwegian Ministry of Trade, Industry and Fisheries, Norwegian Ministry of Petroleum and Energy, https://www.regjeringen.no/contentassets/00f5d674cb684873844bf3c0b19e0511/the－norwegian－governments－ocean－strategy——new-growth-proud-history.pdf, 最后访问日期:2024 年 4 月 17 日。

** "Blue Opportunities——The Norwegian Government's Updated Ocean Strategy," Norwegian Ministries, https://www.regjeringen.no/globalassets/departementene/nfd/dokumenter/strategier/w－0026－e-blue-opportunities_uu.pdf, 最后访问日期:2024 年 4 月 17 日。

*** "Act Relating to Mineral Activities on the Continental Shelf (Seabed Minerals Act)," Norwegian Offshore Directorate, https://www.sodir.no/en/regulations/acts/act－relating－to－mineral－activities－on－the-continental-shelf-seabed-minerals-act/, 最后访问日期:2024 年 4 月 17 日。

**** "Meld. St. 20 (2019－2020) Report to the Storting (White Paper)——Norway's Integrated Ocean Management Plans——Barents Sea-Lofoten Area; the Norwegian Sea; and the North Sea and Skagerrak," Norwegian Ministry of Climate and Environment, https://www.regjeringen.no/en/dokumenter/meld.-st.-20-20192020/id2699370/? ch=1, 最后访问日期:2024 年 4 月 17 日。

***** "Blue Ocean, Green Future——The Government's Commitment to the Ocean and Ocean Industries," Norwegian Ministry of Trade, Industry and Fisheries, https://www.regjeringen.no/en/dokumenter/the-governments-commitment-to-the－ocean－and－ocean－industries/id2857445/? ch=1, 最后访问日期:2024 年 4 月 17 日。

资料来源:挪威政府官方网站。

从表 1 中可以看出,挪威在开放大陆架进行海底矿物商业开采方面有着一系列的政策文件推动。这些政策文件对挪威深海采矿的相关法律要求和环境影响评估等事项进行了明确规定。2023 年《挪威矿产战略》中关于海底矿物开采的内容是在这些相关政策文件基础上提出的。例如,《挪威矿产战略》提出挪威在大陆架上的矿物开发将继续由《海底矿产法》进行规制。除此之外,《挪威矿产战略》重申和强调了挪威以往相关战略政策中的可持续利用、绿色发展的理念。例如，在《挪威矿产战略》中有专门一部分阐述包括环境可持续、社会可持续方面在内的可持续利用的内涵，并把将挪威矿产行业变得更加可持续作为挪威政府未来在关键原材料获取和利用方面拟采取措施的重要内容。《挪威矿产战略》作为体现挪威海洋战略和矿物开发宏观国家政策的战略文本，对关键原材料获取和利用的可持续方式、法律框架和融资工具的运用、政府前瞻性政策等做出了要求。挪威后续在其大陆架上的具体行动主要依据《海底矿产法》，通过挪威议会审议挪威政府提交的海底矿物开采的提案的方式来推动。

（二）挪威北极海域矿产勘探开发的现实原因

自 17 世纪初以来，陆上采矿在挪威工业中发挥了重要作用，是该国最古老的出口行业之一。但基于绿色转型对关键原材料的需求，挪威需要扩大矿产来源。挪威表示，关键矿产目前主要由少数国家掌控，挪威处于不利地位。为了保证经济绿色转型成功进行，挪威需要扩大矿产的来源。① 随着科学技术的不断发展、人口增长以及陆地资源开发力度的不断加大，全球范围内许多国家将重点关注海底矿产的勘探和开发。鉴于挪威海域拥有丰富的矿产资源，其漫长海岸线也为其开发海洋资源提供了先天优势，深海采矿可能成为该国一个"新的重要产业"。根据挪威 2023 年发布的《挪威矿产战略》②，可以发现挪威将海底矿产开采作为本国未来重点发展的新兴产业有以下现实原因。

1. 发展循环经济的需求

挪威政府的总体目标是让挪威发展世界上最可持续的矿产工业，以实现其产业的绿色和数字化转型。风能和太阳能等可再生能源利用、电池生产和基础设施都需要大量的金属和矿物资源。金属和矿物等原材料是确保电力运

---

① "The Government Is Facilitating a New Ocean Industry-seabed Mineral Activities," Norwegian Ministry of Energy, https：//www. regjeringen. no/en/aktuelt/the－government－is－facilitating－a－new-ocean-industry-seabed-mineral-activities/id2985941/，最后访问日期：2024 年 4 月 28 日。

② Norwegian Ministry of Trade, Industry and Fisheries, "Norges mineralstrategi," https://www. regjeringen. no/contentassets/1614eb7b10cd4a7cb58fa6245159a547/no/pdfs/norges－mineralstrategi. pdf，最后访问日期：2024 年 4 月 20 日。

输能力和生产电动马达、太阳能电池等绿色转型所需设备的保障。例如太阳能、风能等可再生能源的生产需要硅、铜、锌等金属矿物。除此之外，提高矿物原材料的循环性和增加回收利用是实现绿色转型的关键。

2.矿产工业发展的需要

2023年《挪威矿产战略》指出，全球对绿色转型所需金属的需求正在迅速增长，而仅靠材料回收无法满足对矿产的需求，因此需要发展新的采矿工业。世界范围内的工业发展对矿产原材料的需求越来越大，国际上对原材料的竞争越来越激烈，矿物在战略上的重要性也与日俱增。因此，矿物原料的开采和生产对于确保工业重要产品的价值链具有重要的战略意义。增加矿产生产对于确保获得原材料和绿色工业发展机会非常重要。挪威作为一个海洋资源丰富且海洋产业开发地位突出的国家，勘探和开发海底矿产是对其而言价值上有利的选择。

3.为国防工业提供保障

关键矿产特别是稀土金属，是现代国防物资的重要原材料。从通信设备到战备武器，都依赖于关键原材料。因此，这些原材料的供应安全对挪威的国防工业至关重要。《挪威矿产战略》指出，世界贸易体系面临压力，阻碍原材料或在经济和技术方面关键的工业品供应可能被用作政治手段，目前关键原材料供应主要来自几个在这方面具有重大影响力的国家，因此挪威关键原材料供应存在不确定性。[①] 通过进一步发展挪威的矿产原材料工业生产，挪威可以在挪威和欧洲更可持续的矿产生产和供应中发挥关键作用，保障本国关键矿产的供应安全，有助于确保战略自主权。

二 挪威2023年北极海域矿产勘探开发战略的主要内容

在《海底矿产法》的指导下，挪威海底区域矿产活动的开发进程从

---

① Norwegian Ministry of Trade, Industry and Fisheries, "Norges mineralstrategi," https://www. regjeringen. no/contentassets/1614eb7b10cd4a7cb58fa6245159a547/no/pdfs/norges‐mineralstrategi. pdf，最后访问日期：2024年4月20日。

2020 年开始由挪威能源部启动，并进行了包括资源评估和环境影响等评估在内的进程。《挪威矿产战略》展示了挪威将如何基于已经做出的努力和具备的知识进行矿产资源的管理与利用，关注的内容重点在关键原材料的获取和发展建设可持续的矿产工业。与此同时，挪威能源部发表了官方声明称政府提议开放挪威大陆架的部分地区进行商业海底矿产活动。① 挪威本次深海采矿活动计划开采的区域涵盖了从扬马延岛至斯瓦尔巴群岛之间的北极海域。当地时间 2024 年 1 月 9 日，挪威议会批准了政府开放挪威部分大陆架进行商业化海底矿物勘探和生产的提议。

（一）可持续的矿物开采

2015 年联合国大会通过的《变革我们的世界：2030 年可持续发展议程》② 为所有的商业活动和矿产活动确立了在可持续发展方面的目标和要求。同时联合国报告《将采矿业与可持续发展目标对应起来》③ 指出，采矿业有机会和潜力为所有 17 个可持续发展目标做出积极贡献。挪威以往的海洋战略政策就重视矿物开采对环境的影响。2023 年挪威计划开放本国大陆架进行北极海域的矿物勘探和开发延续了一直以来的做法，并在《挪威矿产战略》中对可持续的矿物开采的具体内涵进行了详细的阐述。

1. 环境影响控制

与采矿有关的环境问题受到包括挪威国内立法和欧盟立法的若干法规的规制。《挪威矿产战略》提出，涉及污染的活动需要获得污染控制部门颁发的许可证，且污染控制部门在决定是否发放许可证时应当将相关措施的利弊

---

① "The Government Is Facilitating a New Ocean Industry-seabed Mineral Activities，" Norwegian Ministry of Energy，https：//www. regjeringen. no/en/aktuelt/the–government–is–facilitating–a–new–ocean–industry–seabed–mineral–activities/id2985941/，最后访问日期：2024 年 3 月 7 日。

② 《变革我们的世界：2030 年可持续发展议程》，联合国网站，https：//www. un. org/zh/documents/treaty/A–RES–70–1，最后访问日期：2024 年 4 月 28 日。

③ "Mapping Mining to the Sustainable Empowered lives. Resilient nations. Development Goals：An Atlas，" https：//www. undp. org/sites/g/files/zskgke326/files/publications/Mapping _ Mining _ SD Gs_An_Atlas_Executive_Summary_FINAL. pdf，最后访问日期：2024 年 4 月 17 日。

衡量作为重点。矿产开采所产生的噪声、灰尘等环境影响难以避免，但应当依照可持续负责任运营的要求，将产生的负面影响降至最低。与此同时，先进的材料回收比采矿更加环保，因此可将其作为采矿原材料开发的重要补充，以获得更大的环境效益。

2. 社会可持续性

《挪威矿产战略》指出，矿产开采的社会可持续性通常与人权的实现、安全的工作条件、减少腐败、决策透明度、与当地社区的关系以及以不同的形式回馈当地社区的程度有关。在社会可持续性方面，《挪威矿产战略》指出，应当对涉及萨米地区的矿产活动对萨米人的权利和利益所造成的影响以及如何最大限度地减少这种影响给予重视。《挪威矿产战略》强调，对环境、人权和安全等方面缺乏较大可持续性的项目，在融资方面会存在更大的挑战。

（二）挪威未来开采关键原材料的潜力

根据《挪威矿产战略》，挪威在关键原材料方面拥有巨大的资源潜力。目前挪威已知的关键矿物和金属资源包括天然石墨、铜、镍、用于硅生产的高纯度石英、钴等。在稀土资源方面，挪威具有可观的稀土元素矿藏，其中最重要的是泰勒马克（Telemark）、乌勒福斯（Ulefoss）附近的芬斯（Fens）矿区。[①]

挪威将在大陆架上进行矿物开采视作获取关键原材料的重要途径。在海底矿物开采方面，挪威的首部国家海洋战略就关注到海底采矿的重要价值并且挪威在之后的海洋战略或计划中提出逐步推进商业化开采。2021 年挪威能源部开始推动就挪威大陆架矿物勘探和开采进行影响评估，[②] 并于 2021

① Norwegian Ministry of Trade, Industry and Fisheries, "Norges mineralstrategi," https://www. regjeringen. no/contentassets/1614eb7b10cd4a7cb58fa6245159a547/no/pdfs/norges - mineralstrategi. pdf，最后访问日期：2024 年 4 月 20 日。

② "Åpningsprosess for undersøkelse og utvinning av havbunnsmineraler på norsk kontinentalsokkel Forslag til program for konsekvensutredning etter havbunnsmineralloven," https://www. regjeringen. no/contentassets/a3dd0ce426a14e25abd8b55154f34f20/forslag - til - konsekvensutredningsprogram - l1205562. pdf，最后访问日期：2024 年 4 月 17 日。

年、2022 年、2023 年陆续发布了关于对评估区域的海底矿物资源评估、开放挪威大陆架进行海底采矿活动对自然环境和其他经济活动的影响评估，这为后续在评估区域进行负责任的矿产勘探开发、减少对其他经济活动的影响提供基础。根据以往挪威的研究活动和挪威离岸局的测绘结果，挪威大陆架上存在硫化物矿床和锰结壳等重要金属资源。2023 年《挪威矿产战略》表明，挪威目前对大陆架矿产资源基础和采矿所致环境影响的了解还较为有限，指出需要私营部门积极参与后续的资源测绘和影响评估。挪威政府提议对挪威北极海域大陆架开放采矿采取渐进的办法，通过发放许可证的方式促进对该地区的逐步勘探。目前挪威大陆架上的商业活动仍由《海底矿产法》进行管制。《挪威矿产战略》指出在未来政府和私营部门相关经验和知识更加丰富之后，挪威政府将重新考虑是否要构建针对特定地区的专门性法律框架对矿产勘探开发活动进行管制。

（三）挪威北极海域矿产勘探开发的法律框架与融资工具

挪威与矿产开采相关的政策与法律制度建设对挪威矿产工业的发展有重要作用。包括税收、能源、运输、气候和环境政策在内的一般产业政策构成了挪威矿产活动的重要框架。融资工具的运用也对矿产活动具有重要意义。《挪威矿产战略》针对挪威北极海域矿产勘探开发的法律框架与融资工具问题也有所说明。

1. 相关的法律法规

挪威管理矿产活动所涉法律法规有很多，其中较为重要的有《矿产法》①《规划和建筑法》《机动交通法》等。其中，挪威《矿产法》① 在《挪威矿产战略》中所占篇幅较其他文件更长，居于重要地位。挪威《矿产法》的宗旨是根据可持续发展的原则，促进和确保对矿产资源进行负责任地管理和利用。《矿产法》还规定了该法的适用范围，包括适用的实质性范围，即为开采

---

① "Act of 19 June 2009 No. 101 Relating to the Acquisition and Extraction of Mineral Resources（the Minerals Act）," https：//www. regjeringen. no/globalassets/upload/nhd/vedlegg/lover/mineralsact _translation_may2010. pdf，最后访问日期：2024 年 4 月 28 日。

目的调查矿产资源而进行的活动，以及适用的地理范围。此外，挪威矿产法委员会于2020年得到授权负责审议《矿产法》修正案，并在2022年提交了新矿产法案，以最终通过一个有利于勘探、调查、开采和终止矿产活动的框架，更好地促进矿产行业的价值创造。该委员会对许多领域提出了修改建议，其中包括建议对《矿产法》进行修改以使其后续适用对公共行政部门和矿业而言更加明确；建议对与萨米权利人的关系、许可证制度进行广泛的修改和澄清；提议改善不同监管程序之间的协调并制定《矿产资源管理法》。

2. 欧盟《关键原材料法案》

2023年3月，欧盟委员会公布了《关键原材料法案》（CRMA），[①] 并于2024年3月18日正式通过此法案，[②] 旨在加强关键原材料开采和推动工业项目并帮助确保欧盟获得关键原材料。《关键原材料法案》要求各国指定一个国家负责机构，协调关键原材料项目的许可证申请，并要求各国为关键矿物制定国家测绘方案。

3. 融资工具的作用

商业政策工具能够为勘探开发项目以及重大矿产项目的融资发挥重要作用。挪威的资本市场总体运作良好，挪威的金融企业具有偿付能力和流动性。这有助于为难以在普通市场上融资的社会经济盈利项目提供资金。[③] 国际金融市场和外国证券交易所对于勘探开发项目以及重大矿产项目的融资非常重要。挪威的出口融资公司可以通过与挪威采矿项目相关的投资和设备购买两种方式为矿产项目提供资金支持。矿产行业还有机会通过欧盟的计划获得欧洲的资金支持。例如，泛欧"原材料委员会"将为具有战略意义的项

---

① European Commission, "Critical Raw Materials Act," https：//single - market - economy. ec. europa. eu/sectors/raw - materials/areas - specific - interest/critical - raw - materials/critical - raw - materials-act_en#documents，最后访问日期：2024年4月17日。

② 《欧盟正式通过〈关键原材料法案〉》，人民网，http：//paper. people. com. cn/zgnyb/html/ 2024-03/25/content_26049873. htm，最后访问日期：2024年4月28日。

③ Norwegian Ministry of Trade, Industry and Fisheries, "Norges mineralstrategi," https：//www. regjeringen. no/contentassets/1614eb7b10cd4a7cb58fa6245159a547/no/pdfs/norges - mineralstrategi. pdf，最后访问日期：2024年4月20日。

目提供财务咨询，欧盟委员会将促进（潜在的）原材料生产商与欧洲市场之间的联系，成员国将建立企业支持信息平台，提供针对国家和欧洲支持计划的服务。①

（四）政府前瞻性矿产政策的五个优先领域

挪威政府前瞻性矿产政策的五个优先领域是《挪威矿产战略》的重要内容。相关内容主要是挪威政府将如何采取措施促进其在关键矿产勘探开发方面的发展。

1. 挪威矿产项目必须加快实现

关键原材料的获取所面临的挑战是多方面的，包括知识和有关风险信息的缺乏、许可和开发过程需要耗费大量的时间等，因此需从多个方面采取措施推动实现矿产项目。挪威政府将采取一系列有关措施推动关键原材料开采项目更快实现，并尽可能缩短所用时间。这些措施包括挪威指定矿产管理局和斯瓦尔巴群岛矿业局为"国家主管当局"，负责在《矿产法》范围内协调关键和战略性的金属和矿产项目的申请和核准；在《矿产法》范围内评估对与关键原材料开采相关的法规进行修订的必要性；加强挪威地质调查局针对关键金属和矿产资源的测绘工作，完成挪威的地球物理测绘工作；建立"矿产指南针"（mineralkompass）———一种向矿产参与者提供有关利益冲突信息的工具，并帮助降低冲突水平和提高可预测性。

2. 挪威矿产工业将为循环经济做出贡献

几乎所有的矿物开采都会产生几乎没有商业价值的剩余物质，挪威矿产工业可以通过提高资源利用率和降低对矿物开采剩余物质的处置需求两个方面为循环经济做贡献。为实现让挪威发展世界上最具可持续性的矿产工业的目标，挪威政府将采取包括委任一个评估关于矿物开采剩余物质的不同处置形式的专家委员会等措施；要求新的矿产项目提交循环业务计划，从而减少

---

① Norwegian Ministry of Trade, Industry and Fisheries, "Norges mineralstrategi," https://www. regjeringen. no/contentassets/1614eb7b10cd4a7cb58fa6245159a547/no/pdfs/norges - mineralstrategi. pdf, 最后访问日期: 2024 年 4 月 20 日。

沉积材料的数量，有助于提高资源利用率；要求开发商制订计划，每年减少矿物开采后的剩余材料等。

3. 挪威矿产行业将变得更具可持续性

挪威计划建设世界上最具有可持续性的矿产工业，这与其发展循环经济具有目标的一致性。但不同的是，在可持续性方面挪威还需考虑社会可持续性。因此挪威政府还将促进与萨米地区的对话，保护萨米地区原住民群体的权利；加强矿产管理局与斯瓦尔巴群岛矿业局在萨米地区矿产活动监管方面的能力。此外，作为新矿产法案后续行动的一部分，挪威正在考虑是否准备一份关于萨米地区矿产活动的专门指南；评估是否需要获得有关采矿活动对驯鹿畜牧业影响等方面的最新知识。

4. 挪威矿产项目需要良好的私营资本渠道

挪威政府认为，在挪威实现更可持续、更具效益的矿产项目需要大量投资。获得良好的私营资本投入对此非常重要。以天然石材和建筑原材料为目标的项目通常具有相对较低的不确定性，其融资方式与其他商业活动基本相同。而对于工业矿物和金属矿产资源开发项目，挪威政府将采取措施减少做出投资决策之前存在的不确定性、较长的开发周期和大量支出，以增加矿产项目获得资金的机会。矿产和金属是实现绿色转型的重要原材料。要发展绿色产业项目就会提高对风险纾解的要求，因此挪威政府将通过风险缓解计划等方式动员尽可能多的私营资本；调整政策工具以满足发展中的绿色工业项目的财务担保和贷款需求。

5. 挪威将成为绿色价值链的稳定原材料供应商

关键原材料供应链对绿色能源生产、绿色交通和相关基础设施的发展至关重要。因此挪威将通过国际伙伴关系，加强国际对话、信息交流与合作，提高挪威矿产开采和挪威矿物加工业和价值链的稳健性，实现关键原材料可持续开采项目。包括努力加强北欧在基于矿物开采的可持续价值链方面的合作、在挪威与欧盟之间启动建立工业伙伴关系进程的基础上推动具有战略意义的矿产和材料生产、努力确保挪威积极参与矿产安全伙伴关系并为自身发展创造机会。

三 挪威北极海域矿产勘探开发战略引发的相关争议

如前所述，挪威认为其北极海域矿产勘探开发有助于确保相关关键矿产资源的供应。挪威进行了关于开放海底矿物活动可能对环境和与工业有关的经济和社会影响的评估，并发布了影响评估报告。[①] 挪威目前为止在海底矿物开采方面的进展还停留在影响评估和矿物勘探阶段，尚未正式进入到海底矿物的开采进程。国际社会中的科学家、活动家和政治家等人员多次强调这种深海采矿行为会对海洋生态系统和生物多样性以及气候变化加速带来风险。[②] 除此之外，海底采矿活动所引发的与海洋利用之间的冲突[③]也是需要考虑的因素，例如海底采矿可能会对深海遗传资源造成破坏从而对利用深海资源的医药公司产生影响引发二者之间的争议等。挪威此次的北极海域矿产勘探开发战略和经议会批准通过的海底矿物开采的提案引发了国际社会广泛的讨论。目前针对挪威批准海底采矿引发的争议主要有以下方面。

（一）对矿产勘探开发环境影响的担忧

尽管挪威计划在本国大陆架上采取矿产勘探开发行动，但其在北极地区的推进引发了国际社会对其环境影响的担忧。反对者认为，在深海海底进行矿产活动对海底环境和生物多样性的影响是多方面的。[④] 未来挪威正式在其大陆架上

① "Konsekvensutredning-undersøkelse og utvinning av havbunnsmineraler på norsk kontinentalsokkel," https://www. regjeringen. no/contentassets/a3dd0ce426a14e25abd8b55154f34f20/konsekvensutred ning-for-mineralvirksomhet-pa-norsk-kontinentalsokkel. pdf，最后访问日期：2024 年 4 月 20 日。

② "No Deep-sea Mining in Norway! 119 Parliamentarians from All Around Europe Write to the Norwegian Parliament," Justice le site web de marie toussaint, https://www. marietoussaint. eu/actualites/deepseamining-norway，最后访问日期：2024 年 4 月 28 日。

③ K. A. Miller, K. F. Thompson, P. Johnston, D. Santillo, "An Overview of Seabed Mining Including the Current State of Development, Environmental Impacts, and Knowledge Gaps, "*Frontvers in Manne Science*, vol. 4, 2018, pp. 1-24.

④ "Marine Expert Statement Calling for a Pause to Deep-Sea Mining," https://seabedminingsci encestatement. org/，最后访问日期：2024 年 4 月 20 日。

进行采矿活动将增加对海洋生态系统的压力，会导致海底生境的退化或破坏，对独特和具有重要生态意义的物种种群和海底生态系统造成破坏。[1] 尤其挪威计划开放的北极水域是一块尚未开发的生物宝地，存在独特而重要的海洋生物和种群。其中，包括开采目标区域在内的部分海域被挪威研究机构列为特别有价值和脆弱的地区（Særlig verdifulle og sårbare områder，SVO）。[2] 因此世界自然基金会北极分会（WWF Arctic）称挪威的深海采矿计划危及北极的未来。[3] 根据《挪威开放大陆架进行海底矿物活动对自然条件、环境和其他有关的商业活动的影响评估》[4]，海底矿物的开采可能会影响与生物勘探有关的活动。深海是生物活性物质的来源，被称为最大的遗传资源库。[5] 有质疑指出，海底采矿可能会与深海生物勘探和利用行业之间产生冲突，一方面海底矿物开采和海底生物勘探都处于发展阶段，二者之间可能存在对开发区域的争夺；[6] 另一方面，在海底开采矿物可能导致遗传资源在被充分了解甚至发现之前就遭到破坏。[7] 面对这些质疑，挪威能源部大臣 Terje Aasland 称挪威将

---

[1] "Marine Expert Statement Calling for a Pause to Deep-Sea Mining," https：//seabedminingsciencestatement. org/，最后访问日期：2024 年 4 月 20 日。

[2] "Særlig verdifulle og sårbare områder（SVO）i norske havområder-Miljøverdi," Havforskningsinstitutt，https：//www. hi. no/hi/nettrapporter/rapport-fra-havforskningen-2021-26，最后访问日期：2024 年 4 月 28 日。

[3] "Norway's Deep Sea Mining Plans Risk the Arctic's Future," WWF Arctic, https：//www. arcticwwf. org/the-circle/stories/norways-deep-sea-mining-plans-risk-the-arctics-future/，最后访问日期：2024 年 4 月 21 日。

[4] "Virkninger for naturforhold, miljø og annen næringsvirksomhet relatert til konsekvensutredning for åpning av norsk sokkel for havbunnsmineralvirksomhet," https：//www. regjeringen. no/contentassets/a3dd0ce426a14e25abd8b55154f34f20/virkninger - for - naturforhold - miljo - og - annen - naringsvirksomhet_ikm-acona_akvaplan-niva. pdf，最后访问日期：2024 年 4 月 20 日。

[5] C. W. Armstrong, N. S. Foley, R. Tinch, S. van den Hove, "Services from the Deep：Steps towards Valuation of Deep Sea Goods and Services," *Ecosyst Serv* 2（2012）：2-13.

[6] "Virkninger for naturforhold, miljø og annen næringsvirksomhet relatert til konsekvensutredning for åpning av norsk sokkel for havbunnsmineralvirksomhet," https：//www. regjeringen. no/contentassets/a3dd0ce426a14e25abd8b55154f34f20/virkninger - for - naturforhold - miljo - og - annen - naringsvirksomhet_ikm-acona_akvaplan-niva. pdf，最后访问日期：2024 年 4 月 20 日。

[7] 《挪威有望成为首个深海采矿国》，中华人民共和国自然资源部网站，https：//geoglobal. mnr. gov. cn/zx/tpzx/202309/t20230915_8570932. htm，最后访问日期：2024 年 4 月 28 日。

以"负责任"的方式进行开采并且挪威具备能力带头以可持续的方式管理这些资源。① 而且挪威离岸局的报道显示,"海底矿物勘探不会对环境造成压力"。②

（二）关于挪威开放大陆架矿产资源勘探开发决定合法性的争议

挪威开放本国大陆架矿产资源的勘探开发决定的合法性招致了质疑。就挪威国内的机构而言,挪威环境署对《影响评估——挪威大陆架海底矿物的勘探和开采》（以下简称《影响评估》）③ 回复了咨询意见。④ 挪威环境署的意见指出了《影响评估》存在的问题和漏洞,具体包括:《影响评估》不符合《海底矿产法》第 2-2 条⑤对开放区域前进行影响评估的要求,不足以作为开放区域的决策依据;《影响评估》显示出普遍的知识不足,关于环境、技术、可能对环境造成的影响和后果等信息非常有限,存在显著的不确定性;对不确定性的描述存在偏差,表现在《影响评估》强调了海底矿物开采对经济和环境可能但不确定的积极影响,但对不确定的消极影响很少提及或根本没有提及。挪威政府指定的开放地区的某些部分已被挪威研究机构确定为脆弱或有价值的地区（SVO）。⑥ 在国际社会上,119 名欧洲国家议员

---

① "The Government Is Facilitating a New Ocean Industry-seabed Mineral Activities," Norwegian Ministry of Energy, https://www.regjeringen.no/en/aktuelt/the-government-is-facilitating-a-new-ocean-industry-seabed-mineral-activities/id2985941/, 最后访问日期: 2024 年 4 月 28 日。

② "Seabed Minerals—Step by Step," Norwegian Offshore Directorate, https://www.sodir.no/en/whats-new/news/general-news/2024/seabed-minerals--step-by-step/, 最后访问日期: 2024 年 4 月 17 日。

③ "Konsekvensutredning-undersøkelse og utvinning av havbunnsmineraler på norsk kontinentalsokkel," https://www.regjeringen.no/contentassets/dbf5144d0fbc42b5a4db5fc7eb4fa312/horingsdokument-konsekvensutredning-for-mineralvirksomhet-pa-norsk-kontinentalsokkel-11415388.pdf, 最后访问日期: 2024 年 4 月 20 日。

④ "Høring-konsekvensutredning for mineralvirksomhet på norsk kontinentalsokkel og utkast til beslutning om åpning av område Miljødirektoratets kommentarer," https://www.regjeringen.no/contentassets/613111b7e02c464ca95b3e5bb364cc14/miljodirektoratet.pdf?uid=Milj%C3%B8direktoratet, 最后访问日期: 2024 年 4 月 20 日。

⑤ "Act Relating to Mineral Activities on the Continental Shelf," Seabed Minerals Act, Chapter 2. Section 2-2.

⑥ "No Deep-sea Mining in Norway! 119 Parliamentarians from All around Europe Write to the Norwegian Parliament," Justice le site web de marie toussaint, https://www.marietoussaint.eu/actualites/deepseamining-norway, 最后访问日期: 2024 年 4 月 28 日。

发布公开信，要求挪威停止海底采矿等。① 他们表示，挪威在联合国签署了《联合国海洋法公约关于养护和可持续利用国家管辖范围以外海域海洋生物多样性的协定》，并且作为承诺到 2025 年实现 100%的可持续海洋管理的可持续海洋经济高级别小组的共同主席，应当以协调一致的国家政策落实其国际承诺。

（三）关于在海底开采矿产的商业价值方面的质疑

从商业价值角度考虑，在北极脆弱的生态环境下进行深海采矿也受到反对者的质疑。有质疑指出，目前对深海采矿的影响评估和知识都不完备，②且挪威计划在其大陆架上开采矿产采用商业开采的模式，因此提交申请的公司被审查和获得许可证需要较长时间。挪威矿业公司洛克海洋矿产公司的首席执行官瓦尔特·松内斯认为，在挪威海岸附近寒冷、黑暗的水域进行勘探需要 5 到 7 年的时间。他说，2032 年很可能是最早开采出矿产的年份，而且这需要挪威议会批准开采许可证。③ 获得丰富的影响评估知识也不能短时间内完成，因此在北极进行深海采矿是不是一个具有商业价值的行为受到质疑。还有质疑指出，在深海的关键矿物本身极难开采的情况下，这些矿物为绿色转型做出贡献需要等待较长的时间，加上开采导致北极寒冷而脆弱的海洋生态系统受到多种压力威胁，因此，海底采矿的社会经济效益可能不会超

① "No Deep-sea Mining in Norway！119 Parliamentarians from all around Europe Write to the Norwegian Parliament," Justice le site web de marie toussaint, https：//www. marietoussaint. eu/actualites/deepseamining-norway，最后访问日期：2024 年 4 月 28 日。

② "Høring-konsekvensutredning for mineralvirksomhet på norsk kontinentalsokkel og utkast til beslutning om åpning av område Miljødirektoratets kommentarer," https：//www. regjeringen. no/contentassets/613111b7e02c464ca95b3e5bb364cc14/miljodirektoratet. pdf？uid = Milj% C3% B8direktoratet，最后访问日期：2024 年 4 月 20 日；"Norwegian Parliament Advances Deep Seabed Mining：A Catastrophe for the Ocean," WWF Arctic, https：//www. arcticwwf. org/newsroom/news/norwegian-parliament-advances-deep-seabed-mining-a-catastrophe-for-the-ocean/，最后访问日期：2024 年 4 月 28 日。

③ "Norway just Raised the Stakes over Deep-sea Mining," Bloomberg, https：//www. miningweekly. com/article/norway-just-raised-the-stakes-over-deep-sea-mining-2024-01-15，最后访问日期：2024 年 4 月 17 日。

过潜在影响。① 此外，不可否认未来对于清洁能源和新兴技术的金属需求量将不断增长，矿物原材料供应不足的风险加大。但除了从海底获取矿物原材料，还存在其他替代性方法，如垃圾填埋场采矿、② 回收产品组件、从海水中回收锂和其他稀有金属等。③ 因此，回收和再利用能够减少对海底矿产开采的需求。

四　挪威北极海域矿产勘探开发战略的未来展望

2024 年 1 月 9 日，挪威议会已以 80 票对 20 票的结果通过了在该国大陆架部分区域开放商业深海采矿的提案。挪威能源部将于 2024 年开始公布申请区域并颁发许可证。挪威私营公司已计划申请开采许可证。但在开放的最初阶段，根据挪威政府的要求，工业企业可获得测绘和勘探海底矿产的许可证，而非开采许可证，且任何开采计划都必须得到能源部和挪威议会的批准。可见挪威对推进战略实施和本国北极海域矿物勘探开发方面的态度十分积极，也显示出其将继续坚持兼顾产业发展和绿色环保的可持续深海采矿发展路线。

未来挪威若将海底采矿付诸实践，可能会对北极海域其他活动产生影响。挪威开展了对开放挪威大陆架矿产资源勘探开发活动有关的其他商业活动的影响评估。④ 根据此评估报告，海底矿物开采对渔业的影响因海域不同而不同，对渔业而言越重要的区域，可能受到的采矿活动影响会越大。例

① K. L. Nash, C. Cvitanovic, E. A. Fulton et al., "Planetary Boundaries for a Blue Planet," *Nature Ecology & Evolution* 1 (11) (2017): 1625-1634.
② T. P. Wagner, T. Raymond, "Landfill Mining: Case Study of a Successful Metals Recovery Project," *Waste Management* 45 (2015): 448-457.
③ T. Hoshino, "Innovative Lithium Recovery Technique from Seawater by Using World-first Dialysis with a Lithium Ionic Superconductor," *Desalination* 359 (2015): 59-63.
④ Virkninger for naturforhold, "miljø og annen næringsvirksomhet relatert til konsekvensutredning for åpning av norsk sokkel for havbunnsmineralvirksomhet," https://www.regjeringen.no/contentassets/a3dd0ce426a14e25abd8b55154f34f20/virkninger-for-naturforhold-miljo-og-annen-naringsvirksomhet_ikm-acona_akvaplan-niva.pdf, 最后访问日期：2024 年 4 月 17 日。

如，对于扬马延岛附近地区以外的大多数评估海域而言，一般不会发生因海底矿物开采占用海域从而对捕鱼产生影响的情况；在扬马延岛周围地区，由于这些地区作业方式和所用渔船的不同，只要该地区进行矿物开采就会对捕鱼地点造成限制。对航运的评估而言，从航程和船只数量来看，评估区域内的航运交通量相对较小。但是油轮等大型船只途经评估区域的频率较高，因此矿产资源勘探开发的水面设施可能会对途经船只造成影响。此外，国际海底管理局目前正在制定《"区域"内矿产资源开发规章草案》。尽管挪威大陆架采矿的决定是有关本国海域的事项，但是挪威的决定也可能会对国际社会对国际海底区域矿产资源开发的态度产生影响。①

---

① "NGOs and Local Activists across the Global Call on Norway to Stop Deep-sea Mining," https://deep-sea-conservation. org/norway-plans-deep-seabed-mining/，最后访问日期：2024 年 4 月 20 日。

B.8
北极五国关键矿产政策动态及其启示[*]

杨松霖　林洁纯[**]

摘　要： 在世界主要大国对关键矿产争夺不断加剧的时代背景下，美国、加拿大、俄罗斯、芬兰、挪威北极五国纷纷加强了关键矿产领域的政策部署和实践，以确保本国的关键矿产供应安全。美国、加拿大、芬兰、挪威继续对俄罗斯进行能源制裁。对中国而言，要坚持"尊重、合作、共赢、可持续"的理念参与北极矿产资源开发，积极推动与有关国家的关键矿产合作，推动构建可持续的北极矿产治理机制。同时，加强北极投资风险预警与应急处置机制建设，保护中资企业的北极合法权益。

关键词： 北极国家　关键矿产　北极治理　中国参与

关键矿产是指对新材料、新能源、新一代信息技术、人工智能、生物技术、高端装备制造、国防军工等先进产业具有不可替代的重大用途的金属元素及其矿床，是支撑能源转型、技术进步和产业升级的关键物质基础。[①] 近年来，美国、加拿大、日本等发达工业国家加紧布局各自的关键矿产政策，确保本国关键矿产供应安全。美国、俄罗斯、加拿大、芬兰、挪威五个北极

---

[*] 本报告为广州市社科规划羊城青年学人课题"广州市对接'冰上丝绸之路'的优势、挑战和策略"（2024GZQN35）和 2024 年度国家社科基金青年项目"美国涉华北极政策与应对研究"（24CGJ009）的阶段性成果。

[**] 杨松霖，法学博士，华南农业大学马克思主义学院讲师，教育部极地环境监测与公共治理重点实验室兼职研究员，主要研究方向为中美关系、极地海洋战略；林洁纯，华南农业大学马克思主义学院本科生。

[①] 安平：《如何将战略产业"维生素"牢牢掌握在自己手中?》，国家安全部官方公众号，https://mp.weixin.qq.com/s/Af34_y18rMqdTivFhNxIAA，最后访问日期：2024 年 5 月 12 日。

国家（以下简称"北极五国"）的关键矿产储量尤为丰富，近年来纷纷调整本国关键矿产资源开发政策，引发国际社会关注。本报告聚焦 2021~2023 年北极五国发布的关键矿产政策及其实践，总结各国关键矿产政策的主要特点，为中国参与北极资源开发提供有益借鉴。

一　北极五国的关键矿产政策

美国地质矿产局、中国自然资源部、英荷壳牌石油公司等发布的相关统计数据①显示，北极五国的关键矿产储量尤为丰富。铼、钼、铁、铜、铀、硼、钾盐、石油、天然气、锆、铬、锰、镍、锡、煤炭、钒、钴、锂、铝、铌、铍、锑、钨、铟、锗、稀土、萤石、石墨等矿产资源在美国、俄罗斯、加拿大、芬兰、挪威五个北极国家有分布，且资源储量在全世界排名位于前十。除铼（rhenium）、锆（zirconium）、钴（cobalt）、萤石（fluorspar）外，其余 22 种矿产储量在全世界排名前五（见表1）。挪威的铝、石墨储量较为丰富，分别居世界第 8 位和第 14 位。

表 1　22 种矿产资源在北极五国的储量情况

序号	矿产种类	储量前五的国家及其世界排名
1	钼（molybdenum）	美国（2）；俄罗斯（5）
2	铁（iron ore）	俄罗斯（3）
3	铜（copper）	俄罗斯（4）；
4	铀（uranium）	加拿大（3）；俄罗斯（4）
5	硼（boron）	俄罗斯（2）；美国（2）

---

① 涉及 3 份统计数据：U. S. Department of the Interior, "Mineral Commodity Summaries 2023," https://pubs.usgs.gov/periodicals/mcs2023/mcs2023.pdf，最后访问日期：2024 年 4 月 26 日；《世界前五大铀储量国》，中国自然资源部网，https://geoglobal.mnr.gov.cn/zx/kydt/zhyw/202312/t20231226_8655910.htm，最后访问日期：2024 年 4 月 26 日；《BP 世界能源统计年鉴（2021）》，bp 中国，https://www.bp.com.cn/content/dam/bp/country-sites/zh_cn/china/home/reports/statistical-review-of-world-energy/2021/BP_Stats_2021.pdf，最后访问日期：2024 年 4 月 26 日。

序号	矿产种类	储量前五的国家及其世界排名
6	钾盐(sylvite)	加拿大(1);俄罗斯(3);美国(4)
7	石油(petroleum)	加拿大(3)
8	天然气(natural gas)	俄罗斯(1);美国(5);
9	铬(chromium)	芬兰(5)
10	镍(nickel)	俄罗斯(4)
11	锡(tin)	俄罗斯(5)
12	钒(vanadium)	俄罗斯(3)
13	锂(lithium)	美国(5)
14	铝(aluminium)	俄罗斯(3);加拿大(4)
15	铌(niobium)	加拿大(2);美国(3)
16	铍(beryllium)	俄罗斯(2)
17	锑(antimony)	俄罗斯(1)
18	钨(tungsten)	俄罗斯(2)
19	铟(indium)	美国(3);加拿大(4);俄罗斯(5)
20	锗(germanium)	美国(1);俄罗斯(3)
21	稀土(rare earth)	俄罗斯(3)
22	煤炭(coal)	美国(1);俄罗斯(2)

资料来源:笔者搜集相关资料整理而得。

美国、加拿大、俄罗斯、芬兰、挪威五国是北极地区关键矿产资源储量丰富的国家,及时跟踪、分析上述五国关键矿产领域的相关政策,有助于研判各国矿产资源战略意图,为中国参与北极资源开发提供重要参考。2021~2023 年,北极五国发布了多份有关关键矿产资源开发的相关政策文件,涉及科技创新、矿产投资、国际合作、国家安全审查等相关内容。

（一）美国

确保关键矿产的供应安全一直是美国政策制定的重要问题。[①] 近年来,美国频频调整关键矿产政策,加紧与其他矿产消费国、生产国的国际合作,对北极矿业乃至世界矿业生产态势产生重要影响。自 2008 年以来,美国制定了一系列涉及关键矿产资源的政策文件（2021~2023 年相关政策文件见表2）,

---

① 尹文渊、范舒雯、刘艺卓:《美国关键矿产供应链重构:动因、影响及对策》,《亚太经济》2023 年第 5 期,第 82 页。

包括《关键矿产和美国经济》（2008 年）、《关键矿产战略》（2011 年）、《关键性矿产评估》（2016 年）、《50 种关键矿产清单》（2022 年）等。拜登上任后，进一步强化了美国在矿产领域的勘探、研发、生产等布局。2021 年 2 月 24 日，拜登签署了《美国供应链行政令》，审查以稀土及关键矿物材料、半导体与先进封装技术、大容量电池和药品产业为主的供应链风险，建立更具韧性的美国供应链。2022 年 2 月 22 日，美国地质调查局公布了新的 50 种关键矿产目录，关键矿产由 2018 年的 35 种调整为 50 种。2022 年 8 月 16 日，拜登签署了《通胀削减法案》，美国政府将对清洁能源提供高达 3690 亿美元的投资和税收抵免。2023 年 7 月，美国能源部发布了《2023 年关键材料评估报告》，重点关注供应中断风险较高的关键材料，包括铝、钴、铜、镝、氟、镓、铱、锂、镁、天然石墨、钕、镍、铂、镨、铽、硅和碳化硅等。

表 2 美国发布的部分关键矿产资源政策文件（2021~2023）

发布时间	文件名称
2021 年 2 月	《美国供应链行政令》*
2022 年 2 月	《2022 年关键矿物清单》**
2022 年 8 月	《通胀削减法案》***
2023 年 7 月	《2023 年关键材料评估报告》****
2023 年 8 月	《2023 年能源部关键材料清单》*****

注：* R. Joseph, JR. Biden, "Executive Order on America's Supply Chains," https://www. whitehouse. gov/briefing - room/presidential - actions/2021/02/24/executive - order - on - americas - supply - chains/, 最后访问日期：2024 年 4 月 2 日。

** U. S. Geological Survey, Department of the Interior, "2022 Final List of Critical Minerals," https://www. federalregister. gov/documents/2022/02/24/2022 - 04027/2022 - final - list - of - critical - minerals, 最后访问日期：2024 年 4 月 2 日。

*** "The Inflation Reduction Act," https://www. congress. gov/bill/117th - congress/house - bill/ 5376, 最后访问日期：2024 年 4 月 2 日。

**** U. S. Department of Energy, "2023 DOE Critical Materials Assessment," https://www. energy. gov/sites/default/files/2023-07/doe-critical-material-assessment_07312023. pdf, 最后访问日期：2024 年 4 月 2 日。

***** Department of Energy, "Notice of Final Determination on 2023 DOE Critical Materials List," https://www. federalregister. gov/documents/2023/08/04/2023-16611/notice-of-final-determination-on-2023-doe-critical-materials-list, 最后访问日期：2024 年 4 月 2 日。

资料来源：笔者搜集相关资料整理而得。

（二）俄罗斯

俄罗斯拥有丰富的关键矿产资源，长期将本国矿产开发摆在战略高度。1996 年 1 月，俄罗斯批准了战略矿产主要类型清单，包括石油、天然气、铀、锰、铬、钛、铝土矿、铜、镍、铅、钼、钨、锡、锆、钽、铌等 29 种矿物。2018 年 12 月，俄联邦政府发布了《2035 年关键矿产基地发展战略》，该文件将俄罗斯所有战略矿产进一步明确细分为三类。①

2021 年 10 月，俄罗斯批准了《2021 年地下资源使用者出资用于地质研究的项目清单》，批准的项目主要分布在东西库页岛、莫斯科、乌谢斯克共和国等地，包括碳氢化合物、沙砾混合矿床等。2022 年 3 月，俄司法部通过了《关于批准从俄罗斯联邦出口某些类型的实验室、采矿、地质勘探、地球物理设备及其零部件的许可证颁发程序》，为那些需要出口实验室设备的企业和个人提供了详细的指导，进一步简化了相关交易流程。2023 年 6 月，俄自然资源部发布了第 357 号（《关于批准俄罗斯联邦北极地区碳氢化合物原料地下区域许可证计划》）和第 358 号（《关于批准2035 年之前俄罗斯联邦北极地区固体关键矿产地下矿区许可计划》）许可证批准命令。第 357 号命令指出，俄北极地区拥有丰富的碳氢化合物资源，其中亚马洛-涅涅茨自治区和克拉斯诺亚尔斯克边疆区最为丰富，包括铜、镍、黄金、钻石、磷灰石、铝土矿等，要加快上述地区的矿物开采、加工。第 358 号命令介绍了科米共和国和亚马洛-涅涅茨自治区的北极地区矿物产量预测和开采情况，以及萨哈共和国（雅库特）北极地区和楚科奇自治区的矿产资源情况。2021~2023 年，俄罗斯发布了一些关键矿产资源政策文件（见表 3）。

---

① 第一类是天然气、铜、镍、锡、钨、钼、钽、铌、钴、钪、锗、铂族金属、磷灰石矿、铁矿石、钾盐、煤炭、水泥原料等，第二类是石油、铅、锑、金、银、金刚石、锌和高纯度石英原料等，第三类是铀、锰、铬、钛、铝土矿、锆、铍、锂、铼、钇族稀土、萤石、铸造用膨润土、长石原料、高岭石、大片白云母、碘、溴和光学原料等。

表3　俄罗斯发布的部分关键矿产资源政策文件（2021~2023）

发布时间	文件名称
2021年10月	《关于批准2021年提出的用于地质研究目的的物体清单》*
2022年3月	《关于批准从俄罗斯联邦出口某些类型的实验室、采矿、地质勘探、地球物理设备及其零部件的许可证颁发程序》**
2023年6月	《关于批准2035年之前俄罗斯联邦北极地区固体关键矿产地下矿区许可计划》***，俄资源基础有可能确保北海航线的装载
	《关于批准俄罗斯联邦北极地区碳氢化合物原料地下区域许可证计划》****，直至2035年，这有可能确保北海航线的装载

＊　Минприроды России，"Об утверждении Перечней объектов, предлагае мых в 2021 году для предоставления в пользование в целях геологического изучения за счет средств недропользователей," https：//www. mnr. gov. ru/docs/ofitsialnye_dokumenty/prikaz_minprirody_rossii_ot_20_10_2021_769_/，最后访问日期：2024年4月2日。

＊＊　Минприроды России，"Об утверждении Порядка выдачи разрешений на вывоз из Российской Федерации отдельных видов лабораторного, добычного, геолого-разведочного," https：//www. mnr. gov. ru/docs/ofitsialnye_dokumenty/prikaz_minprirody_rossii_ot_14_03_2022_185_ob_utverzhdenii_poryadka_vydachi_razresheniy_na_vyvoz_iz_/，最后访问日期：2024年4月2日。

＊＊＊　Минприроды России，"Об утверждении Программы лицензирования участков недр твердых полезных ископаемых в Арктической зоне Российской Федерации на период до 2035 года, ресурсная база которых потенциально может обеспечить загрузку Северного морского пути," https：//www. mnr. gov. ru/docs/ofitsialnye_dokumenty/prikaz_minprirody_rossii_ot_09_06_2023_358/，最后访问日期：2024年4月2日。

＊＊＊＊　Минприроды России，"Об утверждении Программы лицензирования участков недр углеводородного сырья в Арктической зоне Российской Федерации на период до 2035 года, ресурсная база которых потенциально может обеспечить загрузку Северного морского пути," https：//www. mnr. gov. ru/docs/ofitsialnye_dokumenty/prikaz_minprirody_rossii_ot_09_06_2023_357_/，最后访问日期：2024年4月2日。

资料来源：笔者搜集相关资料整理而得。

（三）加拿大

矿产资源是经济社会发展的重要物质基础，对于保障国家经济、国防和产业安全等具有至关重要的意义。[①] 2021~2023年，加拿大发布了一些关键矿产资源政策文件（见表4）。2020年1月，加拿大发布《加美关键矿产合

---

① 翟明国、胡波：《矿产资源国家安全、国际争夺与国家战略之思考》，《地球科学与环境学报》2021年第1期，第2页。

作联合行动计划》，以保障两国制造业、通信技术、航天国防以及清洁技术所需关键矿产的供应链安全。2021 年 3 月，加拿大发布《2021 年加拿大关键矿产清单》，包含铝、锑、镓、锗、稀土元素等共 31 种关键矿产。《加拿大矿产和金属计划（2021 年行动计划）》指出，加拿大将加快关键矿产行业领域的科学技术创新，努力开采低品位矿石、超深矿床和偏远矿床，同时，推动联邦、省和地区政府、原住民、工业界人士等相关主体的矿业合作。2022 年 10 月，加拿大发布了《关于外国国有企业在关键矿产领域的投资政策》，该文件明确指出，外国国有企业对关键矿产领域的投资均将受到更严格的国家安全审查，且审查的范围涵盖整个产业价值链。2022 年 12，加拿大自然资源部发布了《从探索到回收：为加拿大和世界的绿色和数字经济提供动力》，文件指出，加拿大关键矿产战略涉及 5 个核心目标：支持经济增长、提升矿业竞争力和创造就业机会，推动气候应对和环境保护，促进与原住民的和解，培养更具包容性的社区，加强与盟国的伙伴关系。

表 4　加拿大发布的部分关键矿产资源政策文件（2021~2023）

发布时间	文件名称
2021 年 3 月	《2021 年加拿大关键矿产清单》*
	《加拿大矿产和金属计划（2021 年行动计划）》**
2022 年 10 月	《关于外国国有企业在关键矿产领域的投资政策》***
	《加拿大关键矿产战略》****
2022 年 12 月	《从探索到回收：为加拿大和世界的绿色、数字经济提供动力》*****

注：　＊ "Canada's Critical Minerals List 2021," https：//www.canada.ca/en/campaign/critical-minerals-in-canada/critical-minerals-an-opportunity-for-canada.html，最后访问日期：2024 年 4 月 4 日。

＊＊ "The Canadian Minerals and Metals Plan Action Plan 2021," https：//www.minescanada.ca/sites/minescanada/files/CMMP-ActionPlan2021_May27-ACC.pdf，最后访问日期：2024 年 4 月 4 日。

＊＊＊ "Policy Regarding Foreign Investments from State-Owned Enterprises in Critical Minerals under the Investment Canada Act," https：//ised-isde.canada.ca/site/investment-canada-act/en/ministerial-statements/policy-regarding-foreign-investments-state-owned-enterprises-critical-minerals-under-investment，最后访问日期：2024 年 4 月 5 日。

＊＊＊＊ "The Canadian Critical Minerals Strategy," https：//www.canada.ca/en/campaign/critical-minerals-in-canada/canadian-critical-minerals-strategy.html，最后访问日期：2024 年 4 月 2 日。

＊＊＊＊＊ "From Exploration to Recycling：Powering the Green and Digital Economy for Canada and the World," https：//www.canada.ca/content/dam/nrcan-rncan/site/critical-minerals/Critical-minerals-strategyDec09.pdf，最后访问日期：2024 年 4 月 4 日。

资料来源：笔者搜集相关资料整理而得。

（四）芬兰和挪威

芬兰矿产资源丰富，矿产开发的历史悠久，相关配套措施较为完善，其境内储量较为丰富，关键矿产包括铜、锌、镍、钴、铬、铁、金、铀、金刚石和铂族元素等。加入欧盟以后，芬兰的矿业投资环境不断改善，吸引越来越多国际矿业资本进行投资，对芬兰经济发展的支撑力度不断提升。近年来，芬兰政府意识到过度依赖矿产资源并不利于经济的可持续发展，要加快新能源等领域的多元化发展。《强大而坚定的芬兰：佩特里·奥尔波总理政府计划》（以下简称《佩特里·奥尔波政府计划》，见表5）强调，要加快芬兰经济发展的清洁能源转型，政府将促进国内关键矿产和电池集群的发展。

挪威是北极地区重要的矿产国，近年来对关键矿产资源开发予以高度重视。2023年6月，挪威发布了《挪威矿产战略》（见表5），文件指出，本国工业矿物主要有石墨、磷酸乙酯（磷酸盐）和氟石，金属矿物多为钴、铜、锌、镍、铌、稀土元素（稀土）、钒等。政府将以下五个领域确定为工作重点方向：①挪威的矿产项目必须实施得更快；②挪威矿业必须促进循环经济；③挪威矿业必须变得更加可持续；④挪威的矿产项目需要私人资本支持；⑤挪威必须成为一个稳定的矿产原料供应商。

表5　芬兰和挪威发布的部分关键矿产资源政策文件（2023）

国家	发布时间	文件名称
芬兰	2023年6月	《佩特里·奥尔波政府计划》*
挪威	2023年6月	《挪威矿产战略》**

注：　* "A Strong and Committed Finland Programme of Prime Minister Petteri Orpo's Government," https://valtioneuvosto.fi/en/governments/government-programme#/，最后访问日期：2024年4月2日。

** "Norwegian Mineral Strategy," https://www.regjeringen.no/contentassets/1614eb7b10cd4a7cb58fa62 45159a547/norges-mineralstrategi_engelsk_uu.pdf，最后访问日期：2024年4月2日。

资料来源：笔者搜集相关资料整理而得。

二 北极五国关键矿产政策的主要特点

北极五国关键矿产政策调整是以确保本国关键矿产供应链安全为基本原则，不断加强本国开发关键矿产资源的科技创新投入。同时，西方北极国家在联合对俄罗斯实施能源制裁的同时，积极在关键矿产领域推动"去中国化"进程。

（一）以确保矿产供应安全为政策指向

近年来，世界各主要国家对关键矿产资源的争夺日益加剧，加速抢占新一轮关键矿产资源争夺的制高点。[①] 在此背景之下，北极五国以确保本国关键矿产供应链安全为原则出台相关政策文件，加强对关键矿产资源的统筹管理。从 2010 年开始，以美国为首的西方国家不断提高对关键矿产及其相关产业的关注度，美国政府在多份关键矿产战略中表示供应安全是其关键矿产国际合作的核心问题。[②] 美国组织了国防后勤局、能源部、国家科技委员会、内政部等多个有关部门开展关键矿产的研究与开发协调，并逐步建立起系统的评价指标体系。[③] 在美国的主导下，加拿大、芬兰、挪威积极加强关键矿产领域的双边与多边合作。以美国为牵头国家，联合加拿大、芬兰、挪威、新西兰等相关国家，创设了"关键矿产合作联合行动计划""关键矿产安全伙伴关系"等多边国际合作机制，加速推进关键矿产领域的安全合作，为关键矿产战略项目提供有针对性的财政、外交等相关支持，维护关键矿产供应安全。

俄罗斯也加强了本国关键矿产资源的开发力度，俄自然资源部第 358 号批准命令指出，萨哈共和国（雅库特）的北极地区钻石、锡、锑、稀有金

[①] 张生辉、王振涛等：《中国关键矿产清单、应用与全球格局》，《矿产保护与利用》2022 年第 5 期，第 139 页。

[②] 李冰：《关键矿产资源大国博弈及我国应对策略》，《价格理论与实践》2023 年第 12 期，第 111~115 页。

[③] 吴巧生、薛双娇：《中美贸易变局下关键矿产资源供给安全分析》，《中国地质大学学报（社会科学版）》2019 第 5 期，第 69~78 页。

属（包括稀土）等储量丰富，楚科奇自治区的黄金、银、锡和钨、煤炭等矿产资源储量丰富，还有大量的铜斑岩砂矿，包括铜、钼和贵金属，要进一步加强开发。①

（二）增强对本国关键矿业科技创新的支持力度

拜登上台以来，美国不断加大科研投入，推动关键矿物领域的科技进步。②《2023年关键材料评估报告》指出，要继续推进关键材料领域的科技创新，研发重点将集中在降低材料强度、提高回收率和利用率、寻找更好的替代品等方面。③加拿大联邦预算将在三年内投入4770万加元，用于上游关键矿物加工、电池前驱体等相关材料的研发工作。④《加拿大关键矿产战略》强调，加拿大将进一步扩大地球科学和勘探活动，包括地质测绘、地球物理测量以及科学评估和数据，以更好地发现和开发关键矿产资源。⑤

芬兰和挪威积极配合美国主导的关键矿物供应链建设，纷纷加快了对本国关键矿业技术研发的支持力度。《佩特里·奥尔波政府计划》指出，芬兰的未来增长依托于高质量的科学研究和商业创新，到2030年，芬兰要将研发支出增加到国内生产总值的4%。⑥《挪威矿产战略》指出，为确保矿业的

---

① Приказ Минприроды России от 09.06.2023 № 358 «Об утверждении Программы лицензирования участков недр твердых полезных ископаемых в Арктической зоне Российской Федерации на период до 2035 года, ресурсная база которых потенциально может обеспечить загрузку Северного морского пути», https://www.mnr.gov.ru/docs/ofitsialnye_dokumenty/prikaz_minprirody_rossii_ot_09_06_20234_358/.pdf, pp.33-36, 最后访问日期：2024年4月2日。

② 丁思齐、刘国柱：《美国的关键矿物战略论析》，《当代美国评论》2023年第1期，第43~63页。

③ "Notice of Final Determination on 2023 DOE Critical Materials List," https://www.energy.gov/sites/default/files/2023-07/doe-critical-material-assessment_07312023.pdf, p.15, 最后访问日期：2024年4月2日。

④ "The Canadian Minerals and Metals Plan," https://www.minescanada.ca/sites/minescanada/files/CMMP-ActionPlan2021_May27-ACC.pdf, p.10, 最后访问日期：2024年4月2日。

⑤ "The Canadian Critical Minerals Strategy," https://www.canada.ca/en/campaign/critical-minerals-in-canada/canadian-critical-minerals-strategy.html, 最后访问日期：2024年4月2日。

⑥ "A Strong and Committed Finland Programme of Prime Minister Petteri Orpo's Government," https://valtioneuvosto.fi/en/governments/government-programme#/, 最后访问日期：2024年4月2日。

可持续发展，要大力支持科技创新发挥重要作用。① 俄罗斯高度重视科技创新对关键矿产资源开发的重要作用，将进一步加强对镍、钛、铂、锂、钶、钽、稀土金属和其他高科技原料开发的技术研发工作，为其提供高素质人才支持和资金支持。②

（三）加强与域外西方国家的矿业合作

除俄罗斯外，美国、加拿大、芬兰、挪威均为北约国家，不断加强在关键矿业领域的国际合作，不仅如此，上述四国还加强与域外西方国家的国际合作，不断提升在关键矿产领域的国际话语权。从 2011 年起，美国、日本和欧盟就约定每年举办关键矿产会议，以促进关键矿产领域的合作与交流。2019 年 6 月，美国、加拿大、英国、澳大利亚、新西兰五国启动关键矿产合作联合行动计划，宣布将采取共享关键矿床、供应链和加工技术信息，合作研发关键矿物提取、加工和回收技术等措施。

美国的呼吁得到了加拿大、芬兰、挪威三个北极国家的积极响应。《加拿大关键矿产战略》指出，要与美国及其他地区的合作伙伴加快关键矿业合作。③ 2021 年 6 月，加拿大和欧盟宣布建立关键矿产供应链战略伙伴关系。2022 年 6 月，加拿大与美国、芬兰、英国、欧盟委员会等国家和组织建立"关键矿产安全伙伴关系"，④ 以构建强大、负责任的关键矿产供应链。与此同时，《挪威矿产战略》也强调，要与美国、加拿大、澳大利亚、日本

---

① "Norwegian Mineral Strategy," https：//www. regjeringen. no/contentassets/1614eb7b10cd4a7cb5 8fa6245159a547/norges-mineralstrategi_engelsk_uu. pdf，p. 46，最后访问日期：2024 年 4 月 2 日。

② Приказ Минприроды России от 09.06.2023 № 358 «Об утверждении Программы лицензирования участков недр твердых полезных ископаемых в Арктической зоне Российской Федерации на период до 2035 года, ресурсная база которых потенциально может обеспечить загрузку Северного морского пути»，https：//www. mnr. gov. ru/docs/ ofitsialnye_dokumenty/prikaz_minprirody_rossii_ot_09_06_2023_358/. pdf，p. 12，最后访问日期：2024 年 4 月 2 日。

③ "The Canadian Minerals and Metals Plan," https：//www. minescanada. ca/sites/minescanada/ files/CMMP-ActionPlan2021_May27-ACC. pdf，p. 10，最后访问日期：2024 年 4 月 2 日。

④ 2022 年 12 月，美国、加拿大、澳大利亚、法国、德国、英国、日本又组建"可持续关键矿产联盟"，主要目标是统一关键矿产的生产、采购和监管标准。

等伙伴国和盟国建立良好的矿业合作关系，以确保关键原材料价值链的稳健。[①]

三　对中国参与北极矿产开发的启示

随着国际政治经济格局深度调整，美国、俄罗斯、加拿大等北极国家加快了关键矿产资源政策的调整，给中国参与北极矿产开发带来了一系列挑战。中国要积极跟踪北极国家的关键矿产政策动态，加强在北极关键矿产领域的政策规划，采取有效措施维护中国的北极资源利益。

第一，完善北极矿产投资事项的跨部门协调。关键矿产开发涉及资源勘查、采选、冶炼、加工等产业链的各个环节，是一项较为复杂的综合性工程。[②] 北极地区关键矿产投资涉及多个国家、民族，加之自然环境恶劣，对中国企业赴北极开展关键矿业合作提出诸多挑战。加强对中资企业北极关键矿产投资开发的指导、管理显得尤为迫切。当前，中国关键矿产开发的管理职能分布于国家发展和改革委员会、自然资源部、工业和信息化部、生态环境部、外交部、国家能源局、国家粮食和物资储备局等众多部门，尚未建立关键矿产资源开发的专门协调机构，也未建立针对北极地区关键矿产投资开发的专门性指导机构。鉴于此，建议在国家层面成立北极地区关键矿产开发指导小组，由自然资源部作为牵头单位，协调联系各相关部门，指导推动中资企业在北极地区的关键矿产投资开发活动，维护中国北极资源利益。

第二，积极开展与北极国家的关键矿产开发合作。《中国的北极政策》白皮书指出，中国尊重北极国家根据国际法对其国家管辖范围内油气和矿产资源享有的主权权利，要求企业遵守相关国家的法律并开展资源开发风险评

---

① "Norwegian Mineral Strategy," https://www.regjeringen.no/contentassets/1614eb7b10cd4a7cb58fa6245159a547/norges-mineralstrategi_engelsk_uu.pdf, p. 11, 最后访问日期：2024 年 4 月 2 日。

② 田郁溟、琚宜太、周尚国：《我国战略矿产资源安全保障若干问题的思考》，《地质与勘探》2022 年第 1 期，第 226 页。

估,支持企业通过各种合作形式,在保护北极生态环境的前提下参与北极油气和矿产资源开发。① 对中国而言,在推进"冰上丝绸之路"建设的过程中,要积极开拓北极国家的关键矿产资源市场,发挥中国所具有的资金和市场优势,加强与美国、加拿大、俄罗斯等国家的关键矿业开发合作,② 搭建合作共赢的关键矿业合作平台。值得关注的是,在乌克兰危机背景下,俄罗斯遭到西方的全方位制裁,对中国的战略需求进一步增加,中国可以加强与俄罗斯在关键矿产方面的合作,将中国具有的资金、技术优势与俄罗斯具有的资源优势相结合,推动两国在关键矿产领域的经贸合作。

第三,加大对中资企业赴北极矿业投资的服务保障。在推动中资企业赴北极地区开展关键矿产投资合作的过程中,要指导企业发挥市场优势,克服自身的短板。③ 为此,可从以下四个方面采取措施。其一,进一步规范关键矿业市场,完善相关政策法规。优化赴北极地区开展关键矿产投资、开发的审批程序,并通过补贴、税收、融资等方式,引导矿业公司进行不同矿种的投资开发,避免扎堆投资。其二,为企业开展矿业科技研发提供资金支持。有重点地支持一批优势企业加快科技创新,引导相关金融机构为企业技术创新研发提供优惠政策。其三,为企业赴北极地区投资合作提供必要的信息支持。提供有关北极国家关键矿产政策、法律等方面的相关信息,避免盲目投资和开发,降低投资风险。其四,培养具有国际化视野的高端矿业人才。加快培养了解北极国家风土人情、熟知关键矿业法规的综合性高端矿业人才,为中国企业参与北极关键矿产开发提供专业人才储备。

第四,加强对外国国家安全审查规定的前瞻性研判。美国、加拿大等资源储备国对外国投资的国家安全审查日益严格,中国企业赴北极矿产投资面

---

① 《中国的北极政策》,中国政府网,https://www.gov.cn/zhengce/2018-01-26/content_5260891.htm,最后访问日期:2024年4月20日。

② 张锐、于宏源:《碳中和背景下的北极能源开发:进展、阻碍与影响》,《中国软科学》2023年第7期,第12页。

③ 中国在关键矿产的精炼加工和新能源设备制造环节处于国际领先水平,但在关键矿产资源供应和核心技术上还存在短板。参见高国伟、王永中《大国博弈下的全球新能源产业链竞争与应对》,《国家治理》2023年第17期,第30页。

临越来越严苛的国家安全审查。要及时关注北极国家有关外国投资国家安全审查的相关法律规定，做好法律知识储备。近年来，加拿大在外商投资领域不时有相关议案出台，对关键矿产资源开发施加新的限制性规定，这些规定对中资企业在加拿大的矿业投资项目产生诸多不利影响。有学者指出，中国投资者在加拿大进行投资时，应当持续关注加拿大政府对国家安全审查领域的新规定及新动态，对交易过程中可能存在的国家安全审查风险有一定预估，[①] 有针对性地加强法律知识、人才储备，以便在遭遇国家安全审查时能够及时应对。

第五，健全北极投资风险预警与应急处置机制。俄乌冲突发生以来，俄罗斯与西方国家的地缘博弈逐步拓展至北极地区，北极事务"军事化"趋势不断增强，对中国北极资源开发的外部环境带来严重破坏。在此背景下，中资企业在北极地区开展经贸合作所面临的安全风险骤然上升，建立健全北极投资风险预警与处置机制的迫切性骤增。中资企业要健全北极投资风险预警与应急处置机制，密切关注东道国关键矿业政策变化，与国际矿业公司、当地矿业企业建立合作伙伴关系，将可持续发展的理念融入关键矿产生产全过程。同时，加强与矿业社区、地方政府和非政府组织的有效沟通，积极承担社会责任。加强对企业员工维权能力的培训，提升紧急状态下保护自身人身、财产合法权益的能力，保护在北极地区的合法权益。

四　结语

毋庸置疑，关键矿产因其稀缺性、不可替代性和分布不均衡性成为大国争夺的对象。[②] 近年来，美国主导强化关键矿产供应链伙伴关系，并将加拿大、芬兰、挪威三个北极国家拉入其中，可谓"声势浩大"。上述四国继续

---

① 张俊芳、周代数，张明喜等：《美国对华投资安全审查的最新进展、影响及建议》，《国际贸易》2023年第5期，第63页。
② 崔守军、李竺畔：《关键矿产"权力三角"：基于全球镍产业链的考察》，《拉丁美洲研究》2023年第5期，第96页。

对俄罗斯实施能源制裁，为中国参与北极关键矿产开发设置障碍。中国要坚持"尊重、合作、共赢、可持续"的开发理念，积极与有关各国开展关键矿产合作，推动构建可持续的北极矿产治理机制，推动北极地区可持续发展。与此同时，加强与俄罗斯、丹麦、冰岛等国家的务实合作，加快北极国际传播能力建设，积极塑造和维护中国北极形象。

B.9
北极航线商业化运营的发展趋势及走向研判

胡紫艺 曹亚伟*

摘　要：　在全球气候变暖、地缘政治博弈与大国竞争日益激烈的背景下，北极航线相较于传统航线的优势愈加凸显。得益于独特的地理位置和丰富的沿线自然资源，北极航线不仅战略地位重要，还存在着巨大的经济开发潜力。以东北航道为例，俄罗斯采取了一系列行动大力开发该航道的商业价值，欧洲、亚洲各国也积极与俄方展开合作，共同开发该航道。然而，在如何平衡商业开发与环境保护、极地安全挑战方面，各方立场存在差异，同时，针对北极航运的法律规范、国际条约尚不完善，现有的治理规则存在不同价值取向之间的冲突。但北极航线商业化进一步发展的总趋势并未改变，故应当密切关注其发展走向，期待各方进一步加强国际协作，达成环保、开发、规则冲突等方面的平衡，促进北极航线商业化在国际法规则下的良性发展。

关键词：　北极航线　商业化开发　国际合作　规则冲突

作为连接欧洲、北美洲和东北亚地区的最短海运航道，北极航线根据地理位置被分为东北航道、西北航道以及中央航道。基于自然条件、战略考量等因素，西北航道和中央航道的可通航性较差，少有商业化、规模化的船舶

---

* 胡紫艺，中国海洋大学法学院国际法专业硕士研究生；曹亚伟，中国海洋大学法学院副教授、硕士生导师。

航行，相较之下，东北航道的开发程度更为成熟，前景亦更加乐观。而东北航道的大部分航段是位于俄罗斯北部沿海的北冰洋离岸海域的北方海航道（Northern Sea Route，NSR）[①]。

20世纪90年代以来，受苏联解体的影响，北极航线货物运输量曾一度下降。而近年来，俄罗斯颁布了一系列政策和法律对航道进行重新开发。由于全球气候变暖导致的北极海冰融化以及先进造船技术的运用，北极航线的可通航时间总体呈延长趋势，通航条件得以改善。

北极航线的经济价值不仅关涉沿岸国和北极地区国家，还为其他国家和地区带来了发展机遇。国际合作的不断深入、北极地区治理规则的冲突等都深刻影响着北极航线的发展态势。近年来，航道商业化运营的运输量、通过船只数量等均有所增加，运输设备在大量资金、技术的投入后得以更新，有关国家颁布新的政策和法律规范来进一步规制航道运营中出现的问题，更多国际主体注意到了北极航线的重要地位，这些动向预示着北极航线商业化运营的良好前景。然而，严峻的政治形势仍然冲击着航线的发展，西方国家的制裁政策迫使俄罗斯转向与非北极国家的合作，探索航线新的出路。本报告以北极东北航道为主要研究对象，分析总结北极航线商业化运营的发展趋势，并对其未来走向进行预判。

一 北极航线商业化发展的新动态

自从俄罗斯决定大规模开发北极航线以来，其采取了不同方式推动航线商业化的利用。俄罗斯在北冰洋沿岸加强了对油气资源的开采，利用新技术改善运输设备，带动了北极地区的基础设施建设和经济活动的繁荣。北极地区的油气、矿产资源十分丰富，北极航线的开发有助于促进北极地区的资源开发和对外运输。同时，由于经由北极航线将油气和矿产资源运往东北亚和

[①] 刘惠荣、丁晓晨：《北方海航道运输面临的新困境与展望》，载刘惠荣主编《北极地区发展报告（2022）》，社会科学文献出版社，2023。

欧洲地区的航运成本较低，且相比经过马六甲海峡和苏伊士运河的传统航线，通过北极航线的运输安全性更高，也可避免运河路线常出现的海上交通拥堵现象，故以此航线运输的北极资源的市场竞争力较强。近年来，尤其是2022年以来北极航线商业化发展的新动态大致如下。

（一）海上运输稳步发展

目前东北航道运输的产品仍以能源产品为主，海上运输不断壮大，过境运输量有所增加，航道在世界海运中的重要性亦不断提升。

1. 船只数量和运输量显著提高

根据北极理事会北极海洋环境工作组发布的评估报告，以国际海事组织发布的《国际极地水域船舶操作规则》（以下简称《极地规则》）划定的北极水域的范围为界进行统计，2013～2023年，进入北极水域的船只数量增长了37%。[①] 2022年，进入北极水域的船舶数量为1661艘，来自42个不同的船旗国。其中来自北极八国的船舶数量为1349艘，96艘来自北极理事会观察员国。来自俄罗斯的船只数量达到885艘，占全年船只数量的53%。而2022年全年通过北方海航道的船舶数量为314艘，其中278艘来自俄罗斯，仅有36艘来自其他国家和地区。[②] 受俄乌冲突等政治因素影响，这一数字相比2021年有所下降，但总体来说，通过北方海航道的船只数量仍逐年呈上升趋势。

2023年北方海航道的总运输量为3625.4万吨，超出了俄罗斯国家原子能公司的年度目标25万吨。除了2022年的运输量（3403.4万吨）相比2021年（3485万吨）有所下降之外，其他年份北方海航道的总运输量总体呈逐年递增趋势。可以看出，尽管受到地缘政治因素的波及，北方海航道的

① Arctic Council, "Arctic Shipping Status Report," https://arctic-council.org/news/increase-in-arctic-shipping/，最后访问日期：2024年3月12日。
② Arctic Council, "New Report Released on Flag States of Ships in the Arctic," https://arctic-council.org/news/new-report-released-on-flag-states-of-ships-in-the-arctic/，最后访问日期：2024年3月12日。

开发利用态势仍然良好。

在过境方面，北方海航道也有了新的表现。2023 年的过境航行次数为 80 次，远高于 2022 年的 47 次，接近于 2021 年的 85 次。2023 年的过境运输总量为 212.9 万吨，达到了近 10 年来的最高值，在 2022 年的剧烈下降之后，这一数字在 2023 年迅速回升，达到并超过了 2021 年 202.7 万吨的水平。[①]

综上所述，结合近三年的北方海航道航运数据来看，政治因素对北方海航道的利用存在一定影响，但各项数据在 2023 年迅速回升，部分达到新高。俄罗斯的境内运输仍然占据主导地位，来自别国的船只数量和过境运输量虽有所提升，但在总量中占比仍较小。

2. 运输方式与设备不断更新

为了开发和安全运输北极地区的油气资源，俄罗斯建造并使用了一系列新型船舶，提升资源输出的效率。目前，俄罗斯有 3 艘核动力破冰船在北方海航道上运行，分别是北极号（Arktika）、西伯利亚号（Sibir）、乌拉尔号（Ural），此外，雅库特号（Yakutia）和楚科奇号（Chukotka）也将在未来 2025~2027 年陆续投入使用。[②] 2023 年 6 月，俄罗斯表示计划在未来十多年内建造五十多艘破冰船和冰级船，为北方海航道的开发提供保障。这些破冰船不装载货物，而是带领装载了不同货物的商船沿着北方海航道航行，保障货船能够安全通过冰封的北极水域。仅 2023 年上半年，俄罗斯的核动力破冰船就进行了 435 次护航行动。

新的冰级穿梭油轮也投入使用，这类穿梭油轮能够在北部海域独立航行，无须破冰船护航，同时配备了船首装载装置，可以直接从固定的海上防冰泊位接收石油。[③] 而新的液化天然气运输船旨在为诺瓦泰克公司的"北极

---

① "Northern Sea Route's Total Traffic Reported 250000 Tons above Planned Target—Rosatom," https://tass.com/economy/1731091，最后访问日期：2024 年 3 月 12 日。

② 《普京出席仪式！俄罗斯第 4 艘世界最大最强核动力破冰船下水》，搜狐网，https://news.sohu.com/a/609000139_155167，最后访问日期：2024 年 3 月 12 日。

③ 《普京：发展冰级北极船队对俄罗斯意义重大》，俄罗斯卫星通讯社网，https://sputniknews.cn/amp/20230911/1053251941.html，最后访问日期：2024 年 3 月 12 日。

LNG-2"项目提供服务。这些船舶能够穿越 2 米厚的冰层,全年沿着北方海航道向亚太地区运输液化天然气,[①] 促进北方海航道运输量的增加。

除了现有的各类船舶,俄罗斯也在探索引进其他新的运输设备和方式。俄罗斯官员曾表示,未来俄罗斯计划使用非冰级油轮在北极地区运输石油,但北极地区的冰情仍然严峻,这种运输方式可能会对极地环境与生态造成不良影响。科学家正积极讨论运用水下游轮和潜艇运输石油和天然气的可行性,当遭遇大量海冰时,潜艇可以下潜以规避水面障碍,而在水温较高、无冰的海域,该潜艇可以以水面模式进行运输。同时,用于客运和旅游的两栖气垫船的设计和研发也提上日程,未来将出现在北极水域。[②]

3.运输货物种类逐渐丰富

20 世纪 80 年代,活跃在东北航道上的苏联船只主要负责运输大量的原材料、燃料以及生活必需品,保证前线哨所的物资供应。[③] 而在俄罗斯重新开发东北航道之后,东北航道上通航的商业性船舶主要为液化天然气船、杂货船、成品油轮及化学品船和干散货船,此外也有集装箱船、冷藏运输船等,其中杂货船和运输能源资源的船舶占多数。

2023 年 8 月,一艘名为 Gingo 的 17 万吨巨型散货船成功通过北极航线,是通过该航道的最大散货船,也是通过北极航线完成单批次最大量货物运输的船只,该船装载了 16.46 万吨铁矿石精矿,从俄罗斯出发到达山东日照岚山港。[④] 同年 9 月,一艘 15 万吨级油轮在无破冰船护航情况下自主通过航

① 《制裁无效?这家船厂"破冰"!韩国助力俄罗斯 LNG 船"国船国造"》,搜狐网,https://mil.sohu.com/a/710537727_155167,最后访问日期:2024 年 3 月 13 日。

② IZ, "Oil and Gas in the Arctic to be Transported by Underwater Tankers," https://iz.ru/1641293/2024-01-29/neft-i-gaz-v-arktike-budut-vozit-podvodnye-tankery? utm_source = yxnews&utm_medium = desktop&utm_referrer = https%3A%2F%2Fdzen.ru%2Fnews%2Fsearch%3Ftext%3D,最后访问日期:2024 年 3 月 13 日。

③ 刘惠荣、李浩梅:《国际法视角下的中国北极航线战略研究》,中国政法大学出版社,2019,第 26 页。

④ High North News, "Chinese Container Ship Transits Arctic, More Oil Tankers and Massive Bulk Carrier Also En Route," https://www.highnorthnews.com/en/chinese-container-ship-transits-arctic-more-oil-tankers-and-massive-bulk-carrier-also-en-route,最后访问日期:2024 年 3 月 13 日。

道，同样具有开创性意义。目前来看，在北方海航道上航行的船舶以装载油气资源为主，但近年来，由于北极水域通航难度降低，装载了其他货物物品的普通货船在无破冰船护航的情况下也可独自通过北极航线，有更多矿物、肥料、金属、冷藏食品、木材、纸张等经由北极航线运往世界各地，展现了北极航线的商业化程度进一步提升的可能性，其正逐渐成为一条海上贸易新干线。[①]

北极航线货运量的快速增长主要源于俄罗斯北极地区天然气和矿产资源开采量的增长。因此，北极航线运输的货物以能源产品和工业大宗商品为主。可通航性的改善和沿线基础设施的建设使得其他非大宗商品类运输也成为发展北极航线的重点，俄罗斯方面表示，北极航线煤炭货运出口可能于 2025 年开始，未来航线还将用于运输食品、工业产品以及用于开发北极的技术设备和建筑材料等，同时还能用来向亚洲，尤其是东亚市场出口俄罗斯产品。[②]

（二）商业生态系统不断完善

在俄罗斯对北极航线进行大力开发的政策驱动下，对航道沿岸的投资活动增加，基础设施建设得以逐步完善，同时带动了相关区域的经济发展与繁荣，地区经济的繁荣又对北极航线的商业化运营发挥了一定的辐射带动作用。北极航线及其沿岸地区逐渐形成了一套完整的商业生态系统，并服务于俄罗斯的战略需要。

1. 港口等交通设施建设与改造持续发力

除了破冰船船队的扩充，港口等设施也是保障航线正常运营的重要基础。自 2020 年以来，俄罗斯政府颁布了一系列计划和法令，致力于保障北极航线的交通基础设施建设，如《2035 年前俄罗斯联邦北极国家基本政策》、北方货运法案等。在这些法律和政策的推动下，俄罗斯国家原子能

---

① 《北冰洋"热"到几乎没有冰，中国集运班轮穿梭北极航道》，第一财经网，https://www. yicai. com/news/101825696. html，最后访问日期：2024 年 3 月 13 日。

② 《两国首条北极航线集装箱班轮启动，中俄贸易增加运输"大动脉"》，环球网，https:// world. huanqiu. com/article/4E5XGCCGR9iz，最后访问日期：2024 年 3 月 14 日。

公司及其相关企业对码头、港口、航标等航行基础设施进行了建设和改造。2019 年底,《2035 年前北方海航道基础设施发展规划》获批,主要内容为逐步完成港口、运河和机场的改造与建设,如别维克港、阿姆杰尔马机场等。2022 年 8 月,俄罗斯政府批准了《2035 年前北方海航道发展规划》,规划包括将航线建设成为一条世界级的海上运输走廊、着重发展出口货物基地、升级改造现有北极港口并建设新港口等方案。该规划总共有 150 多个项目,包括液化天然气和凝析油码头 Utrenny(已于 2023 年 4 月投入使用)、石油装载码头 Bukhta Sever、煤炭码头"叶尼塞"的建设等。该规划还包括修建一系列海岸设施和水利设施、建设交通物流枢纽,以服务于北极航线的进一步开发。此外,用于转运石油产品的维蒂诺港将于 2023 年底投入使用。

江海联运能够进一步激发北极航线的航运价值潜力。《2035 年前俄罗斯联邦北极地区发展和国家安全保障战略》(以下简称《俄罗斯北极战略 2035》)计划全面疏浚北极地区航道,发展江海联运,促进白海-波罗的海运河现代化,进一步缩短亚洲至欧洲的航运里程,有助于缓解北极航运因俄乌冲突和欧盟制裁导致的冲击,充分释放出口潜力,并建立有效的物流路线。

2. LNG 转运设施不断壮大

北极地区 LNG(液化天然气)的开采和运输与北极航线的未来发展趋势有着密切联系。俄罗斯计划将北极地区生产的天然气进行液化处理,用专用 LNG 运输船运输到部署在摩尔曼斯克和堪察加半岛转运地的两艘 FSU(浮式储存-转运设备)上。这也是为了满足向亚欧地区的天然气需求国运送大量天然气的需求。

LNG-FSU 是从海上破冰型 LNG 船接收并储存 LNG 后,作为将 LNG 从冰级船转移到常规 LNG 船的过渡性设备,被称为"漂浮在海上的 LNG 中转站"[1]。这种浮式储存装置对诺瓦泰克公司正在运营的"北极 LNG-2"项目也起着至关重要的作用。目前,韩国造船厂已按照协议于 2023 年向俄罗斯

---

① 《"绕"过制裁?韩华海洋"加价"交付俄罗斯 2 艘全球最大 LNG-FSU》,国际船舶网,http://www.eworldship.com/html/2023/Shipyards_0815/195172.html,最后访问日期:2024 年 3 月 18 日。

交付了两艘 FSU，与 LNG 转运码头配合使用。

3. 区域经济发展纳入规划

北极航线的发展与沿岸区域经济的繁荣是相辅相成的，航线运输的壮大可以促进沿岸地区经济进步，沿岸地区的发展也可反作用于航线的开发。《俄罗斯北极战略 2035》提到，政府支持建造航运船只并发展极地旅游基础设施，北方海航道不仅可以用于运输，还可以同时发展旅游业，并且系统发展沿岸的重点地区，开发双重用途的基础设施。

截至 2023 年上半年，俄罗斯联邦北极地区和"北极之都"（Stolitsa Arktiki）优先发展区的居民在 Arctic Transshipment 公司的优先发展居民项目中投资超过 1900 亿卢布。这些项目为当地居民创造了大量的就业机会和工作岗位。一个多功能路边服务综合体将建立，以满足居民的需求。即将建设完成的海产品加工厂也将带动周边经济的发展，刺激北极地区的经济活动。[①] 未来，俄罗斯北极航线沿岸地区将逐渐形成以服务航运、资源开发为主的经济格局，缩小与俄罗斯西部地区的经济发展差距。

4. 数字生态系统开发步入正轨

如前所述，俄罗斯计划将北极航线打造成"具有世界意义的交通走廊"。配套数字生态系统的使用有助于目标的达成。数字生态系统包括医疗系统、监测系统、搜救系统、物流系统等，可以充分展现国家软实力。[②]

自俄罗斯国家原子能公司接管航道管理以来，一直致力于建立一个统一的数字生态系统，加强对水文等航行条件的监测，其寻求与中国合作，接受基于卫星的数据以改善航道上的导航和冰雪情报，并绘制北极航线的地图，制作准确的航运图表。同时，俄罗斯自然资源部正在开发相关水域环境监测系统，服务于航行安全管理。

[①] The Arctic，"Port of Vitino and LNG Sea-based Transshipment Facility to Open in the Murmansk Region Before the End of the Year，"https：//arctic. ru/infrastructure/20230830/1031468. html，最后访问日期：2024 年 3 月 20 日。

[②] 罗颖、徐庆超、蔡梅江：《从"俄罗斯北极战略 2035"看北方海航道全年常态化运营》，《国别和区域研究》2021 年第 3 期。

俄罗斯政府将为北方海航道相关数字基础设施建设提供项目融资，其中生态系统将获得约 38 亿卢布的投资，为物流市场上的参与者提供统一的"冰上导航器"，以及有关天气状况、船只位置和港口工作量的最新数据，简化发行船舶通行许可证、监控、调度、船队管理等物流服务。[①]

（三）相关国际合作加强

俄罗斯在北极航线的开发中具有得天独厚的优势，其希望将这种优势转化为经济利益，提高国际影响力和话语权。但受到俄乌冲突的影响，欧美国家对俄罗斯的制裁措施限制了北极航线的进一步开发利用。俄罗斯缺乏航道开发的资金、技术等，在此背景下，它积极寻求与中国、印度等非北极国家建立合作关系，推动北极航线发展未来路径的探索。

1. 中俄合作

中国目前的对外贸易高度依赖海上运输，但就现有航线的布局来看，中国与北美、西欧之间的传统航线曲折、里程较长，高昂的运输费用在一定程度上限制了中国海上贸易的发展。北极航线的开通和利用将大幅缩短中国的海运贸易周期，节省大量海运成本，[②] 促进中欧之间的贸易往来，催生新的经济增长点。此外，北极地区丰富的能源、矿产和科研价值也吸引着中国。

当前，中国已经在东北航线航行方面积累了丰富的经验。国内航运企业积极开展穿越北极航线的试验性航行，自 2013 年"永盛"轮成功经由北极航线到达欧洲以来，中国船企不断推进北极项目化、常态化运行。2023 年，"新新航运"成为首家开通中国至俄罗斯定期集装箱航线的船企，该企业购买了低冰级船舶，并在 2023 年内进行了 8 次航行，运送了近 10 万吨货物到中、俄的不同港口。俄官员提出，中国企业对北极航线的兴趣较大，并希望在俄罗斯北极沿岸地区投资造船业。

---

① The Arctic, "Mikhail Mishustin: Government to Finance Infrastructure Projects for NSR's Development," https://arctic.ru/infrastructure/20230116/1014190.html，最后访问日期：2024 年 3 月 21 日。

② 刘惠荣、李浩梅：《国际法视角下的中国北极航线战略研究》，中国政法大学出版社，2019，第 54 页。

2023 年，俄罗斯通过北极航线对中国的原油出口飙升至创纪录高位，标普全球海上大宗商品（S&P Global Commodities at Sea）的数据显示，2023 年夏季，俄罗斯北极和波罗的海港口向中国输送的原油总量为 1040 万桶。[①] 除原油外，中国对来自俄罗斯的 LNG 也表现出浓厚兴趣。中方提供资金及技术支持，参与亚马尔 LNG 项目，2023 年 9 月，俄罗斯能源巨头俄罗斯天然气股份公司通过北极航线向中国交付了首批 LNG。

2023 年 3 月，俄罗斯声明，中俄两国正在寻求建立一个联合伞式组织，负责北极航道的交通。这标志着两国正在探索资源开发和货物运输以外的合作领域。

2. 俄印合作

非北极国家对与俄罗斯合作的兴趣正在增长。印度作为一个新兴经济体，其能源需求量不断增加，为了获得更多的能源来源，增强在国际市场上的竞争力，印度近年来积极参与北极航道建设，参与北极项目的种类也在扩大。

2023 年 9 月，俄印两国官员在符拉迪沃斯托克探讨了俄罗斯北极航线和拟议的相邻东部海上走廊的开发和使用，该走廊将俄罗斯远东与印度港口城市金奈连接起来，[②] 并进一步将东部走廊和北极航道相连接，运输炼焦煤、石油和 LNG 等。印度认识到了北极航线在加强连通性和贸易方面的潜力，致力于参与造船业（尤其是联合建造破冰船）、能源运输等方面的合作。印度也为北极航线货运量的提升做出了贡献，对印度来说，北极航线是一条具有重要意义的过境路线。此外，俄印双方还计划在水手培训方面开展合作。

3. 与其他国家的合作

俄罗斯近年来一直寻求与阿联酋在北极项目上进行合作。2022 年，诺

---

① Hellenic Shipping News，"Russia's Arctic Oil Exports Surge but Risks still Hamper New Trade Route，" https：//www. hellenicshippingnews. com/russias-arctic-oil-exports-surge-but-risks-still-hamper-new-trade-route/#google_vignette，最后访问日期：2024 年 3 月 23 日。

② High North News，"India Looking to Cooperate with Russia on Development of Arctic Northern Sea Route，" https：//www. highnorthnews. com/en/india-looking-cooperate-russia-development-arctic-northern-sea-route，最后访问日期：2024 年 3 月 24 日。

瓦泰克公司开始与阿联酋公司进行绿色能源解决方面的合作。而 2023 年，俄罗斯国家原子能公司与全球最大的物流公司之一迪拜环球港务集团签署协议，成立合资企业共同开发北极航道沿线的集装箱航运。①

白俄罗斯已同意摩尔曼斯克在北极建立肥料中心，并将白俄罗斯生产的化肥通过摩尔曼斯克港出口，这有助于摩尔曼斯克市作为北极海上航线的物流枢纽和基地的发展。白俄罗斯是世界上最大的钾肥出口国之一，随着摩尔曼斯克完成拉夫纳码头和科拉湾西侧毗邻铁路的建设，通过北极航道运输的钾肥数量呈递增趋势，多数被运往巴西、印度和中国。在欧盟的制裁下，白俄罗斯的钾肥出口受到影响，但与俄罗斯在北极航线方面的合作为其提供了将产品运往亚太地区的新机遇。②

二　各方对北极航线商业化运营的立场、利益与政策动向

北极航线虽然具有良好的商业化前景，但由于其大部分航道处于俄罗斯的实际控制下，故在探讨其商业化发展时无法忽视政治因素的作用。在北极航线治理方面，各方核心利益存在分歧，立场各异，影响着政策、法律法规的制定方向，北极航线商业化的发展也因此受到不同方面的影响。

（一）俄罗斯

近年来，俄罗斯一直将北极地区发展作为国家经济发展战略的重点。针对北极航线，俄罗斯坚持对北方海航道的主权要求，掌握着航道的话语权与制度性权利，在此基础上谋求航道的商业化发展，并为此颁布了多项法律和

---

① High North News, "Russia Inks Deal with Dubai's DP World to Development Arctic Container Shipping," https://www.highnorthnews.com/en/russia-inks-deal-dubais-dp-world-develop-arctic-container-shipping, 最后访问日期：2024 年 3 月 24 日。

② The Barents Observer, "Sanctioned Belarusian Fertilisers to be Exported from Murmansk," https://thebarentsobserver.com/en/industry-and-energy/2022/09/sanctioned-belarusian-fertilisers-be-exported-murmansk, 最后访问日期：2024 年 3 月 25 日。

政策保障其目的的实现。

1. 国内政策及外交政策

2023 年 4 月，俄罗斯总理米舒斯京签署一项指令，将于 2022 年批准的北方海航道开发计划延长至 2035 年。在该计划中，包含由俄工业和贸易部、俄罗斯国家原子能公司、交通部和紧急情况部负责的开发和生产破冰船队、破冰货船和紧急救援船的各类措施，以及制造具有竞争力的海洋设备。[1] 此外，俄交通部于 2023 年 8 月发布了北方海航道开发项目的数据规范表，并计划扩大北方海航道沿线海上码头的总容量，拍摄航道相关水域的海底地貌，为吃水 15 米的船只绘制深水航线图。[2]

对外政策方面，2023 年发布的《俄罗斯联邦对外政策构想》（以下简称《构想》）更新了俄罗斯外交活动的优先事项和目标，其"寻求推动北方海航道成为有竞争力的国家运输走廊，使其能够在国际上用于欧洲和亚洲之间的运输"，并侧重于"确保俄罗斯内陆水域历史上确立的国际法律制度的不可更改性"以及"与对俄罗斯奉行建设性政策并对北极地区的国际活动感兴趣的非北极国家建立互利合作关系，包括发展北方海航道的基础设施"[3]。《构想》提到，俄罗斯将强化与中国、印度的合作关系，结合上文提到的俄罗斯与两国在北极航线开发方面的合作愿景，可以看出俄方对北极航线的国际合作重视度较高。此外，《构想》完全基于俄罗斯的国家利益对北极地区及北方海航道沿岸地区进行开发和管理，提高其北极工业项目的独立性，并弱化了高标准环保的重要性。

2. 立法

2023 年 7 月 25 日，俄罗斯国家杜马（State Duma）议员批准了一项北方货运法案，这项法案旨在为北方海航道沿线的地区建立货运的法律、组织

[1] The Arctic, "Russian Government Extends Northern Sea Route Development Plan," https://arctic.ru/economics/20230502/1021842.html，最后访问日期：2024 年 4 月 3 日。
[2] The Arctic, "Transport Ministry Releases Northern Sea Route Development Project Specifications," https://arctic.ru/economics/20230821/1030225.html，最后访问日期：2024 年 4 月 3 日。
[3] 《俄罗斯新版"对外政策构想"与"多极世界"战略》，中国社会科学网，https://www.cssn.cn/gjgc/mhgj/202304/t20230424_5624236.shtml，最后访问日期：2024 年 4 月 5 日。

框架，加速与极地运输有关的基础设施现代化进程。该法案的主要内容包括建立统一的北极地区运输管理系统、数字监测系统、优先货物运输价格调控机制等，以降低运输费用、节约运输时间、保障供应稳定。它明晰了俄罗斯联邦、地区和市政当局在优先货物运输方面的权力界限，并促使北极地区货物运输管理的高效化和统一化。[①]

（二）挪威和北极理事会

自 2023 年 5 月挪威接任北极理事会轮值主席国以来，该国重视北极理事会工作的重启，并发布了若干有关北极航运的政策文件。

挪威宣布接下来理事会工作的优先重点领域为海洋、气候和环境、可持续经济发展和北方人民。[②] 挪威计划加强北极应急和航运安全方面的合作，以满足北极航运日益增长的需求，并支持促进北极航运绿色发展的倡议，探索在北极建立绿色航运走廊。[③] 这些新举措重点关注北极发展的可持续性，与俄罗斯着力开发航道并弱化环保标准重要性的态度存在一定冲突。

（三）欧盟

欧盟在 2021 年发布了新版的北极政策，相较于以往的北极政策，新版更加强调欧盟参与北极地区事务的必要性和决心，进一步提升北极相关事务在欧洲对外政策中的地位，试图维护自身在北极地区的利益。与北极理事会的立场类似，欧盟强调促进对北极资源开发、航运等行业的环保高标准的制定，关注绿色低碳发展，以期实现更长远的战略利益。

① Arctic Portal, "Northern Deliveries Bill Passed to Modernize Russian Arctic Societies," https://arcticportal.org/ap-library/news/3266-northern-deliveries-bill-passed-to-modernize-russian-arctic-societies，最后访问日期：2024 年 4 月 5 日。

② High North News, "The Arctic Council Resumes Some Activities in Mid-June," https://www.highnorthnews.com/en/arctic-council-resumes-some-activities-mid-june，最后访问日期：2024 年 4 月 5 日。

③ Arctic Portal, "Priorities of the Norwegian Chairmanship to the Arctic Council 2023-2025," https://arcticportal.org/ap-library/news/3199-priorities-of-the-norwegian-chairmanship-to-the-arctic-council-2023-2025，最后访问日期：2024 年 4 月 6 日。

如果说在 2016 年版的北极政策中，欧盟对待俄罗斯的态度尚且温和，那么在 2021 年版的北极政策中欧盟已经不再将俄罗斯视为合作伙伴，同时，对航运环境保护的更高标准也与俄罗斯针对北极航线的政策动向相背离。但是，欧盟目前的能源危机仍然严峻，能源对外依存度高，即使欧盟已大力倡导能源利用转型，但可再生能源在欧盟能源消耗总量中的比例并不高。① 对俄罗斯能源的进口和利用限制或将招致欧盟内部分能源短缺国家的反对，导致其北极政策的目标在短时间内难以实现。

综上所述，欧盟重视其在北极地区的参与度和利益诉求，同时强调高标准的环保，虽然其内部各国并未就进口俄罗斯能源的相关问题达成一致，但欧盟已经计划采取立法的方式来逐步停止进口俄罗斯 LNG。挪威和北极理事会更加关注北极航运安全，也同欧盟一样注重绿色发展。而俄罗斯为摆脱经济制裁对其经济发展的巨大影响，更加迫切地对北极航线进行商业化开发和利用，完善相关基础设施，并与非北极国家开展国际合作。由此可见，未来俄罗斯和欧盟、北极理事会的利益冲突仍将继续，但欧盟内能源缺乏的国家并不会在较短时间内完全停止对俄罗斯能源产品的进口和使用。

三 北极航线商业化的未来走向

受气候、地缘政治等因素的影响，北极航线的未来发展面临诸多挑战。各航道有着不同的发展趋势，国内、国际制度与法律的适用存在阻碍，俄罗斯和其他国家及国际组织的不同开发理念亦使北极航运事务的国际合作前景扑朔迷离。

（一）各航道发展趋势

1. 东北航道

作为三条航道中开发和利用前景最佳的一条，东北航道的发展趋势值得

---

① 房乐宪、谭伟业：《地缘竞争背景下的欧盟新北极政策》，《当代世界与社会主义》2022 年第 2 期。

关注。在遭到"北极七国"和部分西方国家的抵制后,俄罗斯计划转向与金砖国家、上海合作组织国家合作,尤其是中国、印度等国,以保证北方海航道的正常开发和运营。根据规划,俄方将继续与泛北极国家在北极航线开发方面展开经济投资、政策支持、造船等基础设施完善方面的合作。与此同时,受到制裁的俄罗斯"北极LNG-2"项目仍然收到了欧盟公司提供的价值6.3亿美元的设备,① 欧盟国家在对待来自俄罗斯的油气资源的态度上存在分歧,这势必会影响欧盟制裁政策的有效实施。然而按照《2035年前北方海航道发展规划》中的计划,2024年北方海航道的年货物运输量应达到8000万吨,2030年北方海航道沿线年货运量将达到1.5亿吨,2035年将达到2.2亿吨,并逐步实现全年通航。② 由此可见,尽管受到重重阻碍,俄罗斯对于北方海航道的未来前景仍然十分乐观。

但不可否认的是,俄罗斯目前的资金和技术水平尚不足以支持其快速达成其发展目标,与俄方进行合作的国家的航运量并不能弥补北极域内国家和其他西方国家的制裁对航运发展的影响,北方海航道的外部需求不足使航运发展陷入僵局。同时,俄罗斯受到的经济制裁导致道达尔等外国能源企业撤出对北极能源项目的投资,俄罗斯对北极能源的开发速度和进程有所减缓。统一的数字生态系统尚未建成也阻碍了俄罗斯航运量目标的实现。

2. 中央航道和西北航道

如前文所述,中央航道(穿极航道)常年冰况不佳,不适宜大规模开发海运,且邮轮和极地探险旅游业对当地经济的贡献极为有限,因此,未来一段时间内中央航道将不会得到大规模商业化利用。

西北航道位于加拿大的管辖范围内,但加拿大并未如俄罗斯一般设立专

① The Moscow Times, "EU Firms Supply $630Mln in Equipment to Russia's Arctic LNG 2 Project Despite Sanctions," https://www.themoscowtimes.com/2024/03/12/eu-firms-supply-630mln-in-equipment-to-russias-arctic-lng-2-project-despite-sanctions-a84430, 最后访问日期:2024年4月8日。

② iz, Сложности перехола: дляразвития Севморпутипотребуется еще до ста судов, https://iz.ru/1751203/liubov-lezhneva/slozhnosti-perekhoda-dlia-razvitiia-sevmorputi-potrebuetsia-eshche-do-sta-sudov, 最后访问日期:2024年11月25日。

门机构来管理西北航道，也尚未制定专门针对该航道的法律法规。① 美国、加拿大等国的政策并未表明这些国家开发西北航道沿线能源的计划，且更多强调北极地区的资源与环境保护，注重政治和国家安全战略价值，而不是经济价值。由此可见，相关国家对西北航道商业化开发的意愿并不强。尽管海冰的融化也吸引了一些商业船舶在西北航道上航行，航运量有所增加，但目前西北航道的开通速度远远慢于俄罗斯控制下的东北航道，其基础设施也无法应对海上贸易的大幅增长。视冰况、国际市场和相关国家的政策，预计在可见的未来，西北航道可能不会进行类似东北航道的大规模商业化开发。

（二）治理规则冲突继续，亟待革新

应当说，阻碍北极航线开发的最大障碍便是治理规则的冲突，各方对于航道的法律地位观点不一，价值取向各异，针对北极航道具体情况的规约仍然缺乏，这些问题都使得航道开发的未来迷雾重重。

1. 环保方面

IMO 作为联合国负责海上航行安全和防止船舶造成海洋污染的专门机构，近年来陆续出台了若干适用于北极航运的治理规则。例如，2021 年 IMO 海上环境保护委员会通过了对《国际防止船舶造成污染公约》附则 1 的修正案，要求自 2024 年 7 月 1 日起，禁止在北极水域航行的船舶使用和携带重油（一种使用时会产生大量黑炭的油类）作为燃料，但允许从事保障船舶安全、搜救行动的船舶和专门从事海上溢油应急反应的船舶获得豁免。②

清洁北极联盟（Clean Arctic Alliance，CAA）敦促 IMO 和北极理事会在绿色航运方面发挥作用。IMO 已经于 2024 年 3 月批准在加拿大北极水域和挪威海设立两个新的排放控制区，该提案要求排放控制区内的船舶必须使用

---

① 王泽林：《〈极地规则〉生效后的"西北航道"航行法律制度：变革与问题》，《极地研究》2022 年第 4 期。

② 李浩梅：《北极航运的绿色治理：进展与趋势》，《北极地区发展报告（2021）》，社会科学文献出版社，2022。

硫含量不超过 0.1% 的燃油，这有助于减少黑炭的排放和船舶航行在北极地区造成的空气污染。^① 2024 年初，CAA 也曾发表声明来呼吁 IMO 通过一项关于采取措施减少水下噪声的计划。2023 年下半年，CAA 敦促挪威作为北极理事会的现任轮值主席国应当推动制定具体的北极航运零排放愿景，鼓励所有北极国家在北极或北极附近地区使用更清洁的替代燃料，并支持减少北极航运温室气体排放的短期措施，如在 2025 年进行审查时加强碳强度指标等。^②

然而不同国家在各类绿色航运议题上的立场存在较大分歧，对一些核心问题缺乏共识。挪威、芬兰、美国、加拿大等七个北极国家支持重油禁令，但俄罗斯认为，北极地区现行的航运法规和保护措施已经足够，禁用重油的措施缺乏相应科学依据。关于到 2050 年航运碳减排的决议和提案也遭到了巴西、俄罗斯等国的反对。同时，这些倡议和规则的措施也与俄罗斯新的北极航运政策宗旨相悖。

除此之外，俄罗斯对北极航道的大规模疏浚作业也引发了国际社会对相关水域内海洋生物的担忧，但针对疏浚作业影响的分析和研究十分有限，故影响在很大程度上是未知的。受此影响，针对北极水域疏浚作业的环保规则制定或将提上日程。

2. 安全方面

随着北极航运的发展，船舶通行量增加，现行的《极地规则》可能需要更新。

首先，《极地规则》第一部分安全规则适用于在极地水域作业的客船和总吨超过 500 吨的货船，为较小吨位的船只，如渔船、小型探险船等留下了法律漏洞，这类船只在北极地区的航行可能存在一定安全风险。其次，目前

① gCaptain，"IMO Approves New Emission Control Areas in Canadian Arctic and Norwegian Sea," https://gcaptain.com/imo-approves-new-emission-control-areas-in-canadian-arctic-and-norwegian-sea/，最后访问日期：2024 年 4 月 9 日。

② High North News，"Urges the Arctic Council to Show Leadership in Reducing Emissions From Shipping," https://www.highnorthnews.com/en/urges-arctic-council-show-leadership-reducing-emissions-shipping，最后访问日期：2024 年 4 月 9 日。

的《极地规则》仅使用海冰状况和低温来评估北极地区船舶面临的风险，但北极航线同时也面临来自风浪、空气能见度等条件的挑战，同时，利用历史模式或平均值评估天气和海冰状况的做法存在滞后性，使用实时数据或将更加有利于安全保障。① 最后，俄罗斯派遣通过北极水域的船舶数量呈递增趋势，其希望快速增加北极航线的交通量，对规则的遵守程度尚且存疑。

3.国家管辖权方面

加拿大和俄罗斯作为西北航道和东北航道的实际控制国，分别对两航道所在的海域主张历史性权利，将北极航道视为内水，实施排他性管辖，但这种主张并未得到国际社会的广泛认同。② 以俄罗斯为例，面临北极航线商业化开发的新机遇，其一方面希望提升航道的国际竞争力，吸引更多国家参与利用，从而推动经济发展；另一方面担忧其他国家对航道的使用会威胁其对北极航道的实际管控，这就导致其对北极航道的管制政策充满矛盾，摇摆不定。

比如，俄罗斯宣布向外国船只开放位于拉普捷夫海北极航道沿线的Tiksi 港，将该港口确定为"国际港口"，建立一个新的货运枢纽，但针对能源运输推行"进口替代"政策以拉动本国的制造业发展。这项政策赋予悬挂俄罗斯国旗的船舶在北极航线海域运输本国开采能源的专属权利，这意味着悬挂外国国旗的船舶无法在北极航线海域运输俄罗斯生产的油气资源，对航道上的能源运输限制极为严格。但俄罗斯为节省成本，许多北极地区油气资源运输船是在境外建造并注册的，这对企业的运输活动造成了阻碍，进而导致法律实践难以推进。③

俄罗斯对北极航线发展定位的迷茫和地缘政治因素的影响使得其正出现种种矛盾。未来，俄罗斯或将进一步修订国内法，以解决这些冲突事项，为

① High North News, "Polar Code May Need Updating as Arctic Shipping Increases New Study Concludes," https://www.highnorthnews.com/en/polar-code-may-need-updating-arctic-shipping-increases-new-study-concludes, 最后访问日期：2024 年 4 月 9 日。
② 李天生、伍方凌：《论北极航道航行权的争议与未来》，《政法论丛》2023 年第 1 期。
③ 郭培清、杨楠：《俄罗斯对北方航道矛盾的管理制度》，《俄罗斯研究》2021 年第 1 期。

北极航线商业化运营赢得更加光明的前景。

《联合国海洋法公约》（以下简称《公约》）的第234条"冰封区域条款"赋予沿海国以保障航行安全、保护海洋环境为目的的特殊的立法和执法权。但问题在于，该条款针对的条件是"特别严寒气候和一年中大部分时候冰封的情形对航行造成障碍或特别危险"，但这一限定是以《公约》签订时的情况为准，还是以目前的情况为准，则存在着争议。结合缔约目的来看，本条款的设立旨在保护相较于其他海洋水域更为特殊和脆弱的冰封区域的海洋环境。然而随着海冰的融化，冰封区域和其他海域之间的差异在逐渐缩小，在此情况下，本条款的立法根基可能存在缺失，相关沿海国是否仍能享有上述特殊的立法和执法权？其他国家遵从沿海国国内法规定的意愿是否会发生变化？种种问题引发了国际社会的质疑。

另外，加拿大的"强制领航制"和俄罗斯的"申请许可制"均超出了《极地规则》和《公约》所授权的范围，这类"层层加码"的行为对《公约》规定的航行自由造成了阻碍，长此以往对北极航线商业化也存在消极影响。①

（三）国际合作总体加强

尽管俄乌冲突和大国博弈等政治因素在一定程度上限制了北极航线的国际合作，但长远来看，相关国际合作仍然总体呈加强趋势。

2023年6月，克里姆林宫各助手敦促俄罗斯政府通过允许悬挂外国国旗的船只使用北方海航道的立法，要求制定国际过境交通规则。②虽然俄罗斯对于外国军舰和政府船只的管控仍然严格，但对于商船的通过限制似乎在逐步放宽。

---

① 章成：《人类命运共同体视阈下的北极航道治理规则革新》，《中国海商法研究》2022年第2期。

② Arctic Today, "Kremlin Urges Faster Action to Let Foreign Vessels Use Northern Sea Route," https://www.arctictoday.com/kremlin-urges-faster-action-to-let-foreign-vessels-use-northern-sea-route/，最后访问日期：2024年4月10日。

欧盟国家继续每月进口超过 10 亿美元的俄产北极 LNG，并提供港口使俄罗斯 LNG 转运并继续运往非欧盟目的地。比利时、西班牙和法国已经成为诺瓦泰克公司亚马尔 LNG 工厂液化天然气前三的进口国，而德国也在通过比利时和荷兰进口俄罗斯 LNG。[①]

如前文所述，面对西方国家的制裁，俄罗斯转向与中国、印度等国建立合作，共同促进北极航线商业化运营，除此之外，日韩等东亚国家也认识到了北极地区的重要战略意义，开始积极参与北极事务。双方市场互为补充，且日韩也可为俄罗斯的航道开发提供资金、技术、人才，参与北极造船业等行业的发展。

从俄罗斯近年来颁布的北极相关政策以及俄罗斯领导人在国际会议上的发言来看，俄方正在邀请感兴趣的非北极国家，尤其是亚洲国家参与北方海航道的开发，积极利用这一运输潜力，并表示"俄方愿意提供可靠的冰上领航、通信和补给"。可以看出，俄方对北极航道开发的利益认知日益清晰，国际合作的对象也不再局限于北极地区，并积极发起北极地区开发的国际倡议。这些举措都引发了国际社会对北极地区和北极航道开发的关注。国际社会应达成广泛共识，构建高效的国际合作平台，完善具有约束力的北极航运开发规则，将北极航道真正打造成为具有国际竞争力的新兴通道。[②]

四 结语

不可否认，俄乌冲突以及一系列地缘政治事件在一定程度上阻碍了北极航线的商业化运营，各个国家或国际组织出于对自身利益的考量，针对北极航运颁布了立场各异的政策、法规等，即使目前部分欧洲国家仍在进口俄产

---

① High North News，"EU Countries Divided on How to How to Phase out Russian Arctic LNG，" https：//www. highnorthnews. com/en/eu-countries-divided-how-phase-out-russian-arctic-lng，最后访问日期：2024 年 4 月 10 日。

② 韦进深、朱文悦：《俄罗斯"北极地区开发"国际合作政策制定和实施效果评析》，《俄罗斯学刊》2021 年第 3 期。

能源，但未来亦有可能迫于欧盟的压力而放弃。同时，既有的治理规则存在滞后性，不能完全适应气候变化和科技进步背景下的新形势、新问题，这些冲突和分歧不利于北极航线的未来发展。

但是，从更加长远的角度来看，面对上述因素带来的冲击，在北极商业航运领域，相关国际合作仍然总体呈加强趋势，北极地区和平、共赢、合作的发展基调并不会发生大的改变，故应当对北极航线商业化开发的未来持谨慎乐观的态度。相关国际实体可能会针对新的问题，进行极地地区运输治理规则的革新，并制定更多适用于北极航道开发现状和具体情况的规则、条约；但能源、海事等有关部门，以及相关国家、国际组织等能否加强协调配合，达成商业开发和海洋环境保护的平衡，促成北极航线科学合理的商业化开发，则仍需要进一步观察。

B.10

俄罗斯北极能源开发政策的新调整[*]

刘惠荣　张桂豪[**]

摘　要： 俄罗斯 2023 年能源政策总体上与上一年度保持一致，但依据新形势进行了局部调整。一方面，面对欧盟以能源制裁为重点打击目标对俄继续制裁，俄罗斯维持了利用能源杠杆抵御国际制裁，将能源政策调整为能源出口与合作重心向亚洲转移；另一方面，北约扩员、俄罗斯欧洲的战略环境极度恶化、新一轮巴以冲突爆发、也门胡塞武装封锁红海、苏伊士运河宣布上调部分船舶 15% 的运河通行费，导致传统能源运输航线风险加大，成本大增。上述因素促使俄罗斯对能源政策进行了局部调整，进一步加强北极地区能源开发。具体体现为：加速推进北极能源运输的北方海航道开发利用，扩大北极液化天然气的生产和运输。同时，为了满足北极地区的能源需求和实现能源转型的长期目标，俄罗斯也开始探索新型能源的开发利用。俄罗斯能源政策的新调整对全球能源市场、运输通道、能源结构都产生了深远影响。

关键词： 北极能源　能源开发　能源战略　能源政策

一　俄罗斯北极能源开发的现状

北极地区蕴藏了 830 亿桶未开采石油，可以满足全球三年的总需求量，

---

* 本报告为国家社科基金"海洋强国建设"重大专项课题（20VHQ001）的阶段性成果。

** 刘惠荣，中国海洋大学海洋发展研究院高级研究员，中国海洋大学法学院教授，博士生导师；张桂豪，中国海洋大学法学院法律专业硕士研究生。

另外天然气储量约为 1550 兆立方米，占比达到全球 1/5 以上，可以满足全球 14 年的总需求量。[①] 俄罗斯作为世界能源出口大国，也作为北极地区面积最大的国家，其在北极地区拥有非常丰富的资源，尤其是以石油、天然气等为代表的能源储量极其丰富，无论是已探明的能源还是能源总储量，俄罗斯均居世界首位，且大都位于北极地区。丰富的能源资源不仅吸引了俄罗斯石油公司、天然气公司等国内能源巨头，还吸引了法国道达尔公司、日本三井物产、中国海洋石油集团有限公司等国际能源巨头的参与开发。俄罗斯是世界能源供应三大巨头之一，占据世界能源供应的重要地位，其丰富的能源资源储备成为对抗欧美制裁和政治外交的重要武器。俄罗斯北极地区的能源开发具有以石油、天然气、煤炭开采为主，开发成本高和新能源开发不足等特点，受到北极地区生态环境脆弱、地缘政治局势紧张、基础设施薄弱和资金不足等一系列内外因素的限制。

（一）俄罗斯北极能源开发特点

俄罗斯既是北极地区最大的国家，也是世界上面积最大的国家，"俄属北极地区资源禀赋突出，蕴藏着丰富的石油、天然气、煤炭、矿产等资源，是俄罗斯矿物原料发展的战略储备基地。能源开发潜力巨大，天然气开采量占全俄开采量的 80%，石油开采量占全俄开采量的 60%。北极地区为俄罗斯贡献了超过 20% 的 GDP 和 22% 的出口比重"[②]。因而俄罗斯北极地区能源开发的重要性不言而喻。北极地区的能源种类和分布以及地理位置、生态环境的特殊性决定了俄罗斯北极能源开发的特点，即以石油、天然气、煤炭为主要开发对象，开发、运输成本高，新能源开发不足等特点。

1. 以石油、天然气、煤炭为主要开发对象

北极地区油气等化石资源储量丰富，而其中绝大部分已发现的油气资源位于俄罗斯领土和领海。在石油、天然气方面，俄罗斯所属北极地区的能源

---

① 徐慧：《北极地区的石油和天然气资源》，《资源环境与工程》2019 年第 3 期，第 446 页。
② 《俄罗斯北极战略迎来新机遇》，中国国际问题研究院网站，2021 年 5 月 31 日，https://www.ciis.org.cn/yjcg/sspl/202105/t20210531_7960.html，最后访问日期：2024 年 11 月 25 日。

潜力巨大，"据俄罗斯能源部评估结果，俄罗斯北极地区可开采油气总量包括 130 亿吨石油和 87 万亿立方米（783.1 亿吨）天然气"①。勘探资料显示，西伯利亚盆地无论是油气资源的已发现数量还是总储量均居首位，其中西西伯利亚盆地的亚马尔-涅涅茨自治区的天然气和凝析油资源尤为丰富。在煤炭方面，俄罗斯煤炭资源丰富，不仅煤炭种类齐全，而且储量巨大，其已探明储量居世界第二位，仅次于美国。俄罗斯是世界煤炭产销大国，"根据俄罗斯能源部统计，2023 年俄罗斯煤炭产量约为 4.4 亿吨，出口量约为 2.2 亿吨，较 2022 年增长约 5%"②。同时，北极大陆架也是俄罗斯能源战略的重要发展方向。俄罗斯海岸线绵长，大部分大陆架为北极大陆架。北极大陆架尚待开发的石油和天然气储量巨大，随着陆地油气资源的枯竭和产量下降，北极大陆架的油气资源是俄罗斯未来的能源开发的重点对象。俄罗斯的能源结构以其国内储量较高的化石燃料为主，即石油、天然气和煤炭占主导地位。

2. 开发、运输成本高

北极地区寒冷复杂的自然环境和气候条件给地质勘探及资源开发带来较高风险。以石油天然气的开发为例，首先，勘探成本较高。即使在最容易进行勘探挖掘的地质构造上，钻井勘探的成功率也并不高，每口油井的成本却大大提高。因此，俄罗斯在吸引外国能源投资者进行共同开发时，往往需要外方承担勘探费用等开发风险，这也进一步加大了其油气资源的开发成本。其次，北极地区的极端天气条件对开采作业构成挑战，需要特殊的设备和技术来适应低温和冰层，这也提高了开发成本。有研究显示，如果俄罗斯北极项目想实现盈利，石油销售价格需要达到 80 美元/桶。俄罗斯北极地区煤炭资源丰富，但是俄罗斯近九成的煤炭资源分布在远东地区和西伯利亚地区，而且很多矿区位于高纬度寒冷地区，从而导致煤炭的开采和运输成本比较

---

① 杜星星、刘建民：《中国参与北极油气资源开发利用前景与方向》，《地质力学学报》2021 第 5 期，第 892 页。

② 《俄乌冲突两周年：全球能源市场摸索重塑》，人民网，2024 年 2 月 26 日，https://paper.people.com.cn/zgnyb/html/2024-02/26/content_26044992.htm，最后访问日期：2024 年 11 月 25 日。

高。同时，北极地区交通不便，缺乏基础设施，运输成本高昂，尤其是在冬季冰封期，物资和设备的运输更加困难，这些都使得俄罗斯北极能源的开发和运输成本巨大。

3. 新能源开发不足

从俄罗斯一次能源供应的结构来看，石油、天然气、煤炭占主导地位，核能、水能等占次要地位，俄罗斯严重依赖化石能源。从自身发展条件看，俄罗斯可再生能源发展潜力较大，特别是太阳能和风能。据估计，俄罗斯的太阳能开发总潜力巨大，其中，潜力最大的地区是北高加索、西伯利亚南部和远东等地区。尽管俄罗斯在北极地区拥有较大的可再生能源的潜力，但这种潜力很大程度上尚未得到利用，其北极地区新能源的开发与传统化石能源的开发相比，无论是力度还是规模上，都明显不足。

（二）俄罗斯北极能源开发的限制与阻碍

尽管俄罗斯在北极地区拥有非常高的能源储量，但随着其北极能源开发规模的不断扩大、资源领域的不断拓展，特别是受到北极地区独特地理环境的影响，其在开发北极地区能源的过程中也存在一系列的限制与阻碍。

1. 北极生态环境的脆弱性

北极的生态系统极为脆弱，极地开发会导致环境污染、植被破坏，还会导致永久冻土层的破坏，释放甲烷、二氧化碳等温室气体，进而影响全球气候变化，因而北极能源的开发往往都会带来显著的环境风险。鉴于北极生态系统的脆弱性和敏感性，有些国家和机构认为尽管天然气是一种相对低碳的能源，但不应该以牺牲北极的自然环境为代价来解决全球的环境问题，因此实施了限制北极地区油气资源开采的政策。比如美国总统拜登承诺保护北极国家野生动物保护区，拒绝履行特朗普政府在阿拉斯加进行石油租赁的租约，禁止在阿拉斯加避难所钻探石油和天然气。[1] 为了保护自然、渔业和旅

---

[1] "US to Ban Drilling for Oil, Gas in Alaska Refuge, Reversing Trump-era Leases," https://www.france24. com/en/americas/20230907-us-to-cancel-alaska-oil-gas-leases-issued-under-trump, 最后访问日期：2024 年 5 月 10 日。

游业,格陵兰政府于 2021 年 6 月份宣布停止颁发新的石油和天然气勘探许可证。

2. 地缘政治局势

2022 年俄乌冲突对俄罗斯在北极地区的能源开发产生了深远影响,同时也体现出地缘政治局势的稳定性对能源关系的影响力。能源供应的标准不仅取决于其产地和品质,还取决于政治关系和运输稳定性。由于地缘政治局势,欧盟及其成员国不得不大幅降低俄罗斯管道天然气的进口量,推行能源供应"去俄化"。国际能源机构在一份报告中称,2023 年俄罗斯对欧洲的管道天然气出口量可能比 2022 年减少 350 亿立方米。[①] 而俄罗斯将能源作为政治外交利器,使能源出口东移,以获得国际支持或者中立。

总体来看,欧洲国家的这些反应不仅是对当时政治局势的应对措施,也反映了对未来能源贸易和投资战略的重新调整,显示出它们为实现这一目标愿意承受巨大的经济成本和能源系统波动。乌克兰在前线与俄罗斯短兵相接,芬兰、瑞典火速加入北约,让俄罗斯的地缘政治局势变得极为恶劣。印度也由于美国的施压,在平衡大国关系上摇摆不定,俄罗斯要保住印度能源进口份额的话,需要应对地缘争端所带来的各种不确定因素。地缘争端不仅会招致政治上的对抗,还会引发合作的破裂和经济上的制裁,从而影响俄罗斯能源经济的发展。

3. 基础设施薄弱和资金技术不足

俄罗斯在北极的能源开发面临着一系列的严峻挑战。俄罗斯北极地区能源基础设施薄弱,很多地区的发电机组没有并入国家电网,陆基信号和海上导航系统不完善,陆上能源运输铁路和管网欠缺,港口设施老化亟须现代化升级改造。医疗卫生、商业服务等社会性基础设施不足,导致北极地区人口流失,能源开发劳动力不足。由于国际社会的制裁,俄罗斯无法继续大规模吸收外国能源投资,俄罗斯的北极能源的开发还受到了资金技术不足的限

---

① BEC предупредил о «десятилетиях» зависимости от американского СПГ, https://www.rbc.ru/politics/25/09/2023/6510b32f9a79476b3a441163? utm_source = yxnews&utm_medium = desktop,最后访问日期: 2024 年 4 月 23 日。

制。继英国石油公司、挪威国家石油公司和荷兰皇家壳牌石油公司等能源巨头从俄罗斯能源合作市场和天然气项目中撤资，欧洲国家还拒绝为俄罗斯核动力破冰船提供核辐射监测和数据更新。法国海军工程公司（Gaztransport & Technigaz, GTT）宣布，根据欧盟第 8 和第 9 轮制裁的要求，其将退出与俄罗斯红星造船厂（Zvezda）合作为诺瓦泰克公司"北极 LNG 2"项目建造 15 艘 Arc7 液化天然气运输船的工作。[①]"欧盟第六轮对俄制裁禁止直接或间接向俄出售、供应、转让或出口天然气液化所需的货物和技术，包括热交换装置、涡轮机等，无论货物或技术是否来自欧盟，导致"北极 LNG-2"项目的建造延期。"[②] 同时，由于受到国际制裁，俄资金和技术缺口进一步扩大，加之北极地区油气资源勘探难度高、开采运输成本高，而且运输管道网络并不发达，这些都直接影响了俄罗斯在北极的油气开发能力。

二 俄罗斯的北极能源政策

俄罗斯 2023 年能源政策总体保持与上一年度一致，也有局部调整。一方面，俄乌冲突进入第二年，欧盟持续对俄实施多轮制裁，稳步推进与俄罗斯能源脱钩，俄罗斯维持利用能源杠杆抵御国际制裁、能源出口与合作重心向亚洲转移的能源战略。另一方面，俄罗斯针对新形势的变化，也做出了局部调整。2023 年 4 月 4 日，芬兰正式加入北约，瑞典也将很快加入北约，俄罗斯与欧洲国家的政治经济关系陡然恶化；2023 年 8 月，行驶在黑海航线上的一艘俄罗斯油轮被乌克兰袭击，欧洲重要的能源运输通道升级为"战争风险区"；2023 年 10 月 7 日新一轮巴以冲突爆发，也门胡塞武装封锁红海，因而同年 10 月苏伊士运河部分船舶的运河通行费上调 15%，导致这

---

① "French Engineering Company Exits Cooperation with Russian Shipyard," https://www.highnorthnews.com/en/french-engineering-company-exits-cooperation-russian-shipyard，最后访问日期：2024 年 4 月 23 日。

② 赵隆：《乌克兰危机背景下的俄罗斯北极能源开发：效能重构与中国参与》，《太平洋学报》2022 年第 12 期，第 86 页。

一世界传统能源运输航线不但风险加大，而且运输成本大增。为了维护国家政治、经济核心利益，俄罗斯对能源政策进行了局部调整，具体体现为：加速推进北极能源运输走廊的北方海航道开发利用，扩大北极液化天然气的生产和运输；同时，为了满足北极地区居民和工业的能源需求，实现能源转型的长期目标，俄罗斯也开始探索新型能源的开发利用。

（一）以能源杠杆抵御国际制裁

俄罗斯在全球能源领域扮演着关键角色，在石油、天然气和煤炭方面的生产、消费和出口方面占据重要地位。俄罗斯将能源作为武器，使其成为抵御美国和欧盟制裁的有效工具，并继续贯彻普京提出的能源是外交利器的策略。俄乌冲突前，欧盟国家能源供应严重依赖俄罗斯，尤其是管道天然气。随着欧美协同制裁俄罗斯，欧盟大量降低从俄罗斯进口能源。俄罗斯利用欧盟担忧严重依赖从美国进口液化天然气，无法平衡自身能源安全和对俄制裁，瓦解了美国与欧盟的制裁共识。欧盟国家虽然配合美国对俄罗斯的经济制裁，大幅降低了俄罗斯管道天然气的进口量，但是依然从海上大量进口俄罗斯液化天然气，使俄罗斯成为欧盟液化天然气第二大供应国。日本也顶住了美国压力，对俄罗斯天然气项目的制裁进行了特别豁免。日本经济产业省2023年6月30日表示，日本已决定将俄罗斯项目"萨哈林-1"和"萨哈林-2"以及"北极 LNG-2"项目排除在对向俄罗斯提供建筑和工程服务的制裁之外。[①] 俄罗斯不仅利用能源贸易，还利用能源金融与欧美对抗。通过在国际出口中使用卢布结算，俄罗斯降低了对美元和欧元的依赖，提升了自己在国际能源市场的话语权，同时捍卫了本国金融安全，提高了卢布在国际能源市场上的影响力。

（二）能源出口与合作东移

由于俄乌冲突和北溪天然气管道爆炸，欧盟积极推行与俄罗斯的能

---

① "Tokyo Exempts Sakhalin Projects, Arctic LNG-2 From Ban on Providing Services to Russia," https://sputnikglobe.com/20230630/tokyo-exempts-sakhalin-projects-arctic-lng-2-from-ban-on-providing-services-to-russia-1111567178.html，最后访问日期：2024年4月22日。

源脱钩，对俄罗斯管道天然气的进口量大幅下降。为了弥补损失和维护国家能源安全，普京政府积极推行"东转南进"策略，大力拓展欧洲以外的能源市场。亚太地区的中国、日本、韩国和印度等国不仅是重要的能源进口国，拥有庞大的市场需求，而且拥有资金、技术和人力资源方面的优势，这对于俄罗斯的能源出口和北方海航道的开发至关重要。因此，俄罗斯将能源合作重心转向亚太地区，开展"大欧亚伙伴计划"，与亚太国家开展广泛能源出口、航道开发合作。俄罗斯与亚太国家签署了多份能源供应长期合同和合作协议，北极地区的大部分石油、天然气和煤炭等将运往东部的亚洲市场。

2023年，俄罗斯利用北方海航道对中国的原油出口量创下了历史纪录，究其原因是俄罗斯在能源出口上继续推行"东转南进"策略，以便弥补欧洲石油出口的缺口。俄罗斯已经超越沙特阿拉伯，成为中国最大的石油供应商。中国是世界第二大经济体，对其他能源的需求量也巨大。中国是世界最大的LNG进口国，其大量液化气来自俄罗斯的北极和远东地区的亚马尔项目和萨哈林项目。中国不仅为俄罗斯亚马尔和"北极LNG-2"项目提供融资，还与其进行建设和技术合作。中国企业为上述两个液化天然气项目提供了绝大部分的建造模块。中国造船企业还为它们建造了一批冰级油轮，并积极争取获得液化天然气运输船合同。印度是世界上增长最快的另一个能源市场，其天然气70%以液化天然气的形式供应，预计未来十年还将增长5倍。2023年2月6日至8日，印度举行了首届印度能源周（IEW）会议，其间，俄罗斯诺瓦泰克公司与印度天然气公司GAIL达成协议，计划向印度输送更多液化天然气。[①] 诺瓦泰克公司还积极寻求与印度合作开发建造液化天然气的技术设备和再气化终端。俄罗斯已跃居印度第二大石油供应商，成为印度最重要的石油进口合作伙伴之一。与此同时，俄罗斯政府也正在努力将煤炭出口"东移"，为了实现这一目标，俄开始对

---

① "Arctic LNG Producer Novatek In Talks To Supply Gas to India," https://www.highnorthnews.com/en/arctic-lng-producer-novatek-talks-supply-gas-india，最后访问日期：2024年4月23日。

东部贝阿铁路和泛西伯利亚铁路进行升级改造，提高运输和出口量，俄罗斯对印度、韩国的煤炭贸易量大幅增长。

（三）扩大北极 LNG 生产和运输

俄罗斯北极地区油气资源丰富，黑海是俄罗斯能源出口的重要通道，然而 2023 年 8 月初，一条行驶在黑海海域的俄罗斯油轮被乌克兰袭击后，俄罗斯开始减少通过黑海航道的运输，转而重点推进北极地区的油气开发和运输。鉴于液化天然气的高附加值，用液化天然气取代低价管道天然气，扩大北极液化天然气生产能力和市场份额是俄罗斯能源战略的一个重点。

俄罗斯诺瓦泰克公司计划从 2020 年至 2030 年，在亚马尔和吉丹两半岛开发 Ob LNG、北极 LNG 2、北极 LNG 3 和北极 LNG 1 等多个新的液化天然气项目，北极 LNG 2 项目是其中规模最大的一个，设计年产 LNG 约 1980 万吨。预计到 2025 年，LNG 年产量达到 3700 万吨，2030 年增至 5500 万吨~7000 万吨，北极 LNG 2 项目成为世界上最大的 LNG 项目之一。上述项目在 2023 年实现了重大进展和许可，2023 年 7 月，俄罗斯总统普京视察了摩尔曼斯克液化天然气建设中心，并启动了北极 LNG 2 号生产线。[1] 同时，俄罗斯从韩国购买了两台浮式液化天然气储存设施，分别部署在摩尔曼斯克和堪察加半岛的港口。这些设施可以缩短冰级油轮的运输距离，增加运量。

天然气被视为俄罗斯实现从"碳达峰"向"碳中和"过渡的关键能源，其在能源转型中占据核心地位。依据俄罗斯最新制定的《2035 年前石油和天然气工业发展总体计划》，俄罗斯致力于明确石油工业发展方向，目标是到 2035 年，俄罗斯的天然气年产量达到 1.05 万亿立方米，出口量预计可达每年 4720 亿立方米，从而实现全球市场 20% 份额的计划。2021 年 3 月，俄罗斯政

---

① 《普京启动北极液化天然气 2 号北方海航道首条线路》，极地与海洋门户网，2023 年 7 月 27 日，http://www.polaroceanportal.com/article/4769，最后访问日期：2024 年 11 月 25 日。

府通过了历史上首个液化天然气战略——《俄联邦液化天然气长期发展规划》，该规划提出了提升 LNG 产能的系统性时间表，目标是到 2024 年达到 6500 万吨，2030 年达到 1.02 亿吨，以及 2035 年达到 1.4 亿吨。预计这将为俄罗斯能源出口带来每年 1500 亿美元的额外收入，同时俄罗斯在全球 LNG 市场中的份额有望从不足 10%增长至高达 30%。通过推动天然气产能的多样化，利用北极大陆架和远东地区的资源，广泛应用国内技术，并扩大需求和发展气化基础设施，俄罗斯旨在确保其作为能源大国的地位，并实现减排目标。

（四）加速北方海航道的开发利用

俄乌冲突升级和巴以冲突使俄罗斯通过传统航线（黑海航线、红海航线）运输能源受阻。与通过黑海和苏伊士运河的南部海运路线相比，北方海航道沿线能源资源丰富，该航线是连接亚洲、欧洲最短的航线，并且几乎完全位于俄罗斯领海和专属经济区，是北极能源运输的"生命线"，对于北极能源运输和实现俄罗斯能源战略具有重要意义。为了保证北极能源能够顺畅运输到亚洲，俄罗斯在 2023 年加速推进北方海航道这一国际运输走廊的开发利用。

运输北极能源的液化燃气船和油轮，对于航道的安全保障要求较高，而北方海航道已初步具备全年通航安全的导航、破冰、引航等保障服务。2023 年初，俄罗斯破冰船运营商 Rosatomflot 签署了建造第六艘和第七艘核破冰船的合同，提高为通过北方海航道的液化天然气船、油轮等船舶提供破冰和引航服务的能力。为了保障北方海航道具备充足的北极能源运输能力，足够的冰级船舶也是必不可少的。"2023 年 6 月，俄罗斯表示，计划在未来 13 年内斥资 220 亿美元用于建造 50 多艘破冰船和冰级船、港口和码头以及其他资产，以开发北方海航道的运输能力。"① 受美国领导的对俄制裁影响，韩国停止为俄建造液化天然气运输船，俄罗斯红星造船厂加快研发和建造

---

① 《俄罗斯北极石油出口激增，但新的贸易路线仍面临风险》，极地与海洋门户网，2023 年 12 月 7 日，http://www.polaroceanportal.com/article/4971，最后访问日期：2024 年 11 月 25 日。

LNG 运输船队,用来运输北极 LNG 项目出口亚洲的液化天然气。

为加速北极能源运输的北方海航道开发利用,俄罗斯 2023 年还对大量能源运输船舶和非冰级船舶进行试航。"北方海航道的过境航运运输量达到前所未有的水平,仅 2023 年 7 月、8 月,相继有六艘油轮通过北方海航道。"① 此外,北方海航道的能源运输呈现船舶多样化和定期化趋势,例如 7 月 29 日,驶往中国港口惠州的 Shturman Koshelev 号油轮仅载重 41458 吨,属于灵便型油轮,而之前油轮多为芙拉型油轮,这表明北方海航道的船舶使用范围正在逐步扩大。Leonid Loza 号油轮于 2023 年 10 月 6 日抵达中国宁波,这标志着俄罗斯试验非冰级船穿越北方海航道的成功,这意味着未来将会有更多非冰级油轮、液化天然气船、散货船可以通过北方海航道运输北极能源,北方海航道的能源输送能力将会大大提高。这一系列能源运输船舶的试航,成为北方海航道历史的分水岭,揭开了俄罗斯大规模开发利用北方海航道运输北极能源的新纪元。为了充分发挥北极航道在北极能源运输中的作用,推动这一国际运输走廊的建设,俄罗斯积极寻求与阿联酋、印度、中国等航运大国在能源运输基础设施和资金技术领域的合作。中俄两国在 2024 年 5 月达成的《中华人民共和国和俄罗斯联邦在两国建交 75 周年之际关于深化新时代全面战略协作伙伴关系的联合声明》中商定"在中俄总理定期会晤委员会机制框架下成立中俄北极航道合作分委会,开展北极开发和利用互利合作,保护北极地区生态系统,推动将北极航道打造成为重要的国际运输走廊,鼓励两国企业在提升北极航道运量和建设北极航道物流基础设施等方面加强合作"②。

(五)探索新型能源开发利用

俄罗斯的能源开发和利用以石油、天然气、煤炭为主,新型能源、可再

---

① 《在北极,俄罗斯的石油运输速度提高,并且又有四艘油轮驶往中国》,极地与海洋门户网,2023 年 8 月 17 日,http://www.polaroceanportal.com/article/4806,最后访问日期:2024 年 11 月 25 日。

② 《中华人民共和国和俄罗斯联邦在两国建交 75 周年之际关于深化新时代全面战略协作伙伴关系的联合声明》(全文),https://www.fmprc.gov.cn/zyxw/202405/t20240516_11305860.shtml,最后访问日期:2023 年 12 月 6 日。

生能源占比不高，且以核电、水电为主，太阳能、风能、潮汐能等利用率低。随着未来化石能源消费高峰的到来和环保节能减排的要求，为了实现能源转型和满足北极地区能源需求，俄罗斯逐步扩大新型能源的开发利用。

俄罗斯新能源发展战略是通过清洁能源实现能源结构转型，促进就业和经济增长。为促进新能源的发展，俄罗斯在 2020 年 6 月颁布了《俄罗斯2035 年能源战略》，计划将氢能发展作为实现"资源创新型发展"和能源转型的重要途径，并制定了氢能出口的发展目标。俄罗斯副总理表示，俄罗斯有望在国际氢能市场中占据 10% 至 20% 的份额。同时，根据 2021 年 8 月颁布的《俄罗斯 2024 年前氢能源发展构想》，为氢能产业制定了在 2024 年之前建立起氢能产业集群，在 2035 年之前扩大氢能的生产以面向出口市场，最后在 2050 年之前广泛应用氢能的三个阶段性发展计划。俄罗斯国家原子能公司表示未来几年内，俄罗斯北方海航道沿线可能会新建 15 座新的浮动核电站。① 此外，俄罗斯还计划通过将北极 LNG 项目生产的液化天然气转化为氨气等各种方式发展新能源和清洁能源，以此推动俄罗斯能源结构的转型。

三 俄罗斯北极能源政策调整对其他国家和组织的影响

随着俄乌战争的持续，以美国为代表的西方国家对俄罗斯实施的多项能源制裁，使得俄罗斯的能源出口，特别是向欧洲国家的能源出口受到了极大的限制和影响。同时，随着全球气候变暖的加剧，北极地区气温升高，使得俄罗斯在北极地区的能源勘探和开发更为便利和现实。因此，在当前复杂的背景下，俄罗斯相应地调整了能源政策，并加大北极航道开发和能源出口东移，这一系列的调整不仅对俄罗斯自身能源开发和出口产生了影响，也影响了欧洲国家、美国、日本、韩国以及中国等与北极事务紧密相关国家的能源战略和格局。

---

① 《俄罗斯国家原子能公司计划在北极建造 15 座浮动核电站》，极地与海洋门户网，2023 年 7月 27 日，http://www.polaroceanportal.com/article/4765，最后访问日期：2024 年 11 月25 日。

（一）对欧盟的影响

俄罗斯的能源对欧盟具有重要的战略意义，不仅关系到能源供应安全和经济稳定，还涉及环境政策、地缘政治和国际关系的多个层面。一直以来，俄罗斯都是欧洲最大的能源供应国，尤其在天然气领域占据着举足轻重的地位，能源合作也被视为欧俄之间经济与政治关系的重要组成部分。俄乌冲突爆发后，能源尤其是天然气成为西方与俄罗斯实施制裁与反制裁的主要博弈领域，并衍生出一系列危机和问题。在西方实施制裁以后，俄罗斯对欧洲国家的天然气出口量大幅下滑，加之北溪天然气管道爆炸和波罗的海天然气管道泄漏等事件发生，使得俄罗斯陆上能源出口通道，尤其是管道天然气出口受到限制和影响，比较明显的便是俄罗斯通过管道出口到欧洲的天然气正在减少，但这也推动着俄罗斯加速了北极地区的能源开发，相应地也促使其调整了能源战略，这些举措对欧洲国家产生了多方面的影响。

首先，欧盟国家努力摆脱对俄罗斯能源的依赖。俄罗斯曾经是欧盟最重要的能源供应国，2022年俄乌冲突引发了欧盟对于自身能源安全的极度不安，欧盟也从之前的政治经济双轨制转为政治经济双重制裁。在经济制裁和节能减排的双重要求下，欧盟较早对煤炭进口实施了禁令。经过较长时间的激烈讨论后，欧盟最终在石油禁令上达成了一致。而在进口占比较高的天然气方面，欧盟制定了"REPowerEU"计划，计划在2030年摆脱对俄罗斯天然气的依赖。2023年欧洲国家从俄罗斯进口的管道天然气量大幅下降，但不可否认的是，在欧盟积极寻求与俄罗斯能源脱钩的同时，欧盟尚未完全摆脱俄罗斯的天然气供应。与俄罗斯管道天然气能源遭受制裁的情况所不同的是，欧盟当时未对来自俄罗斯的液化天然气的进口实施制裁，欧洲国家以创纪录的水平进口俄罗斯北极地区的液化天然气，这使得俄罗斯北极液化天然气向欧洲出口的规模得到了扩大。2022年诺瓦泰克公司的产量增加了2%，出口量增加了63%，购买诺瓦泰克公司液化天然气的主要是欧洲国家，根据《巴伦支观察家报》的数据，2022年诺瓦泰克公司对欧洲的出口量达到

1465 万吨，比 2021 年增长 13.5%。① 而一份新报告也详细介绍了液化天然气成为欧盟购买的主要俄罗斯化石燃料，欧盟每月向该国输送超过 10 亿美元。② 因此，在欧盟能源战略调整的背景下，欧盟在天然气进口方面并非一刀切而是采取了渐进式的脱钩方式。

其次，俄罗斯的能源政策调整也促使欧盟国家重启石油煤炭这些传统能源的开发和利用。在应对能源危机和维护自身国家利益的情况下，应对气候变化和实现"碳中和"被摆在了次要地位，欧盟国家转而优先保障本国的能源供应和能源安全。挪威国家能源部部长 2023 年 1 月 10 日表示，挪威在最新一轮勘探申请中向 25 家能源公司颁发了 47 份新的海上石油和天然气勘探许可证。③ "在联合国气候大会（the UN Climate Conference）召开的第 8 天，挪威国家石油理事会（the Norwegian Petroleum Directorate）批准了在巴伦支海进行新一轮石油钻探。"④ 意大利能源巨头（ENI）也继续在世界各地，如阿拉斯加北坡沿线的 Nikaitchuq 和 Oooguruk 油田以及北海、挪威海和巴伦支海进行石油开采活动。⑤ "俄乌冲突发生后，德国、奥地利、希腊、荷兰等重启煤电，但这又与欧盟'碳中和'目标相悖。"⑥

最后，俄罗斯能源政策的调整促进了欧盟国家新能源与可再生能源的开

① The Barents Observer, "Russian Arctic LNG Advances in European Market," https://thebarentso bserver. com/en/2023/01/russian-arctic-lng-advances-european-market, 最后访问日期：2024 年 4 月 19 日。
② "EU Countries Continue to Import ＄1bn of Russian Arctic LNG Every Month," https://www. highnorthnews. com/en/eu-countries-continue-import-1bn-russian-arctic-lng-every-month, 最后访问日期：2024 年 5 月 2 日。
③ "Norway Awards 47 Oil and Gas Exploration Permits," https://www. arctictoday. com/norway-awards-47-oil-and-gas-exploration-permits/, 最后访问日期：2024 年 3 月 26 日。
④ 《挪威批准新的巴伦支海钻探》，极地与海洋门户网，2023 年 12 月 14 日，https://www. arctictoday. com/oslo-approves-new-round-barents-sea-drilling/, 最后访问日期：2024 年 11 月 25 日。
⑤ "The Crossroads of Science Diplomacy: Italy and the Challenges of the European Union's Greener Engagement in the Arctic," https://www. thearcticinstitute. org/crossroads-science-diplomacy-italy-challenges-european-unions-greener-engagement-arctic, 最后访问日期：2024 年 5 月 1 日。
⑥ 杨雪峥：《俄乌冲突下欧盟能源政策新变化：从自由市场主义到现实主义》，《对外经贸实务》2023 年第 7 期，第 60 页。

发利用。欧洲国家在制裁俄罗斯能源出口的同时，为了摆脱其对俄罗斯能源的依赖，实现能源供给的多样化和保障自身能源安全的需求，加大了对新能源和可再生能源的开发利用，并进一步推动能源结构转型战略。"德国 2023 年加快推动能源转型，2023 年德国可再生能源发电量在总发电量中占比首次过半，达到 56%；可再生能源发电总装机容量增加了 17 吉瓦，较 2022 年增长 12%。与此同时，2023 年德国使用煤炭的总发电量较 2022 年减少近 1/3，目前占总发电量的 26%，为 50 多年来最低值。"[①] 2023 年意大利修订能源与气候计划，希望到 2030 年可再生能源能够创造 65%的电力。[②] 瑞典议会也通过一项新能源法案，以实现在一个 40 年前投票淘汰核能的国家中建造新核电站的计划，为建设新的核电项目铺平道路。[③] 俄罗斯能源政策的调整对欧盟国家的影响是全方位的，对其自身的能源安全和能源结构转型也产生了深远影响。

（二）对美国的影响

美国是北极域内国家之一，也是全球能源生产和消费大国，在全球能源市场占有重要地位，而俄罗斯同样是全球能源格局中的重要一员，其对北极地区的能源开发以及能源政策的调整毫无疑问地会对美国产生重大影响。

俄罗斯北极能源的开发与出口将会影响美国的能源出口市场，特别是欧洲和亚洲的能源市场。众所周知，俄乌冲突后，美国及其盟国对俄罗斯实施了全面制裁，尤其对俄罗斯的能源出口出台了大量的制裁措施，导致俄罗斯在全球能源市场的出口受到限制和影响，特别是针对欧洲国家的能源供应量大幅下滑，2021 年，从俄罗斯进口的天然气约占欧洲天然气进口量的一半，

---

① 《德国加快推进能源转型》，中国能源网，2024 年 1 月 26 日，http://www.cnenergynews.cn/news/2024/01/26/detail_20240126145759.html，最后访问日期：2024 年 11 月 25 日。

② 《意大利积极发展绿色能源》，《人民日报》，2023 年 7 月 5 日，http://world.people.com.cn/n1/2023/0725/c1002-40042668.html，最后访问日期：2024 年 4 月 13 日。

③ "Swedish Parliament Passes New Energy Target, Easing way for New Nuclear Power," https://www.arctictoday.com/swedish-parliament-passes-new-energy-target-easing-way-for-new-nuclear-power/，最后访问日期：2024 年 3 月 26 日。

但在 2022 年 2 月 24 日俄乌冲突发生后，俄罗斯对欧盟的天然气供应急剧下降。2023 年，欧盟主席乌尔苏拉·冯德莱恩表示欧盟已经摆脱了对俄罗斯石油和天然气的依赖。面对来自俄罗斯能源供应的缺口，美国自然而然地填补了这个缺口，一举成为欧盟最大的石油和液化天然气供应国。与此相对应的是，俄罗斯加大对北极能源的开发并利用北方海航道经白令海峡将其出口到东亚，转而将能源销售市场向东扩张，这将对美国在东亚乃至亚洲的能源市场造成影响。如 2023 年 9 月，印度港口、航运和水路部部长索诺瓦尔在符拉迪沃斯托克会见了俄罗斯远东与北极发展部部长切昆科夫，讨论俄罗斯北方海航道和相邻东部海上走廊的开发和使用，以便接收俄罗斯石油和液化天然气资源。① 同时，《华尔街日报》的一篇新报道称，阿拉斯加拟议中的大型液化天然气出口项目在其主要市场日本和韩国的潜在买家那里没有获得吸引力。② 这样的结果无疑也进一步加大了美国在全球能源市场中的竞争难度。

（三）对日本和韩国的影响

日本和韩国同俄罗斯远东地区毗邻，本国能源严重依赖国外进口，俄罗斯北极能源政策的调整对于日本、韩国的能源供应也产生了重要影响。一直以来，日本和韩国的能源供应主要是来自中东地区，并长期经过地中海—苏伊士运河—印度洋—马六甲这条传统航线进行运输，长期面临着一系列的制约因素和能源安全的风险。但俄罗斯北极能源和北方海航道的开发，也将为日本和韩国提供新的能源供给来源，"以亚马尔液化天然气项目为例，该项目是中俄之间最大的能源合作项目，但其最大出口国是日本"③。虽然面对

---

① "India Looking To Cooperate With Russia on Development of Arctic Northern Sea Route," https://www.highnorthnews.com/en/india-looking-cooperate-russia-development-arctic-northern-sea-route，最后访问日期：2023 年 12 月 2 日。

② "Wall Street Journal Says Asian Buyers Aren't Sold on Alaska's Big LNG Project," https://www.arctictoday.com/wall-street-journal-says-asian-buyers-arent-sold-on-alaskas-big-lng-project/，最后访问日期：2023 年 12 月 2 日

③ 章成、杨嘉琪：《中国与东北亚国家北极事务合作可行性探究》，《决策与信息》2023 年第 7 期，第 36 页。

以美国为首的西方国家的制裁压力，日本也参与了对俄罗斯能源的制裁，但日本对俄制裁并不涉及从俄罗斯进口液化天然气，还对"萨哈林-1"、"萨哈林-2"和"北极LNG-2"项目免除了反俄制裁。SODECO保留了"萨哈林-1"项目30%的股份，三菱公司和三井公司分别保留了"萨哈林-2"项目10%和12.5%的股份。[①] 2023年日本贸易公司三井物产宣布将投资俄罗斯"北极LNG-2"项目的运营公司。[②] 韩国同样面临着矛盾局面，一方面需要配合制裁，三星重工因此中止了多艘俄罗斯北极LNG船的模块和设备供应的大合同。另一方面，韩国也积极与俄罗斯探讨在北极地区的合作前景，加强两国的贸易往来，特别是利用北方海航道的货物运输，加快油轮和破冰船队的发展，并计划合作进行北极大陆架石油、天然气和稀土金属的开采等。但从长期来看，未来地缘争端必将缓和。日本和韩国作为近北极国家，对北极丰富的油气资源、矿产资源有着浓厚的兴趣。通过与俄罗斯在远东地区的合作，日本和韩国将能够进一步便利地获得北极的自然资源，这对其经济的未来可持续发展具有重要意义。此外，俄罗斯大力开发北极航线和通航期的增长，将有助于减少韩国、日本从欧洲等国进行货物运输的成本，为两国带来显著的战略利益，也将为它们的能源运输提供新航线，并且这一航线将大大降低能源运输过程中的风险，缩短能源运输的距离和时间，对保障两国的能源安全具有重要意义。此外，由于俄罗斯仍持续遭受西方国家的制裁，其自身在北极能源开发上存在着资金、技术等方面的限制和不足，而日本和韩国正好可以弥补这些短板，特别是日本和韩国的造船业被誉为造船业"皇冠上的明珠"。在LNG船的建造方面，两国有长期的技术积累，能够制造出更适合在北极航线航行的破冰船和油轮，这将有利于俄罗斯的北极能

---

① 《路透社：法国和日本并未停止资助俄罗斯"北极LNG-2"项目》，极地与海洋门户网，2023年8月24日，http://www.polaroceanportal.com/article/4813，最后访问日期：2024年11月25日。

② "Japan-based Mitsui Invests in Large-scale Russian Arctic LNG 2 Project," https://www.gasworld.com/story/japan-based-mitsui-invests-in-large-scale-russian-arctic-lng-2-project/2129914.article/，最后访问日期：2024年4月6日。

源运输,且为俄罗斯与日本和韩国在北极能源开发上的优势互补提供广阔的合作前景和机会。

(四)对中国的影响

中国作为世界第二大经济体,对能源进口也有很强的依赖。中国能源企业积极布局新能源业务链条。俄乌冲突后,中国基础能源价格大幅上涨,暴露出中国能源供给对外依赖度高和新能源产业链不健全无法替代化石燃料的问题。但是,俄罗斯能源政策的调整对于中国能源发展也不无裨益,机遇与挑战并存。

一方面,俄罗斯对北极能源的开发有利于保障中国实现能源进口的多元化,保障中国经济和能源安全。中国的能源高度依赖进口,近些年来,中国也在加紧实现能源进口渠道和运输通道的多元化,如在经由马六甲海峡等传统能源运输航线之外,中国开辟了中俄东北原油运输和天然气运输管道、西北中亚天然气管道和中哈原油管道以及西南中缅原油运输管道等,并积极与泰国开展克拉运河可行性研究。而俄罗斯北极地区的能源开发为中国提供了潜在的能源进口来源,俄罗斯北方海航道的开发和利用也为中国的能源进口通道增加了保障,俄罗斯北极能源的运输更为便利,俄罗斯和中国之间的能源合作也在继续扩大,中国在2022年通过北方海航道获得的液化天然气破历史纪录。"2022年上半年,中国从俄罗斯北极的亚马尔液化天然气项目和远东的'萨哈林-2'项目进口的液化天然气增长了22%,达到1.84百万吨。仅在11月,中国就进口了852000吨液化天然气,主要来自亚马尔液化天然气项目和'萨哈林-2'项目。"[1] 同样,中国从俄罗斯进口的石油在2022年也创下了历史新高。随着全球能源需求的增长,中国作为世界最大的能源消费国之一,对于稳定和多元化的能源供应有着迫切的需求。俄罗斯北极地区的丰富油气资源,尤其是液化天然气,可以作为中国减少对传统能

---

[1] "China Receives Late-Season LNG Deliveries from Russian Arctic Capping Off Record-Breaking Year," https://www.highnorthnews.com/en/china-receives-late-season-lng-deliveries-russian-arctic-capping-record-breaking-year,最后访问日期:2024年5月6日。

源进口大国依赖的替代选项。特别是在当前国际能源市场波动加剧的背景下，中国正面临着严峻的能源安全挑战，俄罗斯作为可靠的能源合作伙伴，其北极能源的开发和出口能力的提升，有助于中国构建更加稳固的能源安全体系，这同样也对中国的经济和贸易安全至关重要。

另一方面，俄罗斯北极能源的开发为中俄两国深化合作提供了更加广阔的前景和机会，中俄正在北极天然气项目、北方海航道、物流基础设施、北极理事会等其他北极事务中积极寻求合作。与此同时，俄罗斯与其他北极国家关系急剧恶化，北极域内八国内部关系出现分裂和敌对，不仅北极理事会停摆，俄罗斯还遭到另外七国的排挤，北极国家间合作面临巨大挑战，为打破僵局，俄罗斯转而向对北极有探索热情的域外国家和组织寻求合作，比如金砖国家和上海合作组织等国际组织，从而增强自身的发展实力以对抗反俄势力。[1] 俄罗斯对北极的能源开发引起全球关注，"中国作为近北极国家，对北极能源资源开发十分重视并积极参与，在北极能源开发中也发挥着积极的作用"[2]。而俄罗斯北极能源的开发，无疑是为合作提供了广阔的平台和机会，这与中国所提出的"冰上丝绸之路"也不谋而合。如中国企业在一些价值数十亿美元的北极能源项目中持有直接股份。中国石油天然气集团公司（CNPC）拥有诺瓦泰克公司亚马尔液化天然气项目 20%的股份，并在后续项目北极 LNG 2 中获得了 10%的股份。此外，中国丝路基金还持有亚马尔液化天然气项目 9.9%的权益，中国海洋石油集团有限公司（CNOOC）也以 10%的权益参与了北极 LNG 2 项目。[3] 除此之外，中国还能利用自身的资金、技术等优势同俄罗斯在北极能源开发和能源结构转型上实现优势互补，

---

[1]　ВМИДсообщили, чтоРоссияпривлечетстраныБРИКСиШОСкпроектамвАрктике, https://iz. ru/
1512556/2023-05-14/v-mid-rf-zaiavili-o-planakh-privlecheniia-stran-briks-k-proektam-v-arktike? utm_source=yxnews&utm_medium=desktop&utm_referrer=https%3A%2F%2Fdzen. ru%
2Fnews%2Fsearch%3Ftext%3D, 最后访问日期：2024 年 5 月 6 日。

[2]　魏蔚、陈文晖：《北极地区能源问题研究》，《全球化》2021 年第 3 期，第 104 页。

[3]　"Putin and Xi Discuss Further Deepening of Arctic Partnership," https://www.highnorthnews.com/
en/putin-and-xi-discuss-further-deepening-arctic-partnership, 最后访问日期：2023 年 12 月
6 日。

从基础的能源进口扩展到能源开发项目融资，码头、铁路等物流基础设施建设，天然气项目模块建造和冰级船舶建造，可再生能源、氢能、核能开发合作等诸多资金、技术领域，这为两国深化各领域互信合作和经济发展提供了更广阔的空间。2024 年 5 月，中俄两国最高首脑会见达成的《中华人民共和国和俄罗斯联邦在两国建交 75 周年之际关于深化新时代全面战略协作伙伴关系的联合声明》中，双方商定要"持续巩固中俄能源战略合作并实现高水平发展，保障两国经济和能源安全。努力确保国际能源市场稳定且可持续，维护全球能源产业链供应链的稳定和韧性。根据市场原则开展石油、天然气、液化天然气、煤炭、电力等领域合作，确保相关跨境基础设施稳定运营，确保能源运输畅通无阻。共同推进中俄两国企业落实大型能源项目，并在可再生能源、氢能和碳市场等前景领域深化合作"。①

四　结语

俄罗斯北极地区蕴藏的丰富能源和资源，为俄罗斯调整本国能源战略、开发利用北极能源奠定了深厚基础。俄乌冲突爆发第二年，以美国为首的西方国家对俄罗斯进行了全方位的经济制裁。虽然能源生产和国民经济短期内受到了损失，遇到了阻碍，但俄罗斯积极运用能源杠杆抵制国际制裁，加大能源出口和合作东移，逐步缓解了能源出口困境。在俄乌冲突依旧延宕、芬兰正式加入北约、巴以冲突等地缘政治局势复杂多变的新形势下，俄罗斯实施了能源战略调整，但是西方对俄能源制裁旷日持久，因此俄能源战略调整和扩大能源出口的计划将面临持久的挑战。俄罗斯北极能源开发和能源战略，将对全球能源市场格局和相关国家经济社会产生深刻影响，不仅关乎俄罗斯本国的发展，还关乎北极国家和域外国家的整体利益。欧盟能源"去俄化"，美国成为欧盟能源的重要供应国，强化了美国在欧洲发展地缘政治

---

① 《中华人民共和国和俄罗斯联邦在两国建交 75 周年之际关于深化新时代全面战略协作伙伴关系的联合声明》（全文），https://www.fmprc.gov.cn/zyxw/202405/t20240516_11305860.shtml，最后访问日期：2023 年 12 月 6 日。

关系的筹码。同时俄罗斯能源出口向东移动，又在东方市场形成新的美俄竞争和博弈。在此背景下，中国的能源发展也将面临新的机遇和挑战，同样需要适时做出调整以应对复杂多变的国际形势。首先，中国要顺势加大与俄罗斯在北极地区的能源合作，获取稳定可靠、价格合理的能源供应；积极参与北方海航道的开发利用和物流基础设施的建设，合作打造北极国际运输走廊，缓解马六甲海峡困局，确保能源运输畅通，维护国家能源安全，同时也要寻找中俄合作与美俄对抗中的平衡点。其次，维持与中东等其他国际能源合作伙伴的关系，以"一带一路"为契机，拓展中亚、西亚和非洲的能源进口渠道，避免过度依赖单一渠道能源供应。最后，扩大风能、太阳能、核能等新能源和可再生能源的开发利用，推动能源产业发展，优化能源消费结构，逐步实现"碳达峰"和"碳中和"目标。

人文环境篇 ⟩

B.11
气候变化背景下北极航运减排的新挑战[*]

刘惠荣　毛政凯[**]

摘　要：　全球气候变化导致北极冰川融化加速、海冰覆盖减少，加之破冰船等船舶技术的发展，北极航线的适航性显著增加。鉴于北极地区在地理航程以及资源潜力等方面的优势，各国纷纷采取措施布局北极航运。然而，迅速发展的北极航运给北极环境带来了严重甚至不可逆转的负面影响。2023年，全球气温达到创纪录的水平，北极航道的通航窗口期和船舶流量也迎来了新的增长。然而在《巴黎协定》温控目标的雄心下，被视为控制温室气体排放不可忽略的航运业也正在引发国际社会的关注与担忧。考虑到北极地区的环境特殊性与敏感性，围绕打造可持续的北极航线，北极航运政策正在加速绿色化进程。气候变化的不确定性以及减排政策的演进对北极航运减排提出了一系列新的挑战。

---

[*]　本报告为国家社科基金"海洋强国建设"重大研究专项（20VHQ001）阶段性成果。
[**]　刘惠荣，中国海洋大学海洋发展研究院高级研究员，中国海洋大学法学院教授，博士生导师；毛政凯，中国海洋大学法学院国际法专业博士生。

关键词：　气候变化　北极航运　温室气体减排　黑炭

全球气候变化和极地冰层的迅速融化已使北极转变为季节性通航海域。在气候变化、科技进步和保障体系逐渐完善的共同推动下，未来北极实现常态化、规模化通航成为可能。[①] 与通过苏伊士运河、巴拿马运河的传统航线相比，通过北冰洋的航运可以显著缩短从亚洲到欧洲、亚洲到北美洲的航行距离，从而降低航运经济成本。研究估计，到 2030 年，约 4.7% 的全球未来航运贸易可能会被重新部署以利用北极航线。[②] 此外，俄罗斯正在加速开发、开放北方海航道的全年通航，吸引目标国家共同参与，加之，北极重要的战略地位与丰富的矿产资源，近年来北极航运量迅速增加。然而，当前航运业尚未实现净零排放的理想状态，航运活动加剧破坏了北极复杂而脆弱的环境生态系统。在应对气候变化的背景下，被视为温室气体主要排放行业之一的航运业成为国际社会为实现减排目标的重点关注领域，无论是国际海事组织（IMO）还是北极理事会等相关机构都将在北极航运政策上执行更加严格的标准。因而，北极航运正在面临一系列减排挑战。

一　北极航运的现状及发展概述

北极航线是指穿过北冰洋，连接大西洋和太平洋的海上航道，其主要包括北方海航道、西北航道。[③] 由于气候变暖，从 1971 年到 2019 年，海冰面积减少了43%，海冰厚度在融化季节结束时减少了 2 米，海冰的融化扩展了北极航道的航行水域和通航期，尤其是北方海航道，其可能成为第一条没有海冰的北极航线。

---

① 李源：《未来北极航运模式探讨》，《船舶》2023 年第 1 期。

② E. Bekkers, F. J. Francois, H. Rojas-Romagosa, "Melting Ice Caps and the Economic Impact of Opening the Northern Sea Route," *The Economic Journal*, 2018, 128（610）：1095-1127.

③ Arctic Council, "Arctic Marine Shipping Assessment 2009 Report," https://oaarchive.arctic-council.org/bitstreams/cbb4cce2-3fbf-46f4-aede-2e3e01cd5e89/download，最后访问日期：2024 年 5 月 10 日。

（一）北方海航道

北方海航道从喀拉海峡到普罗维杰尼亚湾，航线总长约为 5600 公里，其大部分航段位于俄罗斯北部的北冰洋离岸海域。北方海航道的开发是俄罗斯北极战略的核心内容之一，其开发为俄罗斯带来了巨大的经济前景。

北方海航道覆盖了俄罗斯整个北极和远东地区，俄罗斯一直在稳步增加北方海航道的货物运输，旨在将其打造成为欧亚之间货物运输的主要贸易路线。俄罗斯原子能公司新闻处称，2023 年北方海航道的总运输量为 3625.4 万吨，超出其原定目标 25 万多吨。[1] 俄罗斯国家原子能公司北极开发特别代表弗拉基米尔·帕诺夫表示："根据迄今为止与所有主要托运人签署的协议，2024 年北方海航道的运输量为 7200 万吨；2030 年的计划是 1.93 亿吨，超过了之前的 1.5 亿吨目标；到 2035 年，已经超过了 2.2 亿吨，而新的目标是达到 2.7 亿吨，这一数字将是 2022 年的近 10 倍。"[2] 为进一步拓展北方海航道的经济潜力，2023 年 9 月 11 日远东城市发展会议的指示清单显示，俄罗斯正在试图建立一条专门的海上运输走廊，用于西北和远东联邦区海港之间的货物运输，以及北方海航道沿线货物的过境运输。[3]

同时，俄罗斯也正在寻找可靠的合作伙伴以共同开发北方海航道，提升北方海航道的国际影响力与战略价值。挪威高北运输和物流信息中心关于北方海航道的新报告显示，2022 年来自俄罗斯北极的交通量趋于稳定，但该航线上的国际过境交通量急剧下降。此外，当年很少有非俄罗斯船只使用这

---

[1] ARCTIC TODAY, "Northern Sea Route's Total Traffic Reported 250000 Tons above Planned Target—Rosatom," https://tass.com/economy/1731091，最后访问日期：2024 年 5 月 10 日。

[2] High North News, "Russia Says Northern Sea Route To Transport 270m Tons by 2035," https://www.highnorthnews.com/en/russia-says-northern-sea-route-transport-270m-tons-2035，最后访问日期：2024 年 5 月 10 日。

[3] Arctic Russia, "Для грузоперевозок по Севморпути будет создан единый морской транспортный коридор," https://arctic-russia.ru/news/dlya-gruzoperevozok-po-sevmorputi-budet-sozdan-edinyy-morskoy-transportnyy-koridor/，最后访问日期：2024 年 5 月 10 日。

条航线，数据显示，该航线上近90%的船只悬挂俄罗斯国旗。① 为转变这一现状，一方面，俄罗斯加大北方海航道的开放程度，宣布将向外国船只开放位于拉普捷夫海北方海航道的Tiksi港，目标将Tiksi港发展成为重要国际转运枢纽。② 此外，2023年6月15日，克里姆林宫的一名官员还公开敦促俄罗斯政府通过立法，允许悬挂外国国旗的船只使用北方海航道，俄罗斯希望将其改造成一条新的苏伊士运河。③ 另一方面，俄罗斯正在与中国、印度等北极伙伴探讨扩大北极航线的合作前景。2023年俄罗斯远东与北极发展部副部长阿纳托利·博布拉科夫率领该部门及远东与北极发展公司代表团在对印度进行访问时表示："就俄印在远东和北极地区的合作而言，印度是我们重要的战略伙伴。俄罗斯正在发射卫星以确保航行安全，北方海航道预计到2035年将运输2.2亿吨货物。俄罗斯政府和经济部门的工作重点是，确保这条动脉成为真正的全球运输走廊。"④ 而中国是俄罗斯重要的油气资源的出口国，也是使用北方海航道的重要国家之一。2022年，俄罗斯超过沙特阿拉伯成为中国最大的石油供应国，从俄罗斯进口石油的总花费为580亿美元。此外，中国还从俄罗斯购买了80亿美元的液化天然气。⑤ 俄罗斯总统普京在中国出席"一带一路"高峰论坛开幕式时表示，俄罗斯邀请感兴趣

---

① High North News, "Northern Sea Route Sees Lots of Russian Traffic, But No International Transits in 2022," https://www.highnorthnews.com/en/northern-sea-route-sees-lots-russian-traffic-no-international-transits-2022, 最后访问日期：2024年5月10日。

② High North News, "Arctic Port of Tiksi Opens to Foreign Vessels to Spur Investments along NSR," https://www.highnorthnews.com/en/arctic-port-tiksi-opens-foreign-vessels-spur-investments-along-nsr, 最后访问日期：2024年5月10日。

③ Arctic Business Journal, "Kremlin Urges Faster Action to Let Foreign Vessels Use Northern Sea Route," https://www.arctictoday.com/kremlin-urges-faster-action-to-let-foreign-vessels-use-northern-sea-route/, 最后访问日期：2024年5月10日。

④ AK&M, "Россия и Индия обсудили перспективы расширения сотрудничества," https://www.akm.ru/press/rossiya_i_indiya_obsudili_perspektivy_rasshireniya_sotrudnichestva/? utm_source = yxnews&utm_medium = desktop&utm_referrer = https% 3A% 2F% 2Fdzen.ru% 2Fnews% 2Fsearch%3Ftext%3D, 最后访问日期：2024年5月10日。

⑤ High North News, "Russian Crude Oil Now Flowing To China Via Arctic Ocean," https://www.highnorthnews.com/en/russian-crude-oil-now-flowing-china-arctic-ocean, 最后访问日期：2024年5月10日。

的国家合作开发北方海航道，中国外交部发言人毛宁在回答有关中国是否有兴趣与俄罗斯合作开发北方海航道的问题时表示："中国愿意本着尊重、平等互利的原则，在包括北极在内的各个领域与俄罗斯进行合作。"①

北方海航道在俄罗斯的积极建设下迎来了前所未有的发展和国际化进程，正在发展成为世界上重要的航运通道之一，航运量迅速攀升，对全球运输贸易格局产生了深远的影响。

（二）西北航道

西北航道是指从太平洋经白令海峡进入北冰洋，通过美国阿拉斯加北岸、加拿大北极群岛、格陵兰岛再进入北大西洋的航线。由于地理限制和不同的冰层模式，西北航道的开通速度相较于俄罗斯的北方海航道慢很多。

值得注意的是，作为连接大西洋和太平洋的最短航道，西北航道相较于经巴拿马运河连接东北亚和北美东岸的传统航线航程缩短约20%。随着近年来北极的增温和海冰减少，西北航道通航的时间窗口也在不断延长。因而西北航道对于货运船舶、集装箱航运仍具有不小的吸引力。此外，以艰险闻名、风景独特的西北航道穿越西伯利亚直抵北极水域，吸引了不少探险家与旅游者。自2016年水晶邮轮"水晶宁静号"首次在西北航道航行以来，不少公司也开始了类似的高端航线。虽然由于新冠疫情的影响，西北航道的邮轮和游船停运了两年，但目前已经逐渐恢复。根据2023年推出的航行计划，推出西北航道旅行的邮轮已经超过15家，包括庞洛的指挥官夏古号、夸克的海洋无极号、Aurora极光探险的曦珥号以及Lindblad的国家地理决议号等。

在科技的不断推动下，极地装备迅速发展，破冰船以及北极航运安全保障装备水平提高，进一步增加了西北航道的通航潜力和吸引力。根据加拿大国家造船战略建造计划，加拿大预计将建造两艘重型破冰船，项目总投资为

72.5亿美元。联邦议会预算官伊夫·吉鲁表示，第一艘破冰船的建造工作
从2023~2024财政年度开始，将于2029~2030年交付；第二艘破冰船的建
造工作将从2024~2025财政年度开始，2030~2031年交付。① 为支持西北航
道的可持续航运，2023年4月28日，加拿大联邦创新、科学和工业部部长
弗朗索瓦-菲利普·香槟宣布资助9100万美元用于可持续北极航运的项目，
该项目目标包括：建立一个知识库，以解决因纽特人的航运优先事项，促进
在北极作业的船舶的安全，并保护北极环境；创建负责任的船舶设计所需的
工具和解决方案，并提高北极船队的可负担性、可持续性和效率等。②

尽管西北航道在跨北极运输方面无法与东北航道相提并论，但在气候变
暖的背景下，西北航道的适航性正在显著增加，表现出极大的国际运输潜
力，并正在成为越来越多船舶的选择。西北航道提供了比传统的航道更短、
更经济的跨北极运输选项，其存在为北美国家提供了一种备用的贸易线路，
有助于分散风险并确保货物能够及时到达目的地。

二 北极航运与气候环境的交互影响

随着全球气候变化的影响，北极航运量的适航性与通航窗口期不断增
加，考虑到运河费用、燃料成本和其他决定运营成本的变量，北极航线这一
捷径成为国际航运公司的最优经济选择。然而日益增加的航运活动对于北极
环境产生了负面影响。北极航运严重依赖化石燃料，更具体地说依赖重质燃
料油（HFO），其燃烧具有高度污染性，从而导致硫氧化物（SOx）、二氧化碳
（CO_2）、黑炭（BC）以及挥发性有机化合物的高排放加速北极气候升高。因
而解冻的北极航道究竟是人类的福音还是祸根引发了一系列广泛探讨。

① Eye on the Arctic, "Canadian Icebreaker Project Estimated at $7.25 Billion," https://www.rcinet.ca/eye-on-the-arctic/2021/12/16/canadian-icebreaker-project-estimated-at-7-25-billion/，最后访问日期：2024年5月10日。
② Nunatsiaq News, "Arctic Shipping Initiative Gets $91M Federal Grant," https://nunatsiaq.com/stories/article/arctic-shipping-initiative-gets-91m-federal-grant/，最后访问日期：2024年5月10日。

（一）北极航运活动的增加将加速气候变暖

CO_2等温室气体排放的增加已被证明是全球气候变化的主要原因之一。[①]
联合国政府间气候变化专门委员会（Intergovernmental Panel on Climate Change,
IPCC）对温室气体排放对大气和全球变暖的潜在影响进行了广泛的研究。根
据IPCC的研究，到2100年，地球可能会经历1.8℃~4℃的全球变暖。这种变
暖可能会对地球产生多种影响，包括北极地区的海冰融化22%~33%。[②]

国际航运承担了80%~90%的全球贸易量，是国际贸易的主要方式也是
全球经济互通的重要纽带，但是日益增加的航运活动对全球气候产生负面影
响。根据IMO统计，船舶的CO_2排放量在全球人为CO_2排放总量的占比呈上
升趋势，从1996年1.8%迅速攀升至2007年的2.76%，再到2018年的
2.89%，CO_2排放量更是达到了10.56亿吨的惊人数字。基于一系列合理的
经济和能源情景，到2050年，船舶CO_2排放量将从2018年的1000吨增加
到1000~1500吨。[③]北极近地面年平均气温在1979~2022年呈现快速上升趋
势，升温速率为每10年0.67℃，是全球升温速率的3.7倍，表明北极对全
球变暖的强敏感性。[④]而北极航运活动的增加将极大加剧北极的气候变暖。
有研究表明，到2050年北极航线的CO_2排放量将达到5506149吨，是2020
年排放水平的1.76倍。[⑤]

此外，由于北极地区的极寒天气，船舶航行过程中燃料，特别是重油的

[①] UN, "Climate Action," https://www.un.org/en/climatechange/what-is-climate-change, 最后访问日期：2024年5月10日。

[②] IPCC, "Working Group II Contribution to the Sixth Assessment Report of the Intergovernmental Panel on Climate Change," Cambridge, UK and NY, USA (2022).

[③] IMO, "Fourth IMO Greenhouse Gas Study 2020," https://www.imo.org/en/OurWork/Environment/Pages/Fourth-IMO-Greenhouse-Gas-Study-2020.aspx, 最后访问日期：2024年5月10日。

[④] 《〈极地气候变化年报（2022年）〉揭示——南北极海冰减少，极端事件频发》，中国气象局网站，https://www.cma.gov.cn/2011xwzx/2011xqxxw/2011xqxyw/202308/t20230807_5698717.html, 最后访问日期：2024年5月10日。

[⑤] J. Danyue, D. Lei, H. Hao, et al., "CO_2 Emission Projection for Arctic Shipping: A System Dynamics Approach," *Ocean and Coastal Management*, 2021, 205.

不完全燃烧会导致黑炭颗粒沉积在冰雪上。继 CO_2 之后，黑炭被认为是全球变暖的第二大原因。当黑炭颗粒沉淀在雪和冰上时会加速光照表面的融化，降低反射率，这反过来又导致增加对太阳辐射的吸收，热量进入海洋和土壤，[1] 从而加速了北极变暖的正反馈循环。根据国际清洁交通委员会（International Council on Clean Transportation，ICCT）的研究估计，2015 年全球航运黑炭排放量在 53000 吨至 80000 吨，最佳估计约为 67000 吨，同时报告进一步阐述，全球航运 BC 排放量中约有 1% 来自北纬 60° 及以上的船舶，11% 的航运 BC 排放量在北极前沿（北纬 40° 及以上）排放。[2] 当前，航运业每年产生约 4200 万吨二氧化碳和 400 万吨黑炭，2015~2019 年，北极地区的黑炭排放量已经增加了 85%。而在大约 20 年的短期内，北极地区排放的一吨黑炭产生的变暖效应相当于 4000 吨至 7000 吨二氧化碳。[3]

北极航线相对于传统航线虽然具有更短的优势从而减少船舶温室气体的排放，但是由于北极环境的脆弱性和黑炭强烈的雪反照率效应，日益增加的北极航运活动对北极气候产生了重大影响，也抵消了同一航次因航程缩短而减少排放给全球气候变化带来的益处。

（二）气候变暖对北极航运的反制作用

北极海冰的迅速消退扩大了新的跨北极航线的开阔海域。然而，气候变暖对于北极航运的通航性和安全性并非百利而无一害。北极的气候条件依然极端且变化莫测，随着北极开阔水域的增多，低温、强风、大浪和海雾等气象因子对船舶航行的影响程度却在逐渐增加。

首先，气候变暖可能导致北极地区气象条件的不稳定性增加。海情监测是影响航运的重要因素之一。受限于北极地区复杂的气候条件、海冰环境以

---

[1] 刘惠荣主编《北极地区发展报告（2021）》，社会科学文献出版社，2022，第 235 页。

[2] International Council on Clean Transportation (ICCT)，"Black Carbon Emissions and Fuel Use in Global Shipping," https://www.theicct.org/publications/black-carbon-emissions-global-shipping-2015 (2017)，最后访问日期：2024 年 5 月 10 日。

[3] C. Maheshwar，"The Thawing Arctic-A Boon For Shipping Or A Bane for Humanity?" OCEANS-IEEE，2022.

及政治环境，获取北极相关数据的监测和评估本身就极为困难，而气候变暖则可能改变北极地区的能量平衡和大气环流格局，增加气象突变的可能性，从而加大北极航运海情的监测与评估难度。

其次，人们对过往预计的航线在缩短跨北极距离而节省运输成本方面的考量可能过于乐观，因为没有考虑到海冰退缩区域的海雾频率增加。日益增加的海冰融化使平流雾范围更广、持续时间更久，形成海雾，这将对北极的污染水平、气候、能见度和水文循环产生负面影响。特别是在东西伯利亚海和楚科奇海的开放海域，夏季一个月的雾日为 15 天至 20 天。整体来看，俄罗斯北部沿岸年平均雾日为 80 多天，个别海域能够超过 100 天，北地群岛附近每年的雾日为 150 多天。研究表明，由于海雾造成的延误可能为 1~4 天，西北航道的延误率为 23%~27%，北方海航道的延误率为 4%~11%。[1]

此外，海雾等极端天气的频发也极大影响了北极航运的安全性。由于雾对声、光、电波等具有吸收和散射的作用，缩短灯标的能见距离和闪光时间，还会影响音响航标传播的有效距离，从而影响依据音响判断声源方位的准确性。同时，雾滴越大对无线电波的吸收能力越强，引起导航雷达中的迎面船回波衰减程度越大，会显著缩短雷达的能见距离。[2] 由于缺乏足够的水文数据和准确的航海图，加之恶劣的天气条件、间歇性的雾和自由漂浮的冰，北极安全航行在很大程度上取决于船员的经验和技能。然而，目前北极航运严重缺乏熟练和有经验的劳动力。同时，北极恶劣的天气也使应急救援能力受到严重挑战，延迟或阻碍了救援的工作。

总体而言，北极航运与气候变化具有密切的交互影响作用。北极地区船舶容量的不断增加，加之船舶活动的频繁化，对北极地区的海洋温度产生了强烈影响，促使北极气温不断增高。船舶的气体排放及对海冰的搅动作用使得海冰数量不断减少，储存于海水上层的热量释放到大气中造成了大气升温

---

① S. Song, Y. Chen, X. Chen, et al., "Adapting to a Foggy Future along Trans-Arctic Shipping Routes," *Geophysical Research Letters*, 2023, 50 (8).

② 苏轼鹏、任燕：《一次海雾过程形成及其对航行的影响》，《航海技术》2015 年第 3 期。

现象，船舶与海冰的作用产生了延迟放热机制。① 北极通航在缩减航运时间、节省能源消耗的同时，对北极海洋环境、气候状况、空气质量、生物多样性等方面产生了不利影响，北极环境问题的加剧又反制北极航运的进一步发展，造成恶性循环。因而加强北极绿色治理，实现北极航运减排与可持续发展的任务艰巨而迫在眉睫。

三 北极航运减排面临的新挑战

2022年2月，IPCC发布了《第六次评估报告》的第二部分，该部分审查了自然界和人类社会适应气候变化的脆弱性以及能力和局限性，强调了为实现社会发展目标而采取快速气候行动的紧迫性。② 4月4日，IPCC发布了《第六次评估报告》的第三部分，对于减缓气候变化的进展和承诺进行了最新的全球评估，并审查了全球排放的来源。其中第十章专门针对运输业进行了评估，指出要实现气候行动的目标，运输业必须进行减排变革。③ 随着北极气候变化以及油气、矿产资源的不断开发，北极航运贸易量增多，船舶数量增加、吨位变大的趋势已不可阻挡。当前呼吁北极航运绿色治理的舆论压力、日益严格的航运减排政策、减排技术的研发前景都将使得北极航运减排面临更加严峻的挑战。

（一）北极航运减排的国际呼声日益高涨

1. 国际海事组织

国际海事组织是联合国的专门机构，负责航运安全和保障以及防止船舶对海洋和大气的污染。1997年《京都议定书》确立了IMO负责航运减排的

---

① Li Longfei, "Regulating Countermeasures Research on Marine Environmental Pollution from Ships in the Background of Arctic Navigation," *Korean Chinese Relations Review*, 2021, 7（1）：77-103.

② IPCC, "Climate Change 2022：Impacts, Adaptation and Vulnerability," https://www.ipcc.ch/report/sixth-assessment-report-working-group-ii/，最后访问日期：2024年5月10日。

③ IPCC, "Climate Change 2022：Mitigation of Climate Change," https://www.ipcc.ch/report/sixth-assessment-report-working-group-3/，最后访问日期：2024年5月10日。

主体地位后，IMO 开始将减少船舶温室气体排放的工作放在重要位置，并由海上环境保护委员会（MEPC）具体负责研究航运减排事项，并侧重于对减排技术、方法进行讨论。

2021 年 6 月，MEPC 第 76 次会议通过了对《防污公约》附则 1 的北极重油禁令的修正案，除从事确保船舶安全或搜救行动的船只以及石油泄漏响应和反应的船只外，2024 年 7 月 1 日开始禁止将重油作为燃料使用和运输，但是允许部分船舶继续携带和使用重油直至 2029 年 7 月 1 日，但从事确保船舶安全或搜救行动的船只以及石油泄漏响应和反应的船只除外。此外，根据 IMO 发布的《温室气体减排初步战略》（以下简称《初步战略》），IMO 正在雄心勃勃地将原来 21 世纪内逐步消除航运温室气体排放的目标提前到 2050 年。为实现这一目标，IMO 在《初步战略》发布时提出了达到 CO_2 减排目标的技术候选措施。《初步战略》以强制性船舶效能为基础，分为短期、中期和长期候选措施，其短期目标是 2030 年国际航运的碳强度平均降低到 2008 年的 40%，同时《初步战略》持续制定、修订了船舶能效设计指数（EEDI）、船舶能效管理计划（SEEMP）、船舶能效指数（EEXI）和碳强度指标（CII）等能效措施，不断推动船舶应用能效提升技术和装置。[1]

重油禁令的实施阶段即将到来，可以预见的是，重油禁令将有助于北极黑炭排放的减少，但禁止重油作为燃料，无论是对于北极航运的经济成本还是燃料技术的研发都提出了新的挑战。同时，在 IMO《初步战略》的既定目标和强制性措施的压力下，国际社会对于包括北极航运在内的整个航运业的减排都给予了密切关注。

2. 北极理事会

虽然 IMO 作为联合国负责航运的专门机构，其管制范围包括北极航运在内的全部国际航运业相关的安全、保障和环境保护问题。但北极理事会作

---

① L. Huirong, M. Zhengkai, L. Xiaohan, "Analysis of International Shipping Emissions Reduction Policy and China's Participation," *Frontiers in Marine Science*, 2023.

为北极事务治理最为重要的区域政府间论坛，其在促进北极地区的环境保护与可持续发展方面具有《北极环境保护战略》无可比拟的作用。

自 2015 年以来，北极理事会通过了《加强减少黑炭和甲烷排放：北极理事会行动框架》，将治理黑炭作为优先事项。同时，北极理事会还成立了一个黑炭和甲烷专家组，以帮助落实该框架减少黑炭的承诺和减少黑炭的集体目标的建议。2017 年，在黑炭和甲烷专家组的研究指导下，北极理事会制定通过了一项泛北极集体目标，即到 2025 年将黑炭排放量在 2013 年的基础上减少 25%至 33%。[1] 2023 年 5 月 11 日，挪威正式接任北极理事会轮值主席国。根据挪威公布的其担任轮值主席国的工作方案，其总目标是促进稳定和建设性合作。挪威表示将把重点放在处理北极理事会的核心问题上，提出了四个优先主题：海洋、气候与环境、经济可持续发展、增强北极人民福祉。其中北极航运被多次提及，具体如下：在海洋议题中，挪威强调了加强北极应急准备和安全航运合作，并表示将加强北极在可持续航运和降低风险措施方面的合作，以应对北极日益增长的航运量；在气候与环境议题中，挪威表示要通过北极理事会的工作提高人们对气候变化对北极全球影响的认识，支持《巴黎协定》和国际气候行动，同时特别关注黑炭和甲烷等短期气候因素，以减缓北极变暖速度；在经济可持续发展议题中，将绿色转型、蓝色经济、可持续航运和北极粮食系统定位为挪威担任北极理事会轮值主席国的特别优先事项，大力支持减少北极航运环境足迹的现有举措，并将探索在北极建立绿色航运走廊的机会，作为试点项目。[2]

北极理事会利用知识构建、议题设置和框架效应来影响北极海洋污染治理决策，其作为科学共同体的作用不仅在于提供科学数据和证据，更在于形

---

[1] Arctic Council, "Expert Group on Black Carbon and Methane; Summary of Progress and Recommendations 2017," https://oaarchive.arctic-council.org/items/bbaf7dc7-4a9d-47c6-9f98-4d2d8552440b, 最后访问日期：2024 年 5 月 10 日。

[2] Arctic Council, "Priorities of the Norwegian Chairmanship to the Arctic Council 2023-2025," https://arcticportal.org/ap-library/news/3199-priorities-of-the-norwegian-chairmanship-to-the-arctic-council-2023-2025, 最后访问日期：2024 年 5 月 10 日。

成关于航运污染问题的权威性科学共识。[①] 在挪威担任北极理事会轮值主席国期间，推动北极航运减排与可持续发展将成为其北极环境治理的重点领域。

3. 清洁北极联盟

清洁北极联盟是由多个非政府组织组成的环保非营利组织。它成立的初衷是关注北极航线的开发、终止重油在北极地区的使用和运载，其工作聚焦消除黑炭排放，逐步淘汰化石燃料，并减少航运业的其他污染物排放。[②]

2023 年 5 月，清洁北极联盟概述了保护北极环境和实现可持续发展的建议，特别强调了减轻北极航运影响的新措施。此外，清洁北极联盟联合贝罗纳环境基金会（Environmental Foundation Bellona）向北极理事会轮值主席国挪威发送了一封公开信，敦促北极理事会更新其减少黑炭排放的目标并采取一系列积极减排措施，具体如下。

（1）推动制定具体的北极航运零排放愿景，并支持制定相应的零排放路线图——从油基燃料转向更清洁的替代非化石燃料和必要的替代能源岸上基础设施，以实现这一愿景。

（2）鼓励所有北极国家执行 MEPC.342（77）号决议，在北极或北极附近使用馏分油或更清洁的替代燃料。

（3）呼吁 IMO 采取强制性措施，通过修订《国际防止船舶造成污染公约》（MARPOL）附则 VI，引入黑炭法规，减少和消除北极及其附近航运的黑炭排放。

（4）呼吁北极国家提交最新的现状报告，说明到 2025 年将黑炭排放量减少 25%~33%（以 2013 年水平为基础）的承诺的实现和履行进展情况，并建立一个立即奏效和雄心勃勃的进程，根据 1.5°变暖途径以及最新的科学和原住民知识更新 2025 年以后的这些目标。

---

① 张佩芷:《知识建构、议题设置和框架效应：北极理事会与北极航运环境污染问题的治理》,《四川大学学报（哲学社会科学版）》2020 年第 1 期。

② 薛龙玉:《北极期待更有效的重油禁令——访清洁北极联盟（Clean Arctic Alliance）首席顾问 Sian Prior 博士》,《中国船检》2020 年第 9 期。

（5）鼓励所有北极国家在 2024 年 1 月 1 日之前对在北极水域作业的船舶实施北极重油禁令，消除任何允许在该日期之后使用重油的豁免或其他漏洞，并将禁令的范围扩大到整个北极。

（6）呼吁禁止在北极地区使用废气清洗系统（Exhaust Gas Cleaning Systems，EGCS）、"洗涤器"和排放洗涤器洗涤水。

（7）支持减少北极航运温室气体排放的短期措施，特别是降低船速、安装风力辅助技术和提高能效的措施。[1]

清洁北极联盟通过持续的呼吁和监督、提供相关研究报告并积极游说政府采取措施等，对北极航运业及相关国际组织、国家进行舆论引导，在推动制定绿色航运的国际规范、促进技术创新以及国际合作等多个方面展现出对北极航运强大的影响力。

4. 北极域内外国家

在上述组织的绿色倡导下，许多北极域内外国家认识到北极航运活动对于北极环境的影响正在日益加强，并参与到北极航运减排的进程之中。

2023 年 4 月 28 日，加拿大联邦创新、科学和工业部部长弗朗索瓦-菲利普·香槟宣布，资助 9100 万美元用于支持《坎尼塔克清洁北极航运倡议》（Qanittaq Clean Arctic Shipping Initiative）。该倡议旨在应对北极航运活动的增加对于北极社区的相关环境影响，并支持因纽特人社区对安全和具有成本效益的补给的需求。其具体目标包括：建立知识库，以解决因纽特航运的优先事项，促进在北极运营的船舶的安全，并保护北极环境；创建负责任的船舶设计所需的工具和解决方案，提高北极船队的可负担性、可持续性和效率；为在北极运营的船舶提供证据，以影响国家和国际政策的变化等。[2]

---

[1] High North News, "Urges the Arctic Council to Show Leadership in Reducing Emissions from Shipping," https://www.highnorthnews.com/en/urges - arctic - council - show - leadership - reducing-emissions-shipping, 最后访问日期：2024 年 5 月 10 日。

[2] Nunatsiaq News, "Arctic Shipping Initiative Gets ＄91M Federal Grant," https://nunatsiaq.com/stories/article/arctic-shipping-initiative-gets-91m-federal-grant/, 最后访问日期：2024 年 5 月 10 日。

俄罗斯在其担任北极理事会轮值主席国期间（2021～2023 年），将可持续航运发展作为其任期目标与优先发展事项之一，并在其主导的北极理事会北极航运最佳实践信息论坛框架下开展活动，加快开发北极航运资源。2022年 8 月俄罗斯批准了《2035 年前北方海航道发展规划》，总拨款规模近 1.8万亿卢布。根据其中的北方海航道基础设施计划，使北方海航道沿线的基础设施项目和航运的环境监管符合国际标准是其关键目标之一。其主要内容包括：强制应用现有最佳技术以减少北极海域的污染；对俄罗斯联邦北极地区和北方海航道水域的岩石圈、冰冻圈、水圈和大气进行综合监测；根据《防污公约》和《极地规则》的要求，更新防止船舶污染的法规等。[①]

挪威气候部门为 IMO 的 GreenVoyage 2050 项目实施的第一阶段提供了6450 万挪威克朗至 2023 年。2023 年挪威政府确认为 GreenVoyage 2050 项目实施的第二阶段提供 2.1 亿挪威克朗资金，支持其继续开展航运减排工作直至 2050 年。GreenVoyage 2050 项目总体目标是支持 IMO 的《初始战略》，特别是支持发展中国家努力减少船舶温室气体的排放，旨在通过支持伙伴国家来实现这一目标，包括在国家范围内对海洋排放进行评估、确定政策框架和国家行动计划、评估排放量并制定针对具体港口的减排战略、获得对节能技术的资金、建立合作伙伴关系等。[②]

此外，英国、中国、韩国等不少北极域外国家都是北极航道的受益者。它们都意识到减排是维持北极航运可持续性发展的关键，并且希望通过加强在北极航运减排等低政治敏感领域的参与来展现其负责任的国际形象，与其他国家合作应对北极环境问题。英国上议院国际关系和国防委员会在 2023年发布的一份新报告审查了英国的北极政策，上议院特别强调气候变化正在使北极地区"开放和国际化"。鉴于北极地区的快速变暖，该报告还涉及了北极水域经济活动和航运增加的风险和机遇。英国上议院委员会主席阿什顿

① NSR Public Council, "Development of The NSR Infrastructure Plan," https://www.arcticway.info/en/node/54, 最后访问日期：2024 年 5 月 10 日。
② GreenVoyage 2050, "IMO GreenVoyage 2050 is Supporting Shipping's Transition Towards a Low Carbon Future," https://greenvoyage2050.imo.org, 最后访问日期：2024 年 5 月 10 日。

勋爵表示："作为北极地区的近邻，英国非常重视保护脆弱的北极生态系统，并确保所有经济活动都以可持续的方式进行，特别是北极航运的扩张。"① 近年来，中国依托北极航道的开发利用，与各方共建"冰上丝绸之路"。2023 年 11 月 27 日开始的 IMO 第 33 届大会，中国再次当选 IMO（a）类理事国，中国始终切实遵守《极地水域船舶航行安全规则》，支持 IMO 在北极航运规则制定方面发挥积极作用。同时，基于《巴黎协定》的承诺，中国提出"双碳"目标，并大力推进北极航运的节能减排和绿色低碳发展，积极推动全球应对气候变化进程与合作。韩国在极地航运船舶建造方面具有世界领先水平，尤其是在 LNG 船舶建造领域具有极大的全球竞争力，占据着全球 LNG 船舶 90% 以上的份额。韩国在 LNG 方面保持的领先优势促使其积极推动北极航运船舶能源的清洁化更新。

随着北极航运减排的国际呼声日益高涨，北极航运减排政策正在开启严格化进程，以确保船舶在北极地区的航行活动符合环保标准，北极航运业正在迎来一场全面的绿色转型。

（二）北极航运减排的技术性挑战

在北极航运减排政策的严格执行下，一系列限制监管政策与激励引导政策促使各国在北极航运上投入更多资源进行技术创新，以逐步实现零碳排放目标。在新一轮航运减排技术革命中，减排技术已取得了一定的进展，但是对于实现净零排放目标的技术尚未突破。

首先，船舶动力系统作为船舶排放的核心来源，动力系统的清洁化和低碳化是北极航运减排的主要研究方向之一。② 动力系统的清洁化和低碳化的关键是进行船舶燃料的绿色转型。当前航运清洁替代燃料的研究主要有

---

① High North News，"Lords Detect a More Demanding Arctic-Urge Greater UK Engagement in the Region," https://www.highnorthnews.com/en/lords-detect-more-demanding-arctic-urge-greater-uk-engagement-region，最后访问日期：2024 年 5 月 10 日。
② C. Ali, F. Olivier, E. Laurent et al., "Impact of CO_2 Emission Taxation and Fuel Types on Arctic Shipping Attractiveness," *Transportation Research Part D*, 2022, 112.

LNG、甲醇、氨、氢等低碳或零碳燃料。考虑到 LNG 在能源可供性、减排贡献度、经济性、技术成熟度、法规完备性等方面具有综合优势，到 2035 年前 LNG 都具备较好的发展前景。但是 LNG 本身含有碳元素的性质导致其减排贡献度有限。① 从中长期趋势看，绿色甲醇、氢、氨是未来实现船舶减排的重点发展方向，但是这些清洁能源多数具有更易燃爆、生物毒性、材料兼容性有特殊要求等特点，② 替代燃料的成本和可用性是决定航运业燃料部署的重要因素，虽然部分新能源和替代燃料，如氢、甲醇、锂离子电池等已在陆上交通领域得到应用，但由于船舶运行环境、系统复杂度、动力大小等方面的不同，并不能将陆上的设备和标准简单照搬到船上，③ 替代性燃料的运用还涉及专门的船用发动机和存储技术的兼容问题，因而许多替代燃料在航运领域的应用仍处于研发阶段。此外，替代燃料的应用法规、技术要求标准等尚不完善，也进一步阻碍了应用技术的开发。

其次，除了从船用燃料源头上寻找解决方案以外，将船舶排放的废气或燃料中的二氧化碳进行分离捕捉，通过运输工具传输到目的地加以资源化利用或注入海底/地层永久封存，即开展船载碳捕集、利用与封存（Carbon Capture Utilization and Storage，CCUS）也是实现航运有效减排的重要方面。基于传统能源动力系统的船载碳捕集技术，一般采用化学吸收法对排放尾气进行碳捕捉，其原理为通过吸收液的温度变化来实现 CO_2 的吸收和释放，从而实现将 CO_2 从尾气中分离捕获。它主要由 CO_2 捕捉、分离、压缩液化与存储卸载四个过程构成。④ 船载 CCUS 的每个阶段都涉及不同的技术、操作与安全要求，不少国家已经颁布相关应用指南，例如 2023 年 12 月中国船级社

① L. Huirong, M. Zhengkai, L. Xiaohan, "Analysis of International Shipping Emissions Reduction Policy and China's Participation," *Frontiers in Marine Science*, 2023.

② 李英:《"脱碳"航程前的准备与思考——访中国船级社总裁莫鉴辉》,《中国远洋海运》2021 年第 12 期。

③ 甘少炜:《新能源和替代燃料船舶发展现状与展望》,《交通运输部管理干部学院学报》2023 年第 4 期。

④ 《碳捕集系统试点散货船来了! CCS 为您解密船载碳捕集系统》,中国船级社网站, https://www.ccs.org.cn/ccswz/articleDetail? id=202304250956728296, 最后访问日期:2024 年 5 月 10 日。

发布了《船舶应用碳捕集系统指南 2023》，主要内容包括船载碳捕集系统的附加标志、设计与布置、二氧化碳吸收与解吸、脱碳剂供应系统、二氧化碳压缩与液化、二氧化碳存储与卸载、控制、监测与安全系统、检验以及船载碳捕集系统预设等方面。[①] 但是值得注意的是，CCUS 技术在船舶上的应用尚未成熟，碳捕获量较低，其应用成本远高于碳交易的价格，难以促进船舶碳捕捉与固化贮存系统的应用和发展。[②]

再次，确保北极航运碳排放数据的准确性与可靠性对于确定减排政策、技术等发展方向具有重要意义。2015 年，欧盟发布《REGULATION（EU）2015/757-THETIS MRV》[③] 以监测国际航运的碳排放进行监测、报告和核查（Montioring Reporting and Verification，MRV）。相关组织和国家也在航运碳排放 MRV 工作的方法学上进行了研究，以为更高效、更准确地做好船舶碳排放 MRV 工作提供技术支持。但由于北极地区的环境复杂性，北极航运监测的难度大大提升，并且数据的不确定度加大。

最后，船舶减排的高效推进技术、船舶减阻技术、节能增效技术等都有一定的技术性瓶颈尚待突破。克服这些技术性瓶颈需要持续的研发资金与人才投入、技术创新和国际合作。

四　结语

全球气候变化给北极航运带来机遇的同时也提出了新的挑战，尽管冰川和海冰的融化导致北极航道的通航窗口期延长，适航性显著提升，缩短了点与点之间的航运距离，但是北极严峻的天气条件与海情海况对于船舶来说仍

---

① 《船舶应用碳捕集系统指南 2023》，中国船级社网站，https：//www.ccs.org.cn/ccswz/articleDetail？id=202312110933947058，最后访问日期：2024 年 5 月 10 日。

② 周晓、冷瑜：《航运业碳减排和零碳发展面临的挑战与应对建议》，《上海船舶运输科学研究所学报》2021 年第 4 期。

③ EU，"Directive 2003/87/EC of the European Parliament and of the Council," https：//eur-lex.europa.eu/legal-content/EN/TXT/PDF/？uri=CELEX：32003L0087&from=EN，最后访问日期：2024 年 5 月 10 日。

是未知且难以预测的。同时日益增加的航运活动使本就脆弱的北极环境面临更加严峻的生态保护压力。航运减排是关乎国际社会控制温室气体排放的关键一环，在气候变化的背景之下，北极航运不仅需要应对减排政策框架、舆论环境的压力，还面临着技术研发与运用等一系列复杂的客观限制。因而，推动北极航运业实现可持续发展和减排目标需要国际社会的共同努力。

B.12
泛安全化议题下原住民组织参与北极治理分析

闫鑫淇　单小双*

摘　要： 　2023 年俄乌冲突所造成的地缘政治效应已外溢到北极地区，泛安全化议题充斥北极。北极治理核心机制的北极理事会的停摆严重影响了原住民组织的北极治理参与和发声。竞争与冲突加剧的北极地缘政治使得原住民组织面临治理路径阻塞、跨国合作网络破裂等问题。面对纷繁复杂的北极治理现状，原住民组织需要充分发挥自身的非政府组织优势，打造共识新抓手，拓展北极治理合作空间，探索新形势下的多元北极治理参与路径，最终推动构建原住民组织合作治理新模式。

关键词： 　北极治理　北极原住民组织　泛安全化议题

一　泛安全化议题下的北极地缘政治发展新局势

（一）竞争与冲突并存的北极地缘政治

在很长的历史时期内北极因其极端的气候条件和地理位置被国际社会所忽视。长久以来这一地区被视为边缘地带，地缘政治的重要性相对较低。20世纪 90 年代冷战结束后"北极例外论"观点被大众所接受。所谓"北极例

---

* 闫鑫淇，青岛科技大学马克思主义学院讲师；单小双，青岛科技大学马克思主义学院 2023 级硕士研究生。

外论"即北极地区是一个安全意义上低紧张度地区，具有独特的地缘政治、生态和文化价值。人们普遍认为在处理北极相关问题时，应充分考虑其特殊性，不受其他国家发生事件的影响。① 然而，2022年的俄乌冲突极大地影响了北极地缘政治，其所造成的地缘政治效应已经外溢到北极地区。北极八国在冲突发生之后围绕北极地区展开新的战略部署，北极治理最重要的合作机制——北极理事会一度陷入停摆状态。北极安全新态势表现为军事对抗升级，航道、科研、能源利用等低政治议题"泛安全化"。② 北极地缘政治面临竞争与冲突并存的局面。

其一，俄乌冲突加剧了北极地区的政治紧张局势。自2007年俄罗斯北冰洋插旗事件后，北极再次成为世界关注的重点地区。为了获得更多活动能力和更大话语权，北极地区的军事建设再度抬头。③ 俄乌冲突进一步激发了北极地区的军事竞争烈度。一些国家如芬兰和瑞典等已经摒弃中立立场。这种立场的分化导致北极地区的地缘政治格局发生了重塑，原有的平衡被打破。在这种情况下，各国之间的互不信任程度加深，合作意愿降低，这不利于北极地区的和平、稳定和发展。其二，俄乌冲突也对北极国际合作造成了严重障碍。北极理事会作为冷战后北极国际合作的典范，在维持北极地区和平、稳定方面发挥了重要作用。然而，由于美国、加拿大、丹麦、芬兰、冰岛、挪威和瑞典等国的联合声明谴责俄罗斯对乌克兰发动特别军事行动违背北极理事会的核心原则，该组织成员国之间的关系出现了裂痕，影响了其在北极地区的合作效果。④ 此外，由于俄罗斯当时担任北极理事会轮值主席国，七国未赴俄参会，并暂停参加北极理事会及其附属机构的所有会议。

---

① 〔美〕奥兰·扬、杨剑、〔俄〕安德烈·扎戈尔斯基：《新时期北极成为和平竞争区的发展逻辑》，《国际展望》2022年第3期。

② 张佳佳、董跃、盛健宁：《国际合作特殊时期的北极安全新态势：挑战与机遇》，载刘惠荣主编《北极地区发展报告（2022）》，社会科学文献出版社，2023，第1页。

③ 岳鹏、顾正声：《俄乌冲突下北极地区安全面临的新形势及对中国的影响》，《俄罗斯学刊》2024年第1期。

④ 潘敏、廖俊杰：《美国北极战略的变化：动因、影响与中国的应对》，《辽东学院学报（社会科学版）》2023年第4期。

2023 年 1 月，俄罗斯邀请其他北极国家外长于 5 月在亚马尔-涅涅茨自治区的萨列哈尔德共同举办第十三届北极理事会部长级会议，但这一提议遭到挪威等其他北极国家的拒绝。① 这一举措进一步加剧了北极地区的地缘政治紧张局势，不利于各国之间的合作与交流。其三，俄乌冲突还导致了北极地区安全化议题的增加和泛安全化倾向的出现。随着冲突的持续升级，一些国家可能会采取更加激进的安全措施来维护自身利益和地位。这些措施可能包括加强军事部署、增加防御性武器投入等。同时一些国家也可能会利用俄乌冲突来炒作"北极威胁论"等不实言论以谋求自身利益或制造分裂。这种做法不仅无助于问题的解决反而可能加剧地区紧张氛围并引发更大规模的冲突。

（二）动荡中"被束缚"的北极治理机制

首先，俄乌冲突不仅重塑了北极地缘政治格局，还动摇了北极国际合作基础，给国际社会带来了深远影响。北极理事会作为冷战后北极国际合作的典范和当前北极治理中最重要的区域性机制安排，在维护北极地区和平、稳定和发展方面发挥着重要作用。然而，俄乌冲突爆发后，"北极例外论"很快被打破，美国、加拿大、丹麦、芬兰、冰岛、挪威和瑞典等国家发布联合声明，谴责俄罗斯对乌克兰发动特别军事行动违背北极理事会的核心原则，给北极国际合作造成严重障碍。② 其次，俄乌冲突对次区域合作组织也产生了不良影响。地缘政治联盟的改变使得次区域合作组织的活动受到了一定的干扰和挑战。在俄乌冲突的背景下，一些国家可能会利用这一冲突来谋求自身在北极地区的利益最大化，从而加剧地区内的竞争和紧张局势。这种情况可能会对次区域合作组织的活动和项目开展造成一定的阻碍和影响。例如，部分国家可能会采取单边行动或进行军事演习等活动，这些行为可能会破坏地区的和平、稳定和发展环境，进而影响到次区域组织的工作和合作效果。

① 郭培清、李小宁：《乌克兰危机背景下北极理事会的发展现状及未来走向》，《俄罗斯东欧中亚研究》2023 年第 5 期。

② 刘刚：《俄罗斯智库对中国参与北极事务的认知及对策》，《情报杂志》2024 年第 4 期。

这可能导致次区域合作组织在推动各项合作项目的开展方面面临更大的困难和挑战。

然而,需要指出的是,尽管俄乌冲突给北极治理机制带来了一定的负面影响和挑战,但并不意味着这些机制和组织无法应对或解决这些问题。事实上,在各方的共同努力下它们仍然可以通过对话协商等方式寻求解决方案并推动北极地区的和平、稳定和发展。同时我们也需要认识到国际关系是复杂多变的,任何冲突都可能给国际组织和地区带来不同程度的影响和挑战。因此我们需要保持冷静克制,通过对话协商解决分歧和问题,以维护地区和世界的和平稳定与发展。

二 泛安全化议题下北极原住民组织参与北极治理现状

(一)原有治理参与路径的阻塞与分隔

在泛安全化议题的影响下,北极原住民组织参与北极治理的原有路径遭受了严重阻塞。首先,地缘政治的紧张局势使得北极地区的治理环境日趋复杂。俄乌冲突之后,北极因其特有的资源和军事价值被挖掘而逐步变为"潜在战略竞争走廊",① 俄罗斯与以美国为首的北约集团出于自身利益的考虑,加强了对北极地区的控制和争夺,这无疑加大了原住民组织参与治理的难度。原本应当作为北极治理重要参与者的原住民组织,在这种地缘政治的夹缝中,其声音和诉求往往被忽视或边缘化。其次,国际合作的受阻也进一步阻塞了原住民组织的治理参与路径。泛安全化议题使各国之间的分歧和矛盾加剧,导致原本旨在推动北极合作与治理的国际机制受到冲击。这种国际合作的受阻不仅影响了原住民组织在国际层面上的活动空间,还削弱了其在北极治理中的影响力。诚如因纽特人北极圈理事会(ICC)主席达利·桑

---

① 张佳佳、董跃、盛健宁:《国际合作特殊时期的北极安全新态势:挑战与机遇》,载刘惠荣主编《北极地区发展报告(2022)》,社会科学文献出版社,2023,第3页。

博·多洛（Dalee Sambo Dorough）所担忧的"北极的一切都是相互联系的，这使得其他七个北极国家……很难有效地以建设性的方式向前迈进"。[①]

在泛安全化议题的影响下，北极原住民组织参与北极治理的原有路径不仅遭受阻塞，还出现了明显的分隔现象。一方面，利益分化导致了组织间的合作困境。不同的原住民组织可能代表不同的利益群体，其诉求和关注点存在差异。在泛安全化议题下，这种利益分化更加凸显，使得组织间在合作时难以形成共识，甚至可能出现对立和分裂。这种合作困境使得原住民组织在参与北极治理时难以形成合力，其影响力被进一步削弱。另一方面，治理主体多元化的趋势也加剧了原有治理参与路径的分隔。北极治理涉及多个国家和国际组织，这些治理主体在北极治理中扮演着不同的角色。在泛安全化议题下，治理主体之间的竞争加剧，导致原住民组织的地位和影响力受到挑战。一些治理主体可能出于自身利益的考虑，忽视或排斥原住民组织的参与，这使得原住民组织在北极治理中的参与路径被进一步分隔开来。

（二）原住民组织间治理合作路径的破裂

自成立伊始，北极原住民组织始终在追寻更为高效的北极治理参与路径，努力提升自身参与北极治理的权力与合法性。除了借助北极理事会、联合国相应组织等国际治理机制建立制度性参与路径，原住民组织还搭建了属于组织间的合作治理路径。借助新媒体时代所带来的信息技术发展，北极原住民组织在参与北极治理中构建并发展了属于自己的跨国倡议网络。北极原住民组织跨国倡议网络从 20 世纪 90 年代开始兴起与发展，伴随着 21 世纪信息时代北极原住民组织的发展完善以及国家—区域—全球尺度上合作平台的确立，北极原住民组织参与北极治理的跨国倡议网络正式确立。传统上北极原住民组织跨国倡议网络主要由回飞镖模式和乒乓球模式两种行动策略构成。

[①] 潘敏、罗佳：《告别"后冷战合作时期"的北极安全：态势、动因与出路》，《思想理论战线》2023 年第 5 期。

1. 北极原住民组织跨国倡议网络的回飞镖模式

回飞镖模式是指"如果国家与其国内行为体之间的交流渠道被阻塞，代表跨国倡议网络特点的回飞镖影响模式就会出现：国内的非政府组织绕过其政府，直接寻求国际盟友的帮助，力求从外部对其他国家施加压力"①。在北极治理中原住民组织充分利用了与自身具备相同价值观的外部力量实施回飞镖模式。然而，与强调"通道阻塞"的被动式"回飞镖模式"不同，北极原住民组织跨国倡议网络所构建的回飞镖模式呈现出一定的"主动性"取向，即在与相应政府组织存在联系渠道的基础上，基于实现诉求的成本问题，原住民组织也会有意识地主动利用回飞镖模式。因纽特人北极圈理事会在反对"北极试点项目"中就采用了这一经典模式（见图1）。20世纪80年代，ICC联合萨米理事会（SC）以及ICC加拿大分部共同对美加石油开发项目加以关注，最终在1980年促使该项目建立监测评估系统并组建由ICC代表参与的项目评估委员会。②

2. 北极原住民组织跨国倡议网络的乒乓球模式

乒乓球模式是指"非政府组织以及社会活动家在超国家层面、国家层面以及区域层面采取的，在国际非政府组织、国际政府组织以及国家行为体间形成的宛如乒乓球运动一样的循环往复的行动反馈模式"③。当前随着北极治理议题的多样化和复杂化，参与北极事务治理的行为体越来越多元，它们在国际、国家以及次政府和非政府三个层面既彼此分立又相互联系，共同构成了一个北极治理的多层空间。④ 上述因素为原住民组织在北极治理中采取乒乓球行动策略提供了基本条件。而北极原住民组织合作进行的反持久有机污染物（POPs）运动正是其采用乒乓球模式（见图2）的典型案例。借

① 〔美〕玛格丽特·E. 凯克、〔美〕凯瑟琳·辛金克：《超越国界的活动家：国际政治中的倡议网络》，韩召颖、孙英丽译，北京大学出版社，2005，第18页。

② "Arctic Pilot Project, Climate Policy Watcher," https://www.climate-policy-watcher.org/canadian-arctic/arctic-pilot-project.html，最后访问日期：2024年4月1日。

③ Kathrin Zippel, "Transnational Advocacy Networks and Policy Cycles in the European Union: The Case of Sexual Harassment," *State & Society*, vol. 11, Issue 1, Spring 2004, pp. 57-60.

④ 孙凯：《机制变迁、多层治理与北极治理的未来》，《外交评论》2017年第3期。

助原住民组织跨国倡议网络的信息流，北极原住民组织在次区域—区域—国际层面达成跨尺度合作，实现了北极反 POPs 运动的多尺度互动和压力传递。

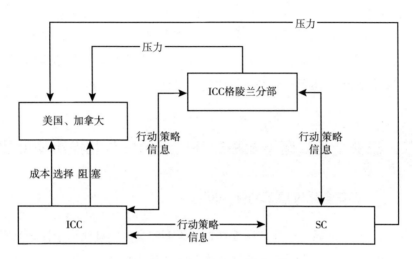

图1　北极原住民组织跨国倡议网络的回飞镖模式

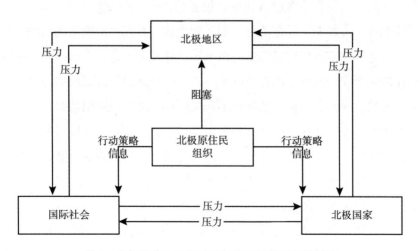

图2　北极原住民组织跨国倡议网络的乒乓球模式

北极原住民组织跨国倡议网络的建立是原住民组织参与北极治理的重要路径，然而当前地缘竞争冲突外溢的现状正在撕毁原住民组织间跨国倡议网

络构建的基石。首先，俄乌冲突爆发后，北极七国对俄罗斯的制裁已经事实
上切断了其他原住民组织借助俄罗斯北方原住民协会（RAI）的制度化沟通
联系机制参与北极治理的途径。其次，以北极理事会为代表的北极合作平台
的停摆和重启也为原住民组织跨国合作的未来蒙上了阴影。最后，日益激烈
的地缘博弈不仅打破了合作的前景还有可能影响原住民组织的内部联系。对
于以因纽特环北极理事会为代表的具备多个分支的跨国原住民组织而言，分
支部门如何协调所在国与自身组织的关系成为必须思考的问题。

三 泛安全化议题下北极原住民组织参与北极治理挑战

（一）泛安全化议题下的参与问题

长久以来，北极地区原住民往往被政策制定者以制度化格言掩盖其真实
诉求，"北极失语"是原住民群体始终面临的治理困境。[①] 北极治理议题的
泛安全化趋势，使得原本应当开放、包容的治理机制变得更为封闭和排他，
上述情况进一步加剧了原住民组织的治理挑战。首先，泛安全化议题导致的
决策政治化倾向使得原住民组织的诉求难以被充分考虑。大国政治和地缘政
治利益的博弈往往凌驾于原住民的利益之上，导致原住民组织的参与权被边
缘化。其次，国际合作机制的运转不畅也阻碍了原住民组织的参与。在泛安
全化议题下，国际合作往往受到各种因素的干扰和破坏，这使得原住民组织
难以通过国际合作平台来推动北极治理的进展。参与机制的阻塞不仅限制了
原住民组织在北极治理中的发声权和影响力，更可能导致其利益受到损害。
原住民组织对于北极地区的生态环境、文化传统和经济发展等方面有着深厚
的了解和关切，它们的参与对于实现北极地区的可持续发展至关重要。然
而，由于参与机制的阻塞，原住民组织的这些宝贵经验和建议往往无法得到

---

① Chiara Cervasio, Eva-Nour Repussard, "Report: Prioritising People in the Arctic," https://
basicint. org/wp-content/uploads/2022/10/BASIC-Prioritising-People-in-the-Arctic. pdf, 最后
访问日期：2024 年 4 月 1 日。

有效利用，这对于北极治理的整体效果无疑是一种损失。

此外，泛安全化议题使得北极地区的治理合作变得更加复杂和敏感。原本应当基于共同利益和相互尊重的治理合作，在泛安全化的影响下，变得充满了猜忌和对抗。各国往往将自身安全利益置于首位，对合作持谨慎甚至排斥的态度，这无疑加大了原住民组织参与治理合作的难度。在这种背景下，原住民组织的治理合作空间被大幅压缩。其一，由于缺乏有效的合作机制和平台，原住民组织难以与其他治理主体建立起稳定的合作关系。其二，即便有合作的机会，泛安全化议题也可能导致合作内容被局限在狭窄的范围内，无法充分反映原住民组织的利益和需求。这种合作空间的压缩对原住民组织参与北极治理产生了深远的影响。一方面，它限制了原住民组织在治理过程中的影响力和话语权，使其难以在决策中发挥应有的作用。另一方面，它阻碍了原住民组织与其他治理主体之间的信息交流和资源共享，降低了治理的效率和效果。

（二）竞争冲突外溢下的站队问题

俄乌冲突爆发后，围绕北极博弈的政治地理力量本质上是美俄之间的地缘对抗，裹挟了欧洲地理力量的参与。[①] 在这一过程中，原住民组织不得不陷入竞争冲突外溢下的站队困境中，对北极泛安全化政治议题进行政治表态、政治发言以及圈层化站队。

首先，在政治表态方面，原住民组织在处理与各国政府之间的关系时变得尤为谨慎。它们需要权衡自身利益与地区和平、稳定之间的关系，避免卷入敏感的政治争端或引发不必要的冲突。在这种情况下，原住民组织可能会采取相对中立的立场，强调自身利益和关切的同时，呼吁各方通过对话和协商来解决分歧和问题。这种表态方式旨在维护地区的和平、稳定和发展利益，同时也为原住民组织赢得了更多的支持和理解。例如，在涉及北极油气

---

① 张佳佳、董跃、盛健宁：《国际合作特殊时期的北极安全新态势：挑战与机遇》，载刘惠荣主编《北极地区发展报告（2022）》，社会科学文献出版社，2023，第5页。

开发的项目中，以因纽特人北极圈理事会为代表的原住民组织会强调环境保护和文化传承的重要性，同时呼吁各国政府加强合作和交流，推动项目的可持续发展。这种表态方式有助于增进各方之间的相互理解和信任，促进合作的开展。

其次，在政治发言方面，原住民组织需要表达自己的观点和诉求，同时也要考虑到其他利益方的感受和反应。因此，在发言时需要避免过于偏激或引起争议，并且寻求各方之间的共识和理解。原住民组织在发言时会强调环境保护、资源开发和文化传承等方面的共同利益和价值观，呼吁各方加强合作和交流，推动北极地区的可持续发展。这种发言方式有助于增进各方之间的相互理解和信任，促进合作的开展。例如，在环保项目中，原住民组织会积极倡导环保理念和实践经验分享等方式来促进国际合作和交流从而推动北极环保事业的发展。

最后，圈层化问题也在一定程度上影响了原住民组织参与北极治理的效果。由于各国政府和利益集团之间的复杂关系，北极治理合作往往形成了一些相对封闭的圈子，使得一些原住民组织难以融入其中。这种圈层化现象不仅限制了原住民组织的参与和影响力，还削弱了北极治理合作的整体效果。

（三）地缘新局势下的组织间合作问题

俄乌冲突的地缘政治外溢到北极地区，地缘新局势给原住民组织间的合作带来了复杂的影响和挑战。首先，地缘政治的变化导致资源的重新分配和利益的重新调整。由于俄罗斯在与乌克兰的冲突中投入了大量的战略军事力量，美国加紧了在北极地区的行动，同时，美国也将中国视为在北极地区的竞争对手之一，这进一步加剧了北极地区的地缘政治紧张局势。北极地区被视为"地球的资源宝库"，对于各国来说具有重要的经济价值和战略意义。俄乌冲突发生后，以美国为首的北约地区与俄罗斯进一步挖掘北极地区的地缘价值，企图争夺资源，获得利益，使得原住民组织在争夺资源、保护传统文化和生态环境等方面面临巨大压力。这促使它们需要加强沟通和交流来建立合作关系。然而由于文化差异、利益冲突和信任缺失等问题，沟通与交流可能存在一定的困难。因此，需要建立合作机制和平台来促进各方之间的对话与合作。其次，泛安全化议题使得一些国际合作项目和环保项目难以顺利进行，进而影响了原住民组织的参与和合作。由于各国之间的安全疑虑和竞争，一些项目可能因为涉及敏感地区或敏感资源而被迫中断或调整。这导致原住民组织无法充分利用这些国际合作平台来推动自身发展，也无法与其他国家的原住民组织进行有效交流和合作。此外，泛安全化议题还可能对原住民组织的内部合作产生影响。其一，随着泛安全化议题的兴起，外部势力可能会介入原本在环境保护、文化传承和社会发展等方面有着紧密合作关系的原住民部落，将非传统安全问题与传统安全问题相混淆，进而制造紧张氛围。这种外部干预可能导致部落之间出现信任危机，使原本的合作基础受到动摇。其二，不同的部落或群体可能对于如何应对外部威胁、如何平衡经济发展与环境保护等问题存在不同的看法和立场。在泛安全化的背景下，这些分歧可能被放大，甚至导致一些部落或群体选择与其他国家或组织合作，从而破坏原有的合作框架。其三，在面临外部压力和威胁时，原住民组织可能需要更加谨慎地考虑其行动和决策。这可能导致决策过程变得更加复杂和漫长，甚至可能出现意见不统一、决策难以达成的情况。

在地缘政治和安全环境恶化的背景下，一些原住民组织也可能面临被边缘化或排斥的风险。为了避免这种情况发生，需要加强国际合作和交流，推动不同利益方之间的平等对话和协商，同时也需要加强对原住民组织的支持和帮助来提高其参与治理的能力和水平。

四 俄乌冲突背景下北极原住民组织参与北极治理前景

（一）打造共识新抓手、拓展北极治理合作空间

科学考察是北极治理机制的基石。在北极领域，没有一个研究机构或国

家可以独自完成所有的科学工作，因此需要国际合作。[①] 俄乌冲突背景下，北极原住民组织参与北极治理的前景面临着复杂的挑战和机遇。在这种情况下，打造共识新抓手、拓展北极治理合作空间显得尤为重要。

以北极原住民组织为抓手，打造北极合作治理新空间。北极地区是全球变化的敏感区和重要生态屏障，对于维护全球生态平衡和人类可持续发展具有重要意义。然而，随着气候变化、资源开发和国际政治格局的变化，北极地区的治理面临着越来越多的挑战。在这样的背景下，北极原住民组织的参与显得尤为重要。北极地区的原住民对这片土地有着深厚的感情和责任，他们的参与有助于更好地保护和管理北极地区的资源和环境。当前，以北极国家为核心的北极利益攸关方普遍认可原住民组织在北极事务中的重要性，围绕北极原住民组织本身的治理参与可以成为北极事务新的合作议题。

打造北极事务共识新抓手，需要北极治理各方共同努力。一方面，国际社会应该加强沟通和协调，推动各国在北极治理问题上达成共识。这可以通过国际会议、论坛等方式实现，让各国政府、科研机构和社会团体等各方共同参与讨论，寻求共同解决方案。另一方面，北极原住民组织也应该积极参与其中，发挥自身的作用。它们可以通过与国际社会的交流与合作，增进相互理解和信任，为推动北极治理合作打下基础。此外，还需要尊重彼此的主权和领土完整，这是国际合作的基础和前提。只有在平等互利的基础上开展合作才能实现共赢的目标。

在拓展北极治理合作空间方面也有许多机会可以挖掘。首先，可以加强在环境保护方面的合作。随着全球环保意识的提高，北极地区的生态环境保护越来越受到关注。各国政府和北极原住民组织可以加强沟通与合作，共同制定和执行环保政策和技术标准来保护北极地区的生态环境。其次，可以在资源开发方面进行合作。北极地区拥有丰富的自然资源和矿产资源，这些资源的开发对于促进当地经济发展和改善民生具有重要作用。然而，需要注意

---

① 马丹彤、刘惠荣：《原住民自治权视角下中国的北极治理参与》，《当代世界社会主义问题》2022年第2期。

环境保护和可持续性发展的问题。因此各国政府和北极原住民组织可以加强在资源整合和利用方面的合作推动北极地区的可持续发展。最后，还可以在基础设施建设、文化教育等领域开展合作。这些领域的合作有助于提升北极地区的生活水平和居民福祉水平，促进区域协调发展。

总之，打造共识新抓手、拓展北极治理合作空间虽然面临挑战但也充满机遇。只要我们坚持和平、合作、共赢的原则就一定能够找到解决问题的办法并推动北极治理合作的深入发展，从而为人类的可持续发展做出积极贡献。

（二）构建原住民组织间合作治理新模式

应对俄乌冲突引发的北极地区政治、经济、生态、安全等问题，不仅要打造共识新抓手、拓展北极治理合作空间，还要构建原住民组织间合作治理新模式。在变动的北极治理中搭建出新的和平缓冲区，推动北极治理向着真正的善治、良治发展。

第一，强化国际合作与交流。原住民组织应积极与国际社会、各国政府以及非政府组织建立联系，通过对话与合作共同应对北极治理中的挑战；通过分享经验、交流信息和协调行动，促进各方在北极问题上的共识与理解。

第二，建立原住民参与的决策机制。在北极治理中，应建立原住民参与的决策机制，让原住民能够直接参与到相关决策过程中。这有助于确保决策能够反映原住民的意见和利益，同时也有助于增强原住民对治理决策的认同感和信任感。

第三，促进文化多样性和传统知识的保护。北极地区拥有丰富的文化多样性和传统知识，这是原住民组织搭建和平缓冲区的重要资源。原住民组织应积极推动文化多样性和传统知识的保护和传承，促进不同文化之间的交流与理解，减少文化差异引发的冲突。

第四，加强环境保护与可持续发展。北极地区的环境保护是搭建和平缓冲区的重要基础。原住民组织应积极参与环境保护行动，推动可持续发展理念在北极地区的落实。同时，通过倡导绿色经济、推动清洁能源等方式，为

北极地区的和平发展贡献力量。

第五，充分利用人工智能的监测与共享功能。人工智能可以极大地促进原住民之间的信息交流与共享，提升治理效率和效果。其一，通过人工智能平台，原住民组织可以实时共享关于气候变化、资源利用、环境保护等方面的数据和信息，帮助各方更全面地了解北极地区的现状和挑战。其二，人工智能的大数据分析功能可以帮助原住民组织识别治理中的关键问题，并基于历史数据和模拟场景，预测未来的发展趋势，为制定合作策略提供科学依据。其三，人工智能还可以提供智能决策支持，帮助原住民组织在复杂的治理环境中做出合理决策。例如，当面临资源分配、环境保护与经济发展之间的冲突时，人工智能可以提供多种方案，并基于预设的优先级进行评估和选择。其四，人工智能还可以协助构建智能化的监管和评估机制，确保合作治理的透明度和公正性，及时发现和纠正治理中的问题。人工智能在构建北极地区原住民组织间合作治理新模式中发挥着重要作用，有助于提升治理水平，促进北极地区的可持续发展。[①]

（三）探索新形势下的多元北极治理参与路径

俄乌冲突加剧了北极地区的地缘政治紧张局势和资源争夺，打破了原有的平静政治环境。在此背景下，探索新形势下的多元北极治理参与路径对北极地区的安全及和平发展至关重要。

首先，加强国际社会的沟通和协调。各国政府和国际组织应积极参与讨论，寻求在北极治理问题上的共同解决方案。这可以通过国际会议、论坛等方式实现，让各方共同参与决策过程，形成更加广泛和包容的共识。其次，推动北极问题治理机制的完善。现有北极问题治理体制面对多元化工作内容的实际治理效果并不理想，各类北极法律法规在执行或实施过程中无法得到有力保障。因此，需要推动北极问题治理机制的开放性和包容

---

① 董跃、盛健宁：《人工智能发展对北极安全态势的影响和中国参与》，《中国海洋大学学报（社会科学版）》2024年第1期。

性构建，实现北极地区的良性发展以及参与方的互利共赢。中国作为国际社会的重要成员，应积极倡导合理利用和保护北极，尊重北极国家和北极原住民的固有权益，鼓励更多利益攸关方参与北极合作。[①] 再次，积极应对北极边缘政治威胁。在俄乌冲突等政治因素的影响下，北极地区的安全稳定受到一定威胁，因此，需要加强自身实力，提高应对突发事件的能力，同时加强与其他国家和地区的交流与合作，共同维护北极地区的和平与稳定。最后，充分开发利用人工智能。可通过智能数据分析洞察北极地区的复杂变化，构建信息共享与协作平台促进多元主体参与，提升决策的科学性与精准性，从而推动北极治理的现代化与高效化，实现北极地区的可持续和平发展。

探索新形势下的多元北极治理参与路径对北极地区意义重大。多元北极治理参与路径的提出有助于平衡各方利益、减少冲突、推动国际合作与共赢。它鼓励不同国家、组织和利益相关者共同参与北极治理，共同应对气候变化、资源开发和环境保护等挑战。这不仅有助于促进北极地区的可持续发展，还能为国际社会提供宝贵的合作经验和治理模式，推动全球治理体系的完善。

五　结语

在泛安全化议题日益凸显的背景下，原住民组织参与北极治理的重要性愈发凸显。作为北极事务重要参与者与北极区域文化传承者，原住民组织的参与不仅有助于维护地区的和平、稳定，更能促进可持续发展和文化多样性的保护。俄乌冲突在对北极地缘政治产生巨大冲击的同时也恶化了北极原住民组织的生存环境，原住民组织在参与北极治理过程中面临着更艰巨挑战。因此，需要国际社会、各国政府以及非政府组织的支持和协助，共同为原住

---

① 李振福、李诗悦：《北极问题：治理进程、态势评估及应对之策》，《俄罗斯学刊》2021 年第 3 期。

民组织参与北极治理创造有利条件。伴随着北极地缘政治演进的发展，原住民组织在其中所扮演的角色越来越难以忽略。展望未来，随着人工智能等技术的不断发展，原住民组织参与北极治理的模式和路径也将更加多元和高效。通过利用人工智能等技术手段，原住民组织可以更好地整合资源、提升治理能力，为北极地区的和平、稳定和可持续发展贡献更多力量。

B . 13
北极跨学科研究和合作项目的
现状与挑战分析*

周文萃　齐雪薇**

摘　要：　近年来，跨学科研究与合作在北极治理中得到越来越广泛的应用，且在北极科学外交活动中表现较为突出。本报告总结 2023 年北极跨学科研究和合作项目的现状，找出目前较为成功的四个项目案例并分析其原因，得出北极跨学科研究和合作呈现出全球气候变化应对趋势下系统化程度增加、俄乌冲突影响下挑战与机遇并存以及与北极多元化治理的良性互动等发展趋势。作为北极域外国家，中国需要在北极跨学科研究与合作中的科技战略对接、科技项目合作以及深入介入北极观测网和数据共享等方面展现出更加积极的态度和措施，以提升中国参与北极治理的影响力。

关键词：　北极跨学科研究　北极科学外交　北极治理

引　言

全球变暖已导致北极气候发生剧烈变化，最近几十年北极圈以北地区的气温升幅接近其他地区的两倍。气温的持续升高及其导致的北极海冰大面积

* 本报告为国家社科基金"海洋强国建设"重大专项课题（20VHQ001）和青岛市博士后资助项目"气候变化背景下'区域'矿产资源开发制度新动向与中国对策研究"（QDBSH20240102094）的阶段性成果。
** 周文萃，中国海洋大学法学院国际法专业博士生；齐雪薇，中国海洋大学法学院讲师，师资博士后。

融化消失，对北极社会安全及其生态系统稳定均造成了直接且巨大的影响，为北极治理带来了多重挑战。① 因此，用来应对气候变化挑战的跨学科研究方法在北极治理中变得越来越重要。

气候科学是一门"后常态"科学，② 即需要在科学事实不确定及价值判断多元化的前提下，通过科学方法做出利益攸关的重大紧急决策。故而，其所需要的跨学科研究水平远远超出了海洋学家和气象学家之间或物理学家、数学家和气候学家之间的传统合作，它还需要社会学家、人类学家、经济学家、法学家等从各自的视角出发为自然科学的探索与研究预提需求和方向，规避风险和损失。"跨学科"一词指的也是从一个学科的视角来看待另一个学科。③ 概言之，跨学科研究是综合研究的进一步发展。它是指将不同的知识体系、不同利益相关者传输的信息，以及其他当地传统知识持有者输出的知识整合在一起，并且在以上知识积累的基础上，共同设计研究项目以及共同创造新知识的过程。④ 这种综合研究方法对于在气候变化背景下应对北极

① M. Bravoand, G. Rees, "Cryo-politics: Environmental Security and the Future of Arctic Navigation," *The Brown Journal of World Affairs*, vol. 13, 2006, pp. 205–215; L. Malinauskaite, D. Cook, B. Davíðsdóttir, M. P. Karami, T. Koenigk, T. Kruschke, H. Ögmundardóttir, and M. Rasmussen, "Connecting the Dots: An Interdisciplinary Perspective on Climate Change Effects on Whales and Whale Watching in Skjálfandi Bay, Iceland," https://doi.org/10.1016/j.ocecoaman.2022.106274, 最后访问日期: 2024 年 1 月 22 日。

② D. Bray, H. von Storch, "Climate Science: An Empirical Example of Postnormal Science," https://doi.org/10.1175/1520-0477 (1999) 080<0439: CSAEEO>2.0.CO; 2., 最后访问日期: 2024 年 1 月 22 日。

③ C. Chambers, L. A. King, D. Cook, L. Malinauskaite, M. Willson, A. E. J. Ogilvie, and N. Einarsson, " 'Small Science': Community Engagement and Local Research in an Era of Big Science Agendas. Nordic Perspectives on the Responsible Development of the Arctic: Pathways to Action," https://doi.org/10.1007/978-3-030-52324-4_10, 最后访问日期: 2024 年 1 月 22 日。

④ F. Berkes, "Traditional Ecological Knowledge in Perspective," *Traditional Ecological Knowledge: Concepts and Cases*, Manitoba, Canada, Winnepeg, 1993, pp. 1–9; F. Berkes, "Environmental Governance for the Anthropocene? Social-ecological Systems, Resilience, and Collaborative learning," https://doi.org/10.3390/su9071232, 最后访问日期: 2024 年 1 月 22 日; R. Newman, "Human Dimensions: Traditional Ecological Knowledge—Finding a Home in the Ecological Society of America," *Bulletin of the Ecological Society of America*, 102, e01892, https://doi.org/10.1002/bes2.1892. 最后访问日期: 2024 年 1 月 22 日。

治理中出现的传统与非传统安全挑战均意义重大。[①]

虽然近来跨学科研究与合作在北极治理的很多方面得到了广泛的应用，且在北极科学外交活动中表现较为突出，但如何更好地帮助研究人员开展北极跨学科研究合作这个问题尚缺少足够的讨论。因此，本报告以现有北极跨学科研究和合作项目为研究对象，通过汇总比较找出较为成功的项目案例并分析其原因，进而讨论当前北极跨学科研究和合作项目所面临的挑战，最后结合中国的参与情况，为中国进一步发展北极跨学科研究和合作项目提出几点可供借鉴的经验。

一 北极跨学科研究和合作项目汇总与分类

受地缘政治因素影响，现有北极跨学科研究和合作项目可宽泛地依据设立时间以及区域发展程度的差异性，分为由美国、俄罗斯、加拿大、挪威、瑞典、丹麦、冰岛、芬兰八个北极周边国家设立或主导的项目类别与其他北极域外国家设立或主导的项目类别。整体上，北极八国设立或主导的北极跨学科研究和合作项目在设立时间与发展程度上均早于和高于其他国家设立或主导的北极跨学科研究和合作项目，具体而言，各国已有的以及 2023 年正在实施过程中的北极跨学科研究和合作项目情况如下。

（一）北极八国

1. 美国

美国的跨学科研究和合作项目以国内的各研究机构与国际组织等主体签

[①] ARCUS, "People and the Arctic: A Prospectus for Research on the Human Dimensions of the Arctic System (HARC) for the National Science Foundation Arctic System Science Program," The Arctic Consortium of the US (ARCUS), Fairbanks, 1996; AHDR, "The Arctic Human Development Report Can Be Ordered through the Stefansson Arctic Institute," Borgir, Nordurslod, IS - 600 Akureyri, Iceland, 2004; ACIA (Arctic Climate Impacts Assessment), *Impacts of a Warming Arctic: Arctic Climate Impact Assessment*, Cambridge University Press, 2005.

订的合作协议为主要模式，具体的研究机构和合作如下。第一，北极研究所。它是成立于 2011 年总部位于华盛顿的非营利性组织，该机构由美国海军退役指挥官大卫·斯莱顿领导，致力于在北极政策方面推广不同的声音、知识和理念。该机构涉及的项目主要有：由挪威外交部资助，北方商业与治理中心、弗里德约夫-南森研究所和北方研究所共同参与的"加强阿拉斯加、格陵兰和挪威北部的蓝色经济合作"（ArcBlue）项目；由挪威外交部和诺德兰郡资助，蓝色经济中心、北方商业与治理中心、北方研究所和威尔逊中心合作参与的"阿拉斯加和北挪威蓝色增长机遇"（AlaskaNor）项目等。第二，美国北极研究联合会（ARCUS）。该机构致力于将北极研究与教育联系起来，为跨组织、跨学科、跨地域、跨部门、跨知识体系和跨文化的北极研究搭建桥梁，为全球相连、多样化的北极研究社区提供服务，该机构经常与国外组织合作支持北极研究活动，目前已经与阿拉斯加因纽特人北极圈理事会、Smithsonian 北极研究中心、阿拉斯加地区国家气象局、国际极地教育者协会（PEI）等非会员组织签订了合作协议。[1] 第三，机构间北极研究政策委员会。该委员会将联邦政府和非政府研究人员与北极社区联系起来，为解决紧迫的北极研究问题提供平台。该委员会的网站免费向公众开放，支持所有机构间的协调与合作，网站会员来自联邦和各州政府、学术界、非营利组织、原住民社区和国际组织。[2] 第四，美国北极研究委员会。该委员会是依据 1984 年《北极研究与政策法案》成立的独立的联邦机构，在联邦政府内部、阿拉斯加州以及国际合作伙伴之间建立北极研究方面的合作。[3]

2. 俄罗斯

俄罗斯已有的北极跨学科研究和合作项目主要通过三种形式开展。第一

---

[1] ARCUS, "Arctic Research Consortium of the United Stated, Programs," https://www.arcus.org/witness-the-arctic/2022/12/highlight/1, 最后访问日期：2024 年 1 月 22 日。

[2] IARPC, "IARPC Collaborations Teams and Communities of Practice," https://www.iarpccollaborations.org/teams/index.html, 最后访问日期：2024 年 1 月 22 日。

[3] The White House, "National Strategy For The Arctic Region," https://www.whitehouse.gov/wp-content/uploads/2022/10/National-Strategy-for-the-Arctic-Region.pdf, 最后访问日期：2024 年 1 月 22 日。

种是研究机构课程，例如北极跨学科研究（Arctic Interdisciplinary Studies，ARCTIS）是由俄罗斯极地早期职业科学家协会（APECS Russia）和英国极地网络（UKPN）与俄罗斯科学院科拉科学中心共同组织的俄罗斯北极跨学科实地课程。该课程的主要目标是促进来自英国和俄罗斯的早期职业科学家（ECR）在北极自然和社会研究方面的双边和跨学科（涉及大气、冰冻圈、陆地、海洋和社会与人道主义）合作。第一期课程于 2019 年 2 月在俄罗斯摩尔曼斯克地区的阿帕蒂和摩尔曼斯克举行。来自英国的 13 名早期职业科学家和俄罗斯的 15 名不同学科的 ECR 参加了该课程。① 第二种是北极国际论坛，例如俄罗斯北极科学委员会于 2021 年成立，隶属于北极国家发展委员会。北极科学委员会负责协调各组织在高纬度地区规划和开展研究项目，其中"北极：对话的领土"国际论坛（第五届国际北极论坛，圣彼得堡，2019 年 4 月）和"北极：现在与未来"国际论坛（十周年在线论坛，圣彼得堡，2020 年 12 月）是外国合作伙伴共同讨论北极当前问题和未来发展的主要平台。此类论坛的主要目标是从跨学科的角度，开发北极和俄罗斯北方等新研究领域，讨论有关北极和俄罗斯北方可持续发展的广泛问题。② 2023 年欧亚人民大会与北极理事会举办了以"北极和海上项目：前景、创新和区域发展"为主题的第七届国际北极峰会③，俄罗斯科学院欧洲研究所举办了以"俄罗斯与世界：北极的竞争与合作"为主题的跨学科科学会议④等国际论坛。第三种是高校北极科学合作项目，例如在 2021 年俄中筹备政府首脑

① UK-Russia Arctic Early Career Group, https://ukrussiaarctic. wordpress. com/arctis/，最后访问日期：2024 年 3 月 1 日。
② Elena Vladimirovna Kornilova, "The Interdisciplinary Approach to the Conceptualization of the Image of the Arctic and the North in the Mass Consciousness: An Example of Russian Students," *Social Sciences*, 2022, 11 (12), 580, https://www. mdpi. com/2076-0760/11/12/580，最后访问日期：2024 年 3 月 1 日。
③ VII Международный Арктический саммит «Арктика: перспективы, инновации и развитие регионов» - итоги, June 08, 2023, http://eurasia-assembly. org/ru/news/vii-mezhdunarodnyy-arkticheskiy-sammit-arktika-perspektivy-innovacii-i-razvitie-regionov-itogi，最后访问日期：2024 年 4 月 23 日。
④ Россия и мир: соперничество и сотрудничество в Арктике, https://www. instituteofeurope. ru/nauchnaya-zhizn/anonsy/item/24012023，最后访问日期：2024 年 4 月 23 日。

定期会议委员会工业合作小组委员会的框架内，两国一再表示支持加强中国大学和研究机构（如哈尔滨工程大学、中国船舶科学研究中心等）和北极问题领域的俄罗斯领先教育和科学组织［圣彼得堡国立海洋技术大学、北方（北极）联邦大学、俄罗斯科学院远东分院、远东联邦大学、马卡罗夫海军上将国立海事和内河航运大学］以及俄罗斯克雷洛夫国家研究中心与中国的三个科研机构（中国海洋工程设计研究院、中国船舶科学研究中心和哈尔滨工程大学）在极地海洋工程、人员培训和北极实验室的建立方面进行合作。2019 年，哈尔滨工程大学（中国哈尔滨）和北方（北极）联邦大学（俄罗斯阿尔汉格尔斯克）发起了中俄北极研究联盟。该联盟旨在研究 NSR 在造船和工程中的极地使用和应用创新的经济和组织问题。2018~2019 年，多所中国高校和科研机构的代表参加了由北方（北极）联邦大学安排的"漂浮大学"科研和教育的跨学科考察。[①]

3. 加拿大

加拿大开展的北极跨学科研究和合作项目主要依靠 POLAR 和 CHARS 以及 CHARS 校园。POLAR 是根据《加拿大高北极研究站法》设立的联邦机构，负责开展和支持当地相关的全球重要的知识创造，其资助项目的研究者来源广泛，主要包括北极理事会、北美北极研究机构、北极网、北极研究绘图应用程序、北极科技信息系统、北方研究中心、国际北极科学委员会等。CHARS 是加拿大高纬度北极研究站，由加拿大极地知识组织运营，旨在优化北极科学和技术的创新，可以支持从生态系统监测到 DNA 分析等广泛的研究需求。北极网（ArcticNet）是加拿大英才中心网络，汇集了自然科学和社会科学领域的科学家、工程师和其他专业人士，以及来自因纽特人组织、北部社区、联邦和省级机构以及私营部门的合作伙伴，共同研究气候和社会经济变化对加拿大北部的影响。北极网与来自因纽特人组织、北部社区、35 所加拿大大学、8 个联邦和 11 个省级政府机构的合作伙伴合作，与

---

① Gao Tianming, Vasilii Erokhin, "China-Russia Research and Education Collaboration in the Arctic: Opportunities, Challenges, and Gaps," *The Polar Journal*, 2021, 11（1）: 188-207, https://www.tandfonline.com/doi/full/10.1080/2154896X.2021.1889837, 最后访问日期: 2024 年 3 月 1 日。

丹麦、芬兰、法国、格陵兰、日本、挪威、波兰、俄罗斯、西班牙、瑞典、英国和美国的国际研究团队共同努力，研究气候变化、环境和社会经济发展的影响。在上述机构的领导下，加拿大的跨学科研究和合作项目具体有：在努纳武特建立高北校园研究站，吸纳世界各地的科学家参与北极研究；支持包括原住民知识持有者在内的极地研究人员开展国际科学和研究合作项目。① 加拿大极地知识组织拟在 2023 年利用 CHARS 校园进一步创造和传播知识，进行跨学科的科学研究和技术开发以应对北方快速的环境变化。2025 年，该组织将建成国际极地研究界在加拿大的关键联络点以吸引国际人才，为国家参与极地规则制定提供知识产品。2022 年，加拿大拉瓦尔大学和魁北克北方学院执行了北极理事会可持续发展工作组秘书处的任务，以为保护和改善北极地区原住民和社区环境、经济、社会和健康工作提供支撑。② 2021 年 5 月 7 日，Inuit Tapiriit Kanatami、英国研究和创新部、加拿大极地知识组织、加拿大国家研究委员会（NRC）、加拿大公园局和魁北克研究基金签署了一份新的谅解备忘录，以支持加拿大-因纽特-努南加-英国北极研究计划 2021~2025（Canada-Inuit Nunangat-United Kingdom Arctic Research Programme，CINUK）。该计划资助的研究侧重于北极生态系统的变化以及对因纽特社区及其他地区的影响，涵盖了航运、野生动物健康、乡村食品、生态系统健康、搜索和救援、可再生能源、社区健康、海岸侵蚀、塑料和污染等重要领域。它探索了创新和实用的缓解和适应机制及技术，以增强对环境变化的适应能力。

4. 挪威

挪威已有的北极跨学科研究和合作项目主要通过两种形式开展。第一种是高校科研项目，例如卑尔根大学（UiB）在北极大学（UArctic）发布了

---

① Government of Canada, "Canada's Arctic and Northern Policy Framework," https://rcaanc-cirnac. gc.ca/eng/1560523306861/1560523330587, 最后访问日期：2024 年 1 月 22 日。

② Job Opportunity: Executive Secretary, "Secretariat of the Arctic Council's Sustainable Development Working Group (SDWG)," https://www.uarctic.org/news/2022/11/job - opportunity - executive-secretary - secretariat - of - the - arctic - council - s - sustainable - development - working - group-sdwg/, 最后访问日期：2024 年 1 月 22 日。

《北极研究趋势：文献计量学 2016~2022》报告中被强调为挪威排名最高的机构，也是北极研究领域的领先国际机构之一。该学校的北极研究目标是通过创新研究和跨学科合作，继续为这一关键地区的知识和理解做出重要贡献。UiB 地球科学系的 Jostein Bakke 教授认为，跨学科研究和合作是 UiB 在北极取得成功的关键，该教授是 iEarth 项目的负责人，这个项目旨在与挪威最大的地球科学教育参与者结盟，是争夺卓越教育中心地位的九个决赛入围者之一。[①] 第二种是联合研究项目，这也是挪威最重要的北极跨学科研究合作方式，以 Nansen Legacy 为代表，它是一个为期七年（2018~2024 年）的大型跨学科研究项目，获得了挪威研究委员会和挪威教育与研究部资助的数亿挪威克朗的支持，旨在研究气候变化和其他人类影响对巴伦支海北部系统和附近北冰洋的影响。来自挪威大学和研究机构的 280 多名研究人员参与其中，其中包括 50 多名学生，其结果旨在为该地区的资源管理和政策提供信息。该项目已经在进行中，并且参与该项目的一些机构有与管理或政策咨询有关的任务。该研究团队包括有物理、化学和生物海洋学领域的跨学科北极海洋专业知识的研究人员，以及地质学家、建模师和水下机器人工程师。他们重点调查了巴伦支海北部过去、现在和未来的气候和生态系统。[②] 这些任务有助于结果的直接应用，例如改进天气、海冰和海浪的预报，改进管理模型，以及补充时间和空间或各种主题的定期调查的数据。从 Nansen Legacy 开始，一个由地方、国家和国际层面的环境管理者和政策制定者以及相关行业合作伙伴组成的参考小组（RG）逐渐被纳入其中。在定期对话会议上，这些利益攸关方的不同需求得到了确定，他们可以详细讨论知识需求和交付形式，从而与研究计划相协调。例如，北极监测和评估方案（AMAP）在制作关于气候变化和污染物的泛北极科学综合时应用了 Nansen Legacy。这些评估构成了向国际监

---

① "UiB at the Forefront of Arctic Research in Norway and Worldwide," https://www.uib.no/en/matnat/166581/uib-forefront-arctic-research-norway-and-worldwide，最后访问日期：2024 年 3 月 4 日。

② The Nansen Legacy, "About us," https://arvenetternansen.com/about-us/，最后访问日期：2024 年 4 月 23 日。

管机构提出政策建议的基础,例如《关于永久性有机污染物的斯德哥尔摩公约》委员会和关于气候变化的联合国政府间气候变化专门委员会。总之,该北极跨学科研究与合作项目已取得较大成功,具有一定的借鉴意义。[1]

5. 瑞典

瑞典的跨学科研究与合作项目主要依靠国内大学开展具体的合作项目。瑞典重视利用各种平台和网络开展北极研究和国际教育合作,自 2020 年以来在北极五国范围内由五所大学组成了以北极可持续发展、教育和创新为目的的高等教育网络;积极参与北极大学在全球范围内开展的加强北极相关研究和教育合作的项目。瑞典的斯德哥尔摩大学在气象、北冰洋动力学、环境与材料化学等方面培养研究人才,开展 North2North Exchange Program 交换项目,该项目是北极大学内部的一个网络,北极圈内的大学和学院在此合作,该项目计划提供奖学金,并安排学生在美国(阿拉斯加)、加拿大、冰岛、芬兰和挪威的合作大学学习一到两个学期。于默奥大学设置了生态学和环境科学的合作项目,旨在了解、量化不同菌根植物如何影响北极苔原植物和土壤相互作用。[2] 斯德哥尔摩大学专设生物能源项目(Bio4Energy),钻研高效、无害环境的生物炼制过程,包括制造生物燃料、"绿色"化学品和新型生物材料等产品的方法和工具。吕勒奥工业大学(Luleå University of Technology)和于默奥大学也在联合开发冰寒气候技术和具有环保效能的机器设备,以提高北极开采技术、完善瑞典在北极的经济开发优势。同时瑞典的大学与加拿大、俄罗斯和其他北欧国家开展旨在促进北极八国学生和研究人员交流的南北交流计划,与欧盟合作寻求北极研究的高等教育资金。[3]

① Fram Forum, "Science and Societal Impact from the Nansen Legacy Project," https://framforum.com/2023/03/09/science-and-societal-impact-from-the-nansen-legacy-project/,最后访问日期:2024 年 3 月 4 日。

② "Position Announcement: Postdoc in Plant-soil Interactions in Arctic Tundra," https://www.uarctic.org/news/2022/9/position-announcement-postdoc-in-plant-soil-interactions-in-arctic-tundra/,最后访问日期:2022 年 1 月 22 日。

③ Government Offices of Sweden, "Sweden's Strategy for the Arctic Region," http://regstat.regeringen.se/contentassets/667c519d7b8042e9bfe4e5f5d0a13255/swedens-strategy-for-the-arctic-region-2020/,最后访问日期:2024 年 1 月 22 日。

6. 丹麦

丹麦已有的北极跨学科研究和合作项目主要通过两种形式开展。第一种是科研项目资助，例如丹麦研究机构的研究人员可以通过北欧 NordForsk 联合征集为北极可持续发展的跨学科研究项目申请资金。这些研究可以为北极的可持续发展提供新知识。科研项目资助的研究必须是真正、优秀的跨学科研究，可以结合和整合来自多个学科的技能，为北极的可持续发展贡献新的突破性知识，应当包括欧洲研究委员会定义的三个科学领域中至少两个领域的研究，如生命科学、物理科学与工程、安会科学与人文科学；而安全、自然资源和/或社会变革、原住民观点是三个本次项目征集的三个关键词。① 2016~2021 年，NordForsk 共资助了四项北极跨学科研究项目：资源开采和可持续北极社区（REXSAC）、北极气候预测之通往有弹性的可持续社会的途径（ARCPATH）、全球化北方的驯鹿饲养业之复原力、适应力和行动途径（ReiGN）、气候变化对传染病流行病学的影响及其对北方社会的影响（CLINF）。② 丹麦北极跨学科研究和合作的另一种形式为高校所设立的北极研究中心，例如，丹麦的奥胡斯大学（Aarhus Universitet）拥有的北极研究中心（ARC），这是一项于 2012 年启动的机构计划，已经进入 2023~2026 年建设周期，由奥胡斯大学和四个学院（自然科学学院、健康学院、商业和社会科学学院以及艺术学院）资助。在建设过程中，ARC 与格陵兰自然资源研究所和马尼托巴大学（加拿大）签订了北极科学伙伴关系协议，该中心的重点是联合开展跨学科研究活动。虽然目前为该机构提供资金是有时间限制的，但从长远来看，该中心有可能变成一个部门。③ ARC 主要聚焦融化的冰冻圈及其对气候系统的反馈与对生态系统和社会的影响。这涉及研

① Independent Research Fund Demark, "New Interdisciplinary Nordic NordForsk Call on Sustainable Development of the Arctic," https://dff. dk/en/current-news-and-events/new-interdisciplinary-nordic-nordforsk-call-on-sustainable-development-of-the-arctic，最后访问日期：2024 年 3 月 6 日。

② NordForsk, "Project," https://www. nordforsk. org/projects，最后访问日期：2024 年 4 月 23 日。

③ "National Arctic Strategy," https://www. arcticinfo. eu/en/kingdom-of-denmark，最后访问日期：2024 年 3 月 6 日。

究、教育和与商业和工业界的合作，以及为国家和国际政府机构、当地社区和公众提供咨询服务。ARC 在国家（Hindsgavl 倡议）和国际（北极科学伙伴关系）上开展工作，以加强合作并确保北极地区的协调努力。该中心认识到需要采取跨学科方法，以充分解决当代和关键的北极问题。因此，来自各个学科的大量研究人员联手研究气候变化对北极冰冻圈、生态系统的影响，以及它们对未来北极生计和社会的影响。ARC 还研究了北极融化将如何影响相互关联的全球进程和社会系统。联合实地活动是 ARC 工作的焦点，也是团结和整合所涉及的不同学术领域的有效手段，激发了跨学科的合作和协同作用。[1] 此外，国际北极科学委员会（IASC）是由八个北极国家于 1990 年成立的机构间常设委员会。它主办了北极科学峰会周（ASSW）年度会议，丹麦派奥胡斯大学代表出席。[2]

7. 冰岛

冰岛的跨学科研究与合作项目主要以会议论坛和大学的形式呈现。如由冰岛发起的每年 10 月在雷克雅未克举行的北极圈论坛是关于北极问题的最大年度国际集会，有来自 60 多个国家的与会者参加。参加年度大会的有国家元首和政府首脑、部长、议会议员、原住民领导人和代表、官员、专家、科学家、企业家、商界领袖、环保人士、学生、活动家以及其他来自日益壮大的对北极感兴趣的国际合作伙伴和参与者群体的人士。冰岛依靠北极圈论坛开展的北极跨学科研究与合作项目主要有三种形式：一是北极圈论坛分论坛，通常由各国政府与北极圈论坛合作举办，如 2023 年分别在日本和阿拉伯联合酋长国举办的北极圈日本论坛和阿布扎比论坛；二是北极圈线上平台，该平台为北极各相关领域的研究者提供交流机会；三是具体的研究项目，如北极圈-阿联酋第三极进程。冰岛的阿库雷里大学是北极大学的一部

---

① AARHUS University, "About ARC," https://arctic. au. dk/about-arc，最后访问日期：2024 年 4 月 23 日。

② Ministry of Higher Education and Science, "International Cooperation," https://ufm. dk/en/research – and – innovation/international – cooperation/the – polar – secretariat/international – cooperation，最后访问日期：2024 年 3 月 6 日。

分，2021 年该大学同极地法研究所合作开设极地法硕士课程，由冰岛和挪威外交部共同资助设立北极研究客座教授。① 总体来看，冰岛的北极跨学科研究与合作在合作主体和具体领域都相对广泛，为国际社会有参与北极治理的主体提供了更多机会。

8. 芬兰

芬兰已有的北极跨学科研究和合作项目主要通过两种形式开展。第一种是高校合作平台，例如在芬兰赫尔辛基大学的所有研究中，气候变化、可持续性和北极地区不断变化的环境占据了中心位置。赫尔辛基大学的北极研究旨在通过为赫尔辛基大学现有的专业知识创建一个跨学科平台，将研究主题付诸实践。其中，赫尔辛基可持续发展科学研究所于 2018 年 1 月正式成立，它汇集了赫尔辛基大学的核心专业知识，并与赫尔辛基地区的其他大学和研究机构合作。它还包括非学术利益相关者，以便为社会的可持续性转型做贡献。该研究所的五个研究主题之一就是北极，该主题涵盖北极地区的气候变化、可持续性和不断变化的环境，旨在通过创建一个跨学科平台将这些主题付诸实践。② 2023 年 10 月该研究所的 Dorothee Cambou 博士获得了 STN 赠款。她作为负责人领导赫尔辛基大学的团队，批判性地研究法律如何为北极绿色转型中的边缘化、被剥夺和被误解的群体伸张正义。③ 芬兰的另一种北极跨学科研究和合作项目形式是国家间合作项目，例如北欧跨学科研究计划是芬兰科学院、丹麦独立研究基金、瑞典研究委员会、挪威研究委员会和NordForsk 之间的合作项目。此外，芬兰和日本的大学通过建立芬兰-日本北极研究项目来加强在北极研究和教育方面的合作。该项目由芬兰拉普兰大

① Government of Iceland Ministry for Foreign Affairs, "Iceland's Policy on Matters Concerning the Arctic Region Parliamentary Resolution 25/151," https://www.government.is/library/01 - Ministries/Ministry-for-Foreign-Affairs/PDF-skjol/Arctic%20Policy_WEB.pdf, 最后访问日期: 2024 年 1 月 22 日。

② University of Helsinki, Focus Arctic, https://www.helsinki.fi/en/innovations - and - cooperation/international-cooperation/global-impact/focus-arctic, 最后访问日期: 2024 年 3 月 8 日。

③ Helsus Monthly Newsletter, https://www.helsinki.fi/assets/drupal/2024-01/HELSUS%20Newsletter% 20October%202023.pdf, 最后访问日期: 2024 年 4 月 23 日。

学、奥卢大学和赫尔辛基大学以及日本北海道大学合作完成，并且得到了北极法律专题网络的支持。该项目旨在建立一个由对北极研究感兴趣的学者和高级本科生和研究生组成的网络，从多学科和多维度的角度出发。在这项工作中，该项目将就与北极社会科学和法律有关的问题进行教育和研究。2018~2019年，项目成员在日本和芬兰举行多次会议。项目内的活动包括2019年2月的联合研讨会、2019年8月的暑期学校和客座讲座。在65000欧元的总预算中，芬兰教育部为该项目的成功实施提供了50000欧元。①

（二）其他国家

基于北极科学外交发展现状，对于北极域外国家组织开展北极跨学科研究和合作项目的考察主要聚焦外交活动较为密集的亚洲区域，以位于亚洲东部的中国、日本、韩国三国所设立的相关合作平台以及位于亚洲南部的印度所设立的北极跨学科研究和合作项目为代表。

1. 中日韩北极跨学科研究和合作项目

从地理位置上来讲，中国、日本和韩国都是接近北极的亚洲国家，随着国际社会参与北极治理的意愿不断提升，中国、日本和韩国也以开展跨学科研究与合作项目的方式积极参与北极治理。

中国的跨学科研究与合作项目的表现形式是多样化的，具体表现为以政府、科研机构等多主体的全方位参与模式。首先，以政府为例，2017年中国政府提出共建"冰上丝绸之路"的倡议得到北极国家尤其是俄罗斯的支持，为国际科学合作提供了新的平台；2023年7月中国开启第13次北冰洋科学考察，围绕微塑料展开空间环境立体调查，首次在北冰洋考察中开展中-泰合作，为全球微塑料污染的研究和治理提供借鉴和参考；围绕多波束、海底地震、重力磁力等多种测量方式，进一步深化了中-俄加克洋中脊

---

① UArctic, "New Programme to Support Arctic Research Cooperation between Finland and Japan," https://www.uarctic.org/news/2018/9/new - programme - to - support - arctic - research - cooperation-between-finland-and-japan/，最后访问日期：2024年3月8日。

地球物理合作调查;① 9月中国极地研究中心与摩尔曼斯克海洋生物研究所签署合作协议，旨在开展联合航次调查，共同关注海洋生物对北极环境变化的适应性、北极海冰边缘生态系统的演化、北极海洋环境中的污染物以及开展北极重点区域生态学研究。② 其次，以科研机构为例，高校在其中发挥重要作用。2013年中国与挪威、芬兰、瑞典、丹麦、冰岛等北欧五国发起了"中国-北欧北极研究中心"（CNARC），2023年12月，广东外语外贸大学等多所高校联合中国极地研究中心等机构举办了"第八届中国-北欧北极合作研讨会"，各国学者围绕"迈向下个十年：北极国际合作的新愿景和新任务""北极的可持续发展：知识、权利、政策""超越地缘政治障碍、实现北极善治""作为北极理事会观察员的十年：中国的科学贡献"四个议题分享前沿学术观点;③ 自然资源部第二海洋研究所倡导并组织的"北冰洋洋中脊国际联合考察计划"成为"联合国海洋科学促进可持续发展十年"获批项目。④ 同时中国还积极走出去主动与国外主体开展跨学科研究与合作，2023年10月，中国-冰岛北极科学考察站举办了国际极光物理学术会议，会上参与学者就极光的形态、动力学、无线电辐射、德国地磁观测及极地部署现况、冰岛-国际高空大气物理合作观测研究的历史和现状进行了研讨。⑤

日本的北极跨学科研究与合作项目主要是由政府主导推动的。2015年，

① 《硕果累累! 第13次北冰洋科学考察队今日返回上海》，中国极地研究中心网站，2023年9月27日，https://www.pric.org.cn/index.php? c=show&id=1441，最后访问日期：2024年3月10日。

② 《极地中心与俄罗斯摩尔曼斯克海洋生物研究所签署合作协议》，中国极地研究中心网站，2023年9月12日，https://www.pric.org.cn/index.php? c=show&id=1389，最后访问日期：2024年3月10日。

③ 《第八届中国-北欧北极合作研讨会顺利召开》，中国极地研究中心网站，2023年12月5日，https://www.pric.org.cn/index.php? c=show&id=1585，最后访问日期：2024年3月12日。

④ 《中国主导的北极深部观测计划获批联合国"海洋十年"项目》，自然资源部第二海洋研究所网站，2022年6月8日，https://www.sio.org.cn/a/snyw/16489.html，最后访问日期：2024年3月12日。

⑤ 《国际极光物理学术会议在中国-冰岛北极科学考察站举办》，中国极地研究中心网站，2023年10月13日，https://www.pric.org.cn/index.php? c=show&id=1491，最后访问日期：2024年3月12日。

日本文部科学省以国立极地研究所、海洋研究开发机构和北海道大学三家机构为中心开展有关北极地区研究的国家级项目，即"北极地区研究推进项目"（Arctic Challenge for Sustainability，ArCS）。ArCS 完成后，"北极地区研究加速"项目（Arctic Challenge for Sustainability Ⅱ，ArCS Ⅱ）仍以上述三家机构为牵头单位，另有 19 家大学和科研机构参与，从 2020 年 6 月开始执行，计划在 2025 年 3 月完成。ArCS Ⅱ 是 ArCS 的延续项目，仍以自然科学为中心，同时包含了人文社会科学等领域的研究，肩负着为日本的北极政策提供支持的使命。[①] 在此项目下，日本与美国、加拿大、俄罗斯、丹麦、挪威五国合作，在北极地区设立研究基地，将其作为学者在当地调查和观测的落脚点，通过基地观测获得的各领域数据由北极地区大数据系统（ADS）进行收集和公开，用于支持当地学者和国际合作的研究。[②] 2023 年 3 月，东京举办了北极圈论坛，为国际北极科学合作提供了交流平台。

韩国的跨学科研究与合作项目的模式与中国相似，呈现政府、科研机构等多方主体参与的模式。韩国极地研究所是韩国开展跨学科研究与合作项目的主导机构，由其主办的国际极地科学论坛是每年举办一次的学术会议，旨在分享极地领域的学术成果并加强与国内外研究机构之间的合作；关注一个广泛的北方科学计划；2021 年启动了 KPS 卫星系统项目；在北方环境保护项目上进行更多投资，包括解决微塑料问题。2017 年，韩国提出东北亚地区中长期和平发展国际合作倡议和国家发展战略的"新北方政策"，实施"九桥战略规划"，涉及铁路、天然气、北极航线、港口、农业、电力、水产、造船和工业园区九个领域，推动与朝鲜和俄罗斯在物流、电力、铁路和能源等领域的三方合作，扩大与中亚国家的合作及中韩战略对接；提出将北极航线打造成新的物流运输渠道和新能源通道，推进与中国、俄罗斯等国家

---

① 《日本以科研项目推进本国北极政策的实践及启示》，中国社会科学院世界经济与政治研究所网站，2023 年 1 月 11 日，http://iwep. cssn. cn/xscg/xscg _ sp/202301/t20230111 _ 5579209. shtml，最后访问日期：2024 年 3 月 12 日。

② 《日本以科研项目推进本国北极政策的实践及启示》，国际合作中心网站，2023 年 1 月 17 日，https://www. icc. org. cn/publications/policies/1369. html，最后访问日期：2024 年 3 月 12 日。

的北极合作，承办北极航线开发的相关会议，寻求国际组织及国际社会的关注与支持。①

2. 印度的北极跨学科研究和合作项目

能力建设和增强仍然是印度在北极努力的核心。"能力"一方面是指物质上的充足性，另一方面则是指拥有特定领域的资格、专业知识和技能。虽然能力可以快速获得，但它是通过培训、学习、操作经验和设备开发的智力和教育过程在一段时间内逐步培养的，因此印度的北极跨学科研究和合作项目发展得越来越丰富，主要有以下两种形式。第一种是加强国家极地和海洋研究中心以及该国其他相关学术和科学机构建设，确定节点机构，并促进各机构和机构之间的伙伴关系。包括提高印度大学在北极相关领域的研究能力；扩大北极相关领域的专家库，如矿产、石油和天然气勘探、蓝生物经济和旅游业；加强培训机构建设，培训海员进行极地及冰上航行，并发展北极过境所需的特定区域水文能力和技能；发展本土建造冰级舰艇的能力；扩大印度在海事部门训练有素的人力资源；建立广泛的机构能力，研究与北极有关的海洋、法律、环境、社会、政策和治理问题等。第二种是设立涵盖北极跨学科研究和合作项目的基金项目。例如，2023 年 6 月 28 日，联邦内阁批准议会提出的 2023 年国家研究基金会（NRF）法案，该法案提出在印度的大学、学院、研究机构和研发实验室中播种、发展和促进研发（R&D），并培养研究和创新文化。NRF 的初始预算为五年内 5000 亿卢比，旨在解决印度研发资金不足的问题。NRF 以美国国家科学基金会（NSF）为蓝本，涵盖各个领域，包括自然科学、工程、社会科学、艺术和人文科学，重点是寻找解决印度社会挑战的方法。NRF 的成立被视为印度科学的一个重要里程碑，旨在提高研究能力、促进文化研究，并将研究与社会和行业联系起来。NRF 的建立将缩小长期存在的政策差距，如果管理

---

① 叶青、王武林：《非北极国家参与北极事务实践及中国路径》，《延边大学学报（社会科学版）》2023 年第 4 期。

得当，有可能解决印度科学研究部门的问题。NRF 将在行政上设立科学技术部（DST），并由理事会和执行委员会监督，为 DST 和工业界共享的研究项目提供资金。它将促进学术界、政府和研究机构之间的合作。NRF 推动了印度的北极研究工作，为印度的北极研究打开了新视野。

此外，印度专家特别强调其北极研究必须采用跨学科的研究方法，不仅要了解气候变化引起的北极环境变化，还要了解正在进行的地缘战略竞争，这具有许多科学和政策意义。为了构思和开展与政策相关的极地研究，一个多学科的专家小组需要在一个学术单位内密切合作，以确定可行的研究项目和学术计划。印度需要通过扩大印度大学与北极有关的地球科学和气候变化方案来促进国内研究能力。为此，印度需要在选定的印度大学设立极地研究主席、招聘教职员工和建设基础设施。由 NCPOR 等机构引入极地研究的理学硕士和博士课程可以进一步提高研究能力。此外，扩大与各种北极科学和研究机构以及印度机构（如喜马拉雅科学理事会和IITs）的合作可以提高能力。例如，有关北极海洋法律问题的知识和专长可以帮助印度研究在中国马六甲困境背景下开通北海航线的影响等问题。①

二　北极跨学科研究和合作项目的成功案例及原因

（一）美国：美国北极研究联盟（Arctic Research Consortium of the United States，ARCUS）

ARCUS 是成立于 1988 年的非营利组织，致力于将北极研究与教育联系起来，为开展跨组织、跨学科、跨地域、跨部门、跨知识体系和跨文化的北极研究搭建桥梁，尤其是 ARCUS 认识到很多研究在原住民社区内执行，因此加强北极原住民对北极研究的参与也是其重点规划之一。学术机构、政府、企业和原住民都是 ARCUS 的会员，"知识共享、多元知

---

① https：//www.idsa.in/policybrief/Indias-Arctic-Endeavours-270723，最后访问日期：2024 年3 月 10 日。

识和跨学科合作"等理念是 ARCUS 的价值观。该联盟设想在美国和国际
北极研究人员、教育工作者、原住民及其他利益相关者之间建立强大而
富有成效的联系，以增进对不断变化的北极的了解。该联盟的任务是使
美国与全球各地的合作伙伴共同促进北极知识的跨境传播、研究、交流
和教育。同时，ARCUS 将促进和支持北极合作研究（尤其为合作和跨学
科研究提供资源并推广创新做法）、提高北极研究交流的有效性等作为其
工作的目标。

目前，ARCUS 已经开展的跨学科研究与合作项目有以下几项。北极研
究系列研讨会由北极研究人员和原住民领袖分享北极研究的最新发现，并免
费向社会公众开放。① 北极原住民学者项目由 ARCUS 领导、美国国家科学
基金会北极科学部提供资金支持，旨在为原住民学者创造交流空间，原住民
学者包括狩猎者、捕鱼者和采集者，加工和储存食物者，保健辅助人员以及
其他人员，从年龄来看包括青年、成年人和长者。② "连接北极"教育项目
旨在促进联系、合作与社区发展的平台，下设北极科学教育网络和远北社区
与公民科学两个重点小组。③ "海冰对海象的影响展望"项目由 ARCUS 与爱
斯基摩海象委员会、国家气象局、阿拉斯加费尔班克斯大学和当地观察员合
作管理，阿拉斯加原住民自给性狩猎者、沿海社区以及其他对海冰和海象感
兴趣的人参与该项目，该项目在春季海冰季节根据阿拉斯加地区国家气象局
和阿拉斯加本土海冰专家提供的天气和海冰状况信息制作每周报告，介绍阿
拉斯加白令海北部和楚科奇海南部地区与海象有关的天气和海冰状况。④ 阿
拉斯加地区科学资源丰富，但是北极科学研究仍旧局限在研究机构中，公众

① Arctic Research Consortium of the United States, "Arctic Research Seminar Series," https://www. arcus. org/research-seminar-series, 最后访问日期：2024 年 3 月 18 日。
② Arctic Research Consortium of the United States, "Arctic Indigenous Scholars Program," https://www. arcus. org/indigenous-scholars, 最后访问日期：2024 年 3 月 18 日。
③ Arctic Research Consortium of the United States, "Education Program," https://www. arcus. org/education, 最后访问日期：2024 年 3 月 18 日。
④ Arctic Research Consortium of the United States, "Sea Ice for Walrus Outlook," https://www. arcus. org/siwo, 最后访问日期：2024 年 3 月 18 日。

对北极的了解甚少，北极课堂也在努力开发能够吸引学生并符合新教学标准的课程。北极课堂计划和相关研讨会将科学家、教育工作者和原住民社区联合起来，共同改善北极教育，同时汇集促进公民科学的项目和社区监测的最佳实践，以支持北极社区学生、教师和研究人员的合作。[①] 2021 年国家科学基金会成立"导航新北极社区办公室"项目，由科罗拉多大学博尔德分校、阿拉斯加太平洋大学和阿拉斯加大学费尔班克斯分校合作成立。该项目是美国国家科学基金会的"十大创意"之一，支持社会科学、自然科学、环境、工程、计算机和信息等多学科的基础性融合研究，旨在利用创新和优化的观测基础设施、对基本过程认识的进步以及对自然环境、建筑环境和社会系统之间相互作用建模的新方法，提高对北极变化及其地方和全球影响的认识。[②] ARCUS 认识到有必要让原住民社区参与北极科学研究，这有助于找到更具有包容性和协作性的研究方法、解决原住民社区面临的环境和社会问题。"原住民社区和公民科学"项目的内容包括从捕捉阿拉斯加的声音景观到调查入侵物种、记录植物、观察冰层和追踪蜜蜂，与各种机构建立合作关系，并积极吸引当地社区的参与。[③] 早期职业生涯会议资助奖旨在支持美国早期参与北极研究的职业人员和学生参与北极研究相关会议和活动，特别是提高具有代表性的少数群体（黑人、原住民等）对北极研究的参与程度。[④] 海冰预测网正在建设。2023 年海冰预测报告已经发布，该报告由海冰预测项目成员编写，讨论了 2023 年融冰季节海冰范围的驱动因素以及所做预报的性能，并得到学者和公民科学家的支持，为共享海冰预报和

[①] Arctic Research Consortium of the United States, "The Arctic in the Classroom (TAC): Partnering Scientists, Educators, & Communities to Improve Arctic Education," https://www.arcus.org/tac, 最后访问日期：2024 年 3 月 18 日。

[②] Arctic Research Consortium of the United States, "Navigating the New Arctic," https://www.arcus.org/nna, 最后访问日期：2024 年 3 月 18 日。

[③] Arctic Research Consortium of the United States, "Community and Citizen Science," https://www.arcus.org/ccs, 最后访问日期：2024 年 3 月 18 日。

[④] Arctic Research Consortium of the United States, "ARCUS Early Career Conference Funding Award," https://www.arcus.org/programs/early-career-funding, 最后访问日期：2024 年 3 月 18 日。

信息提供开放平台。① 北极后勤计划隶属于美国国家科学基金会极地计划办公室，能够支持使北极研究界广泛受益的项目，如对地理信息系统和数据管理的资助，在此计划的支持下，ARCUS 协调了多个规划进程，为北极研究机构提供来自学界的指导。②

（二）俄罗斯：俄罗斯-亚洲北极研究联盟（The Russian-Asian Arctic Research Consortium）

如前所述，俄罗斯北极跨学科研究与合作项目主要有三种形式，分别是研究机构课程、北极国际论坛以及高校北极科学合作联盟。在 2022 年之后的北极地区新形势下，高校北极科学联盟项目成为俄罗斯北极跨学科研究和合作的重点内容，目前比较成功的案例是 2022 年 6 月，在俄罗斯国际组织北方论坛（The Northern Forum）和东北联邦大学（NEFU）的倡议下，成立于萨哈共和国雅库茨克（雅库特）的俄罗斯-亚洲北极研究联盟。该联盟建立后，共有中国海洋大学、尤格拉国立大学（汉特-曼西自治区）、泰米尔学院（克拉斯诺亚尔斯克边疆区）、托木斯克国立大学、摩尔曼斯克国立技术大学、圣彼得堡北极事务委员会、东北国立大学（马加丹）、俄罗斯科学院西伯利亚分院经济研究所和工业生产组织（新西伯利亚地区）、彼得罗扎沃茨克国立大学（卡累利阿共和国）、涅涅茨农业和经济学院、教育出口潜力发展协会正式加入，随后哈尔滨工业大学（中国）、北极科学研究中心（亚马尔-涅涅茨自治区）、韩国海事研究所、国家极地和海洋研究中心（印度）也在加入的过程中。

北方论坛副首席执行官、现代语言与国际研究东北联邦大学研究所国际研究部代理负责人戴尔雅娜·玛吉斯莫娃（Daryana Maksimova）在第二届论坛"大学与俄罗斯地缘战略领土的发展"上发言时表示："由于地理位

---

① Arctic Research Consortium of the United States, "Sea Ice Prediction Network," https://www.arcus.org/sipn，最后访问日期：2024 年 3 月 18 日。

② Arctic Research Consortium of the United States, "Arctic Logistics," https://www.arcus.org/logistics，最后访问日期：2024 年 3 月 18 日。

置，东北联邦大学可以作为连接北极和亚洲的桥梁。俄罗斯－亚洲北极研究联盟想建立高校以及研究院合作机制，实施联合项目，研究北方和北极地区可持续发展的热点问题，发展联合跨学科课程和交流计划，从而在应对全球新挑战之际，帮助扩大俄罗斯与亚洲国家间的国际联系。"① 俄罗斯和亚洲大学之间的积极合作将有可能释放北极的深度研究和物流潜力，以新的俄罗斯－亚洲视角呈现北极主题，跨学科研究领域包括自然科学、社会科学、人文和国际合作。项目活动涵盖北海航线的研究、北极的投资、旅游和社会问题、北极能源系统、北极的自然资源和工业发展、北方的环境问题、气候变化和永久冻土、北极的生物多样性问题。科学对话包括俄中、俄印和俄韩研讨会等。

总之，自 2022 年设立到 2023 年该高校联盟汇集了 16 家科学和教育机构。这是一个促进与中国和印度合作的机制，俄罗斯外交部巡回大使、北极理事会高级官员委员会主席尼古拉·科尔丘诺夫在第八届"北极：可持续发展"国际会议上表示："莫斯科欢迎北京和新德里在北极地区的存在，并准备在这一领域与他们发展科学研究合作。"② 目前该联盟举办的国际活动有北极冬季和暑期学校、雅库茨克第四届北方可持续发展论坛、汉特－曼西斯克青年创业论坛、摩尔曼斯克北极复原力论坛、中俄北极技术大学协会北极研究论坛等，已经召开了三次线上研讨会，启动了几个俄中项目的计划。这些计划的研究内容包括吸引中国游客到俄罗斯北方地区，在俄罗斯发展中医药，以及从两国获得工业合作伙伴以开发北海航线等自然科学与社会科学的跨学科研究项目。

---

① "The Russian-Asian Arctic Research Consortium Was Created on the Initiative of the Northern Forum and the North-Eastern Federal University," https：//www. northernforum. org/en/ru/news－ru/northern－forum－news/1031－the－russian－asian－arctic－research－consortium－was－created－on－the－initiative－of－the－northern－forum－and－the－north－eastern－federal－university，最后访问日期：2024 年 3 月 15 日。

② Massive Russian Mobilization in the Arctic, "High North News' Overview Shows," https：//www. highnorthnews. com/en/massive－russian－mobilization－arctic－high－north－news－overview－shows，最后访问日期：2024 年 3 月 15 日。

以上俄罗斯北极跨学科研究和合作项目的成功案例表明，跨学科科学研究和合作项目为俄罗斯提供了在北极建立睦邻友好关系和促进国际合作的最有效工具，在一定程度上缓解了 2023～2025 年挪威担任北极理事会轮值主席国期间，俄罗斯北极科学研究开展受阻的情况。同时，对于包括中国在内的亚洲国家而言，通过高校联盟的方式与俄罗斯形成北极科学研究多样化多平台的低敏感度合作，有助于国内北极跨学科研究水平的提高，同时最大限度地减少了与其他北极理事会国家北极科学外交正常进行的影响，是新形势下确保北极和平与和谐以及维持关于以科学为基础应对全球挑战的国际对话方面的重大进展。[①]

（三）冰岛：北极圈论坛

北极圈论坛是关于北极问题的最大的年度集会，有来自 60 多个国家的 200 多名与会者参加，大会每年在冰岛的雷克雅未克举行。参会者有国家元首和政府首脑、部长、议会议员、原住民领导人和代表、官员、专家、科学家、企业家、商界领袖、环保人士、学生、活动家以及其他来自日益壮大的对北极感兴趣的国际合作伙伴和参与者群体的人士。北极圈论坛为各国参与北极治理和北极跨学科研究合作提供了重要的平台，除了每年一度的北极圈论坛大会外，还有其他方式开展合作，具体包括：①北极圈论坛分论坛，分论坛是在世界各地主办的有关专门主题的论坛，通常由北极圈论坛和主办国政府、部委或组织合作举办，2023 年北极圈论坛分别与日本笹川和平财团和阿拉伯联合酋长国气候变化和环境部合作组织了北极圈论坛日本分论坛和阿布扎比分论坛；[②] ②北极圈论坛线上空间，该平台是在线媒体平台，为政治、科学、商业和其他北极领域相关学者或领导提供发表观点的机会，涉及

---

① T. Y. Sorokina, L. Zarubina, M. Gutenev, E. Kudryashova, "International Interdisciplinary Arctic Research: Case Study of the Russian Arctic Bbiomonitoring Mega-grant Project," *Polar Record* 2023, 59: e28.

② Arctic Circle, "Forums," https://www.arcticcircle.org/forums, 最后访问日期：2024 年 3 月 19 日。

的主题如"第三极"喜马拉雅、格陵兰在北极治理中的参与等;① ③北极圈论坛-阿联酋第三极进程,该项目旨在将北极合作模式引入第三极地区,该项目与各国政府和科研机构合作开展研究,阿联酋致力于保护全球自然环境、减缓冰川融化引起的生物多样性丧失,因此阿联酋联合北极圈论坛推出第三极进程,2023年的阿布扎比分论坛即对相关问题进行了探讨,以减轻气候变化对第三极地区的影响;② ④北极圈论坛任务理事会,该理事会旨在深化对北极地区特定重要主题的参与,汇集多方专家、从多维度解决北极治理的紧迫问题,涉及北极原住民生存、格陵兰在北极地区的政治和经济发展、北极全球化等多个议题;③ ⑤北极圈论坛奖,即弗雷德里克-鲍尔森北极学术行动奖,该奖项自2012年起在每年的北极圈论坛上颁发给以行动为导向、旨在以具体方式扭转气候变化并产生巨大影响的科学研究。目前北极圈论坛奖已经颁发过三次,分别是2016年授予时任联合国秘书长潘基文,2019年授予拜登总统气候问题特使和美国前国务卿约翰-克里,2022年授予阿尔弗雷德-魏格纳研究所和MOSAiC探险队。④

(四)印度:国家极地和海洋研究中心

印度与北极的联系已有100多年的历史。印度是1920年《斯匹次卑尔根群岛条约》的原始缔约国之一。2007~2008年,印度启动了北极研究计划,对北极进行了首次科学考察,并在斯瓦尔巴群岛建立了Himadri研究站。多年来,印度主要专注于北极季风模式、气候变化、动植物和极地科学方面的科学研究工作。2013年,印度与意大利、中国、日本、新

---

① Arctic Circle, "Virtual," https://www.arcticcircle.org/arctic-circle-virtual,最后访问日期:2024年3月19日。
② Arctic Circle, "The Arctic Circle-UAE: Third Pole Process," https://www.arcticcircle.org/third-pole-process,最后访问日期:2024年3月19日。
③ Arctic Circle, "Arctic Circle Mission Councils," https://www.arcticcircle.org/mission-councils,最后访问日期:2024年3月19日。
④ Arctic Circle, "Awards," https://www.arcticcircle.org/the-arctic-circle-awards,最后访问日期:2024年3月19日。

加坡和韩国一起获得了北极理事会的观察员国身份。次年，在挪威极地研究所的技术支持下，印度成功地在该地区部署了第一个多传感器系泊天文台。此外，随着"冰上丝绸之路"的出现以及中国将自己定位为地理位置上的"近北极国家"，全球对北极地缘政治博弈的兴趣有所增加。因此，印度的政策制定者开始更加关注北极，并增加与北极国家的接触。2020 年印度与丹麦的关系提升为"绿色战略伙伴关系"，双方强调需要加强研究合作，并在北极理事会框架内进行合作，以应对气候变化。目前，印度是多个北极委员会的成员，如国际北极科学委员会和极地科学亚洲论坛。印度有超过 25 个机构正在从事北极研究。在 2022 年公布的官方北极政策中，印度阐述了其北极使命的六项原则：科学和研究、气候与环境保护、经济和人类发展、交通和连通性、治理和国际合作，以及国家能力建设。综上，印度对于北极科学外交的重视度较高，对于以应对气候变化而兴起的北极跨学科研究和合作项目参与较积极。目前，就印度所组织参与的北极跨学科研究和合作形式而言，以其国内的国家极地和海洋研究中心为核心与其他国家北极科研机构达成伙伴关系，是其作为北极域外国家较为成功的案例之一。

具体而言，印度国家极地和海洋研究中心的前身是国家南极和海洋研究中心（NCAOR），是印度的一家研发机构。它是印度政府海洋开发部、地球科学部的自治机构，负责管理印度南极计划并维护印度政府的南极研究站 Bharati 和 Maitri。印度意识到北极跨学科研究的重要性后，希望对北极冰雪融化、气候变化、海洋生物和生物多样性保护等问题展开联合科学研究。2017 年 6 月，在纽约联合国大会海洋会议上，印度外交国务部部长阿克巴尔指出，"印度科学家在北冰洋研究站工作，合作研究北冰洋与我们地区气候的关系"。2018 年 10 月，俄罗斯总统访印期间的俄印联合声明强调，"双方有兴趣在北极发展互利合作，特别是在联合科学研究领域"。印度努力完善北极科研设施，提升实验设备自主建造能力。2014 年，印度在北极地区部署了首个海底系泊观测站，2016 年在新奥尔松建立了大气实验室。北极地区属于全球公域，进行科学设施建设易导致全球战略竞争。为了避免主权纷争，莫迪政府以合作方式推动北极科研设施建设，并加强与相关研究机构合作，推动相关研究成果的发表，形成了以印度地球科学部建立的国家极地和海洋研究中心主导的、相关政府机构与大学院所参与的北极科研组织模式。NCPOR 数据显示，印度科研人员在 2014~2018 年共发布了 47 项研究成果，其中 2014 年 9 项、2015 年 10 项、2016 年 6 项、2017 年 11 项、2018 年 11 项，涉及北极的生物科技、微生物、大气环境、冰川、峡湾等领域。

印度国家极地和海洋研究中心主导下的北极跨学科研究与合作的开展是印度作为域外国家积极参与北极跨学科研究与合作的成功案例。印度作为非北极域外国家，渴望能凭其经济和科技实力占有一席之地，虽然不处于第一梯队，但也是位列前几名的国家。同时，得益于印度在北极地区依托其海洋技术、环境科学和医学技术等优势，以国家级科研中心为基础参与北极跨学科研究和合作能在一定程度上扩大印度的北极存在和影响力，促使印度拥有更多的北极事务话语权和参与能力。

三　北极跨学科研究和合作项目发展趋势分析

总结北极域内外国家北极跨学科研究和合作项目的整体概况以及美国、俄罗斯、冰岛、印度在不同形式下的北极跨学科研究和合作项目的成功案例，可以得出北极跨学科研究和合作项目共有三点主要发展趋势，具体论述如下。

（一）全球气候变化应对趋势下北极跨学科研究系统化发展

北冰洋作为北极区域内最重要的海洋系统目前正在通过泛北极海冰的急剧减少来应对气候变化。1980~2008 年，北冰洋区域冰覆盖率大幅下降，大面积冰盖从多年性转变为季节性，且厚度变得更薄了，由此增加的开阔水域致使海洋进一步吸收大气热量，进而加剧了变暖情况。永久冻土融化和海岸侵蚀加剧会动员大量有机物，这些有机物可以转化为温室气体，再度加剧全球变暖。预测表明，北冰洋最早可能在 2040 年出现季节性无冰。因此，随着航道通行将变为可能，海上勘探和开发生物和非生物资源必将变得更加容易，从而对北冰洋脆弱的自然生态系统造成进一步人为有害影响。综上，对于气候变化影响下的北极，需要以一种现代的整体科学方法来理解，解决如下疑问：它过去是如何运作的，今天的样子，它是如何变化的，以及未来会是什么样子。对未来后果的可靠预测对于所有北极国家以及北极地区以外的利益相关者、政策制定者和土地使用管理者，尤其是包括原住民社区在内的北极居民，以保护为导向的运营和可持续利用自然资源至关重要。①

北极跨学科研究正是在应对气候变化的过程中形成的，并且随着全球应对气候变化活动逐渐成为当前国际社会最重要的议题之一，北极域内外国家对北极跨学科研究的重视程度不断升高，北极跨学科研究呈现出更加系统化的发展趋势。一方面，在过去的几十年中，跨学科课程的形成，以及社会对以前相当保守的描述性科学课程（例如地理、物理、化学）中跨学科意识的提高，表明科学已经向更多的跨学科观点开放。② 而目前在大学阶段受益于这种新的科学观念，当代北极科学家借助国际组织以及北极域内外国家组织以大学为平台从事的北极跨学科研究和合作项目，能够更加提早和充分了解复杂的北极系统所有不同部分之间的相互依存关系，包括自然和社会经济过程。另一方面，由多学科小组联合开展的实地考察和其他研究活动是加强北极跨学科交流和合作项目的另一个重要构成形式，例如"北极季节性海冰区（TRANSSIZ）联合巡航"等合作项目。这类研究活动为了向每个工作组提供令人满意的条件，逐渐确定了不同的需求，以便在标准化协议之后提供单独的采样和数据监测；形成了组织良好的后勤工作和按时间顺序排列的各个实地工作程序的协议，以避免小组之间的干扰。总之，此类北极联合研

① Kirstin Werner, Michael Fritz, Nathalie Morata, Kathrin Keil, Alexey Pavlov, Ilka Peeken, Anna Nikolopoulos, Helen S. Findlay, Monika Kędra, Sanna Majaneva, Angelika Renner, Stefan Hendricks, Mathilde Jacquot, Marcel Nicolaus, Matt O'Regan, Makoto Sampei, and Carolyn Wegner, "Arctic in Rapid Transition: Priorities for the Future of Marine and Coastal Research in the Arctic," *Polar Science*, vol. 10, Issue 3, 2016, pp. 364-373.

② W. H. Newell, "A Theory of Interdisciplinary Studies," *Issues Integr. Stud.*, 19 (2001), pp. 1-25.

究活动需要所有不同各方的高度灵活性和强烈的妥协意愿，以实现联合研究计划的共同目标。

（二）俄乌冲突影响下北极跨学科研究和合作项目曲折推进

2022 年的俄乌冲突影响了北极地区的安全稳定态势，北极理事会也在当时一度陷入停滞状态，随着芬兰和瑞典加入北约，在北极域内国家中以美国为首的七国与俄罗斯之间形成了"七对一"的对抗格局，俄罗斯也转而向非北极国家寻求合作，北极区域治理面临巨大挑战。跨学科研究与合作项目作为北极科学治理和国际科学合作的重要内容，在北极治理中可以说是低敏感度领域，对北极域内外国家来说不失为实现北极可持续发展、推进北极合作的优先选择。但是随着俄乌冲突的持续，北极的跨学科研究与合作项目可以说是在曲折中推进。

一方面，曲折是指受制于俄乌冲突持续的影响，北极地区的地缘政治环境仍然复杂，一些具体的跨学科研究与合作项目发展缓慢，部分科学合作项目甚至一度中断。北极国家之间缺乏科学合作的信任基础，跨学科研究与合作项目受到阻碍，这具体体现在美国暂停了与俄罗斯关于穿越阿拉斯加楚科奇海前往俄罗斯弗兰格尔岛开展的北极熊联合科学研究；挪威国家石油公司、美国埃克森美孚石油公司暂停、终止了与俄罗斯的资源合作开发，涉及"北溪 2 号""库页岛液化天然气 2 号""萨哈林-1"等多个项目；俄罗斯科研船只不能访问阿留申群岛南部边缘的红鲑鱼渔业区进行海上数据收集；瑞典、挪威等国积极参加欧盟"2023~2024 地平线计划"，但具体的合作项目出现停滞现象。同时，美国在《2022 年北极地区国家战略》中将合作的对象限定在"盟友和合作伙伴"，并且在新战略中提到在俄乌当前形势下根本没有可能与俄罗斯恢复在北极的合作。可以看出，在 2023 年俄乌冲突持续的情况下，即便是相对低敏感的科学合作，也不免受到复杂地缘政治局势的影响。

而另一方面，北极跨学科研究与合作项目又因其特有的科学合作属性在缓慢推进。俄乌冲突后北极理事会的所有高级别会议被搁置，在此期间俄罗斯在没有其他北极七国的参与下组织召开北极科学部长级会议，并通过科研机构联合、建立俄罗斯-亚洲北极研究联合会协议^①等方式推动北极跨学科研究与合作。2023 年 4 月，北极国家和原住民常驻代表参加北极理事会第13 次会议并发表声明，这次会议标志着俄罗斯任期的结束和挪威任期的开始。挪威提出在其任职期间，将重点关注北极地区的稳定和建设性合作，通过海洋、气候与环境、经济可持续发展和北方人民四个优先主题确保北极地区可持续发展。在海洋问题上，挪威强调支持和加强国际海洋研究合作，加强联合行动治理海洋垃圾问题；针对气候问题，挪威认为需要建立强大、共享的知识库应对气候变化挑战；^② 目前，挪威组织发起了关于野地火灾的倡议，该倡议旨在加强北极圈内的合作，并通过跨挪威主席任期的公共小组和外联活动使人们更容易获得北极地区野地火灾相关信息^③召开第三届北极大型海洋生态系统管理方法国际会议，邀请科研机构、学者、环境机构和其他利益相关者等参会，旨在从整体角度探讨北极地区快速变化的海洋生态系统，寻找基于生态系统的管理方法。^④ "北极候鸟计划"提倡与北极当地猎人、原住民以及海鸟和污染物方面的科学家合作，确保整个北极地区对海鸟摄入的塑料进行标准化、系统化取样。^⑤ 北极理事会下设海洋环境保护工作组是冰岛北极和南极地区塑料问题国际研讨会的合作伙伴，就北极海洋垃圾问题展开研究。^⑥

---

① 《俄罗斯已将北极理事会轮值主席国职权移交给挪威》，极地与海洋门户网，2023 年 5 月 18 日，http://www. polaroceanportal. com/article/4666，最后访问日期：2024 年 3 月 22 日。

② Arctic Council, "Norway's Chairship 2023 – 2025," https://arctic – council. org/about/norway – chair-2/，最后访问日期：2024 年 3 月 22 日。

③ Arctic Council, "Norwegian Chairship Wildland Fires Initiative," https://arctic – council. org/news/norwegian-chairship-arctic-wildland-fires-initiative/，最后访问日期：2024 年 3 月 22 日。

④ Arctic Council, "Register Now: Ecosystem Based Management in a Rapidly Warming Arctic," https://arctic-council. org/news/norwegian-chairship-arctic-wildland-fires-initiative/，最后访问日期：2024 年 3 月 22 日。

⑤ Arctic Circle, "5 Things to Know about Arctic Seabirds and Plastics," https://arctic-council. org/news/arctic-seabirds-and-plastic-pollution/，最后访问日期：2024 年 3 月 22 日。

⑥ Arctic Circle, "Northernmost 'Plastic in a Bottle' Launched to Gain Insight on Arctic Plastic Pollution," https://arctic – council. org/news/northernmost – plastic – in – a – bottle – launched – to – gain-insight-on-arctic-plastic-pollution/，最后访问日期：2024 年 3 月 22 日。

总体来看，俄乌冲突给北极治理带来了挑战，无论是北极域内国家还是域外国家，都根据北极形势的变化采取了不同的行动。但是可以肯定的是，北极跨学科研究与合作项目将会持续推进，其范围从最初专注于气候变化研究到当前拓展至北极原住民、能源开发、航运等多个方面。尽管当前俄乌冲突暂时难以解决，但是科学研究合作无国界，北极跨学科研究与合作项目将在特殊的地缘政治背景下持续推进。

（三）北极跨学科研究和合作与北极的多元化治理良性互动

北极跨学科研究与合作兴起于北极的气候治理，气候变化"牵一发而动全身"，影响着北极原住民、能源、航运、海洋等多个方面，随着北极气候变化的挑战不断增加，对北极气候问题的研究日益深入，也不再只局限于气候学角度。而自俄乌冲突以后，北极地区的地缘政治环境更加复杂，而北极地区的跨学科研究与合作项目，作为北极治理的一种重要方式，在俄乌冲突持续的情况下，促进了北极地区的多元化治理，这主要表现在以下几方面。

一是治理主体的多元化。随着芬兰和瑞典加入北约，北极域内八个国家之间的对峙格局也愈演愈烈，北极理事会在俄罗斯担任轮值主席国期间一度陷入停摆状态，北极八国也形成了"七对一"的对抗格局，而俄罗斯转而向有积极参与北极治理意愿的北极域外国家寻求合作，在北极"门罗主义"倾向仍然存在的情况下，北极治理的主体更加多元。中国与俄罗斯的科学合作更加密切，俄罗斯"在中国发现了可用于北极 LNG-2 项目的涡轮机"，[①]俄罗斯也向中国寻求北方海航道的卫星数据，[②] 2023 年中国的第 13 次北冰洋科学考察进一步加深了中-俄在加克洋中脊地球物理合作调查；日本通过

---

① 《俄媒：在中国发现了可用于北极 LNG-2 项目的涡轮机》，极地与海洋门户网，2023 年 5 月 25 日，http://www.polaroceanportal.com/article/4679，最后访问日期：2024 年 3 月 25 日。
② 《由于缺乏自己的卫星覆盖，俄罗斯正在向中国寻求北方航道数据》，极地与海洋门户网，2023 年 4 月 6 日，http://polaroceanportal.com/article/4597，最后访问日期：2024 年 3 月 25 日。

"北极研究推进项目"与北极国家合作在北极设立研究基地,以为学者提供研究平台,同时还积极举办北极圈论坛分论坛等活动;韩国极地研究所每年主办国际极地科学论坛分享极地领域的学术成果并加强与国际科研机构的合作;印度通过发展国家极地和海洋研究中心等相关科研机构、设立与北极研究合作相关的基金项目参与北极跨学科研究与合作,以增强自身的北极建设能力。

二是治理内容的多元化。气候变化给北极带来了较大的影响,北极跨学科研究与合作项目的内容从气候治理扩展至北极航道、北极社区的经济和社会发展、原住民生存等多个方面。气候变化问题的系统性在跨学科研究与合作项目中体现得淋漓尽致,如美国 ARCUS 从气候对物种的影响角度发起了"海冰对海象的影响展望"项目,中国提倡的"冰上丝绸之路"建设内容涵盖科学技术、经济发展等诸多方面,俄罗斯发起的高校合作项目在极地海洋工程、人员培训和北极实验室建设方面进行合作,加拿大通过 CHARS 开展有关北极原住民社区气候和经济社会变化的研究,芬兰的高校合作项目除北极自然科学领域的研究外还涉及社会科学和法律有关的问题。

通过梳理北极跨学科研究与合作的主体和各项实践,可以看出北极跨学科研究与合作项目随着国际社会对北极治理的深度参与,其研究内容更加广泛,北极治理的主体也随着北极跨学科研究与合作项目的开展更加多元化。可以说,北极跨学科研究与合作项目与北极治理在当前北极复杂的地缘政治环境下形成一种良性的互动,跨学科研究与合作的本质是国际科学合作,科学研究是北极治理中敏感度相对较低的领域,受北极地缘政治环境的影响较小,因此,在未来较长时间内,北极跨学科研究与合作项目的持续推进,会在一定程度上缓和北极地区的紧张局势,促进北极治理的向好发展。

四　中国的参与和经验借鉴

2018 年《中国的北极政策》发布,明确中国与北极的跨区域和全球性问题息息相关,特别是北极的气候变化、环境、科研等问题,这些问题关系到世界各国和人类的共同生存与发展，与包括中国在内的北极域外国家的利益密不可分。以北极科学合作为主导的北极科学外交是中国通过外交方式参与北极事务过程中最早且最重要的组成部分。根据上文的分析，随着气候变化的加剧，北极科学合作逐渐发展成为学科领域和研究内容更为广泛、全面的跨学科研究与合作，北极域内外国家均积极组织并参加相关合作项目。中国作为北极事务的重要利益攸关方以及有着丰富北极科学合作经验的极地科学考察大国当然也不例外，积极参加北极科学部长级会议等活动。此外，2013 年，中国-北欧北极研究中心在上海成立，成员机构包括来自北欧国家的 6 家科研院所和中国的 5 家科研机构。该研究中心始终坚持北极研究是跨学科的，北极研究应当是不同国家、不同领域的整合研究。2023 年值此中心设立十周年，第八届中国-北欧北极合作研讨会成功举办，中欧北极科学合作计划将开启下一个十年；2014 年，中国上海国际研究院、日本北海道大学与韩国海洋研究院协商正式成立"北太平洋北极研究共同体"，并轮值召开学术研讨会，打造了一个北极跨学科研究学术外交模式，由三国外交人员与学者共同参与。迄今为止，该研究共同体在加强三边合作，促进知识-政策-治理的结合、共同应对气候变化挑战等方面也取得了较大成就。总之，中国不仅积极参与北极域内国家组织的北极跨学科研究和合作项目，同时也积极与北极域内外国家共同组织创建北极跨学科研究和合作平台。中国通过参与和设立北极跨学科研究和合作项目，达成了与北极域内外国家的一种软性的信息交流和相互督促。作为北极域外国家，中国需要在北极跨学科研究与合作中的科技战略对接、科技项目合作以及深入介入北极观测网和数据共享等方面展现出更加积极的态度和措施，来提升中国参与北极治理的影响力。

综上所述，俄乌冲突仍在持续，北极域内八个国家中除俄罗斯外都加入了北约，北极域内八个国家的竞争与对峙进一步升级，北极国家的传统外交面临挑战。中国作为地理位置上的近北极国家和北极重要利益攸关方，通过国际科学合作参与北极治理有其正当性和合法性。因此，在未来北极治理中，中国可以继续通过开展跨学科研究与合作，通过科学外交的方式积极参与北极治理，具体而言，首先，在国际层面，中国应积极追随国际社会的北

极治理动向，参加如联合国发起的"海洋十年-北极行动计划"，尊重北极国家的主权和权利，积极开展北极国际科学合作。其次，在区域层面，中国重视北极理事会在北极事务中的主导作用，积极响应北极理事会关于北极治理的倡议与动向；积极同北极域内国家开展合作，参与如北极圈论坛等国际会议，寻求北极最新科学治理动态；同其他北极域外国家开展合作，继续加强同日韩两国的北太平洋北极研究共同体建设，对北极的新挑战、新机遇开展持续性跨学科研究，交流分享区域研究成果，提高中日韩三国的北极治理能力。最后，从中国自身来讲，可以学习其他国家开展北极跨学科研究与合作的先进经验，如学习美国在国内设立专门的北极跨学科研究机构，针对不同领域开展跨学科研究，提高国内现有北极研究机构的开放性，以为更多高校和科研人员提供更便利的研究平台；学习瑞典依靠国内高校开展跨学科研究与合作模式，当前中国国内已有许多高校与俄罗斯的高校在气候变化、海洋监测等具体领域开展跨学科研究与合作，未来应鼓励更多的高校参与北极科学合作的具体领域和项目。

五　结语

北极跨学科研究和合作项目缘起于北极气候变化的应对治理，近年来随着北极域内外国家的积极组织和参与，已逐渐发展成为北极治理活动的重要组成部分，尤其在推动北极科学外交全面发展方面有着重要意义。当前，俄乌冲突等不稳定因素加剧了北极地缘政治环境的复杂性，北极的传统治理面临着挑战。但是，北极域内外国家通过建立北极科学研究联盟、举办北极圈论坛、设立国内北极跨学科研究合作中心、开展高校北极科研合作项目等方式，为北极跨学科研究和合作积累了丰富的实践经验，并且形成了北极科学外交新趋势，为北极治理提供了新途径，维护了北极的和平、稳定和可持续发展。北极的未来关乎北极域内外国家以及全人类共同的利益，北极跨学科研究和合作项目为各利益攸关方的参与和贡献提供了平台，在未来北极治理中将发挥越来越重要的作用。

附　录
2023年北极地区发展大事记

1月

2023 年 1 月 10 日 科学家在《自然》(*Nature*) 杂志上发起呼吁，希望科学界恢复与俄罗斯研究人员在北极地区的联系。俄罗斯拥有最长的北极海岸线、最大的森林生物群落区，以及永久冻土，全球气候科学家和机构之间的交流对于实验开展的连续性至关重要，从 2022 年 2 月开始，越来越多的组织拒绝邀请俄罗斯科学家参加论坛。

2023 年 1 月 10 日 挪威石油与能源大臣泰耶·奥斯兰在行业会议中表示，挪威已向 25 家国内外公司颁发了 47 份新的海上石油和天然气勘探许可证。此前俄罗斯切断了大部分面向欧洲的天然气供应，2022 年挪威已经超过俄罗斯成为欧洲最大的天然气供应国。

2023 年 1 月 13 日 欧洲大陆首个卫星发射中心埃斯兰奇航天中心 (Esrange Space Center) 在瑞典北部城市基律纳的埃斯兰奇正式启用。瑞典国王卡尔十六世·古斯塔夫 (Carl XVI Gustaf)、欧盟委员会主席乌苏拉·冯德莱恩 (Ursula von der Leyen) 和瑞典首相乌尔夫·克里斯特松 (Ulf Kristersson) 出席了启动仪式。这对于发射卫星以监测北极气候变化、自然灾害、维护安全等方面具有重要意义，是欧洲通往太空的门户。

2023 年 1 月 17 日 俄罗斯钛资源公司 (Rustitan) 和中国交通建设集团有限公司签署了在科米共和国开发采矿项目的协议，该合作不仅包括钛矿开采，还包括港口和铁路等一系列相关基础设施的开发。此外，双方还就成

立一家合资公司达成了协议。中国是世界上最大的钛生产国和出口国，也是生产钛合金所需的钛矿石的主要进口国之一。

2023 年 1 月 18 日　芬兰关闭驻摩尔曼斯克领事馆，这标志着芬兰在俄罗斯最大北极城市三十多年的外交存在结束。领事馆设立于 1992 年，芬兰外交部发布声明称，该领事馆的核心任务大幅减少，将暂停其活动，直至另行通知。但是，赫尔辛基在圣彼得堡和彼得罗扎沃茨克都设有总领事馆，并指出摩尔曼斯克的签证申请服务中心将继续为客户提供服务。

2023 年 1 月 20 日至 30 日　美国国民警卫队在密歇根州北部举办了"北方打击 23"（Northern Strike 23）联合军演，旨在应对北极地区可能发生的军事对抗，其中野战炮兵是演习的焦点，拉脱维亚国家武装部队特战人员也参与了军演。国民警卫队队长、陆军上将丹·霍坎森（Dan Hokanson）表示："如果中俄与挪威等北约盟国在北极发生对抗，美国将有义务支持盟友。"

2023 年 1 月 30 日　第十六届"北极前沿"大会（Arctic Frontiers）在挪威特罗姆瑟举办，美国、瑞典和冰岛均派遣代表出席。会议的主题是北欧地区共同面临的挑战。会议讨论了粮食安全和生产、北方移民、能源安全以及科学的作用。由于俄罗斯对乌克兰采取特别军事行动，北欧国家将北方防御置于关键地位。此外，农村发展和人口减少问题也被提上 2023 年"北极前沿"大会的议程。

2月

2023 年 2 月 6 日　联合国大陆架界限委员会发布文件，批准俄罗斯对其北冰洋中部海底权利的大部分主张。这片海床的面积大约是 170 万平方公里。大陆架界限委员会的建议并不是关于北极海床权利国际讨论的最终结果，但是专家组已经证实了俄罗斯的大部分主张。俄罗斯的权利主张从俄罗斯北部水域的专属经济区横跨北极，直到加拿大和格陵兰岛（丹麦王国的一部分）的专属经济区。

2023年2月6日至8日　在印度举办首届能源周（IEW）会议期间，俄罗斯诺瓦泰克公司（Novatek）与印度天然气公司GAIL达成协议，计划向印度输送更多液化天然气；诺瓦泰克公司与印度Deepak化肥和石化公司就液化天然气和低碳氨供应问题达成谅解备忘录；诺瓦泰克公司还寻求与印度在液化天然气的技术设备和再气化终端建设方面进行合作。

2023年2月7日至11日　北极光会议和贸易展在加拿大渥太华举行，为来自北方的政治、文化和商业领袖提供了交流平台，会议主题包括原住民主导的经济发展与旅游业、军事议题和绿色能源发展议题，参加会议的人员主要是来自加拿大的原住民组织，数十位来自北方的艺术家利用博览会展示和出售他们的作品。

2023年2月9日　英国政府更新了《北极政策框架》，该文件将英国与北极有关的所有政策文件汇集在一个单一综合框架下。主要内容包括：概述了英国在北极地区的利益，并制定了长期优先事项和目标；强调俄罗斯对乌克兰采取的军事行动从根本上改变了该地区原有的低紧张局势状态，并影响英国作为北极理事会观察员国开展和平合作；重申英国仍将是北极地区积极、有影响力和可靠的合作伙伴，表明北约将在北极地区发挥更大作用。

2023年2月13日　拜登正式提名美国北极研究委员会主席迈克·斯弗拉加（Mike Sfraga）担任北极地区无任所大使。北极地区无任所大使的提名需获得参议院的确认，目前该提名已获得阿拉斯加共和党参议员的批准。此前奥巴马时期曾设立美国北极特别代表一职，特朗普时期曾设立美国北极地区协调员，但其级别均低于大使级。迈克·斯弗拉加是北极地理和政策方面的专家，具有广泛研究该地区的学术背景。

2023年2月15日　美国北极研究委员会发布了《关于2023~2024年北极研究目标和目的的报告》。该报告提出环境风险和危害、社区健康和福利、基础设施建设、北极经济、研究合作共五项研究目标。该报告为决策者提供了信息和方向，并推进了美国北极政策和战略发展。

2023年2月21日　俄罗斯修改了北极政策，删除了"加强在北极理事

会等多边平台开展合作""加强与北极国家的睦邻友好关系"相关内容,强调需要优先考虑俄罗斯的北极利益,在双边基础上发展与外国的关系,维护俄罗斯联邦在北极的国家利益,并努力提高北极工业项目的自立能力。

3月

2023 年 3 月 1 日　挪威国防大臣埃里克·克里斯托弗森(Eirik Kristoffersen)、瑞典国防大臣迈克尔·拜登(Micael Bydèn)和芬兰国防部副部长维萨·维尔塔宁(Vesa Virtanen)参加了希尔克内斯会议,他们讨论了瑞典和芬兰加入北约后,高北地区开展防务合作的新方向。挪威国防大臣埃里克·克里斯托弗森认为,北欧地区将在短短几年内成为一体化程度最高的地区。

2023 年 3 月 4 日至 6 日　北极圈论坛日本分论坛在东京举办。来自北极各国的北极大使和原住民代表参加了会议。会议重点讨论了亚洲在北极治理中的作用,以及来自亚洲的北极理事会观察员国的观点。该活动是北极圈论坛与日本财团和笹川和平财团(SPF)共同举办的。

2023 年 3 月 6 日至 16 日　挪威陆军发起的"联合维京"(Joint Viking)冬季演习在该国北部开展,来自加拿大、芬兰、法国、德国、冰岛、挪威、英国和美国等 9 个国家的 20000 名士兵、50 架飞机和 40 艘潜艇参与了此次演习,旨在提高大规模联合行动应对气候变化的能力。同一时期,英国在挪威近海举行了"联合勇士"(Joint Warrior)演习。

2023 年 3 月 8 日　英国与挪威达成协议,将在特罗姆瑟南部建立新的作战基地——维京军营(Camp Viking),以容纳英国沿海反应小组(Littoral Response Group,LRG)的部队,加强双方在北极地区的接触和伙伴关系。维京军营是提供山地和寒冷天气作战训练的焦点,并在战略上是支持北约行动的前沿作战基地。

2023 年 3 月 12 日　拜登政府根据《外大陆架土地法案》撤回波弗特海(Beaufort Sea)的开采权,全面保护美国的北冰洋地区免受未来任何石油和天然气租赁活动的影响。同时通过划定"特殊区域"（special area）对阿拉斯加国家石油储备区（NPR-A）的生态敏感地区进行额外保护。拜登政府宣称此举推动了美国回到气候议程并降低了美国对石油的依赖。

2023年3月13日　拜登政府批准了"威洛"（Willow）项目的缩减版，此举受到了阿拉斯加州官员的欢迎，但同时也备受环保人士的质疑与批评。阿拉斯加州官员认为这为阿拉斯加州带来了就业和收入，环保人士则认为这违背了拜登总统的气候宣言并将对阿拉斯加州的环境带来巨大的破坏。

2023年3月31日　俄罗斯总统普京签署命令，批准新版《俄罗斯联邦对外政策构想》，阐明了俄罗斯在外交政策领域对国家利益的观点体系，以及俄罗斯联邦外交政策的基本原则、战略目标、主要任务和优先方向，新构想中的许多条款将决定莫斯科"未来四至六年"的外交政策路线。文件强调俄罗斯对西方没有敌意，将全面深化与中印的关系和协作。

4月

2023年4月4日　芬兰在布鲁塞尔的北约总部交存了加入《北大西洋公约》的文书，成为北约的新成员，芬兰总统、外交部部长、国防部部长等出席了仪式。

2023年4月6日至7日　哈萨克斯坦、吉尔吉斯斯坦、伊朗、老挝、沙特阿拉伯等13个观察员国参加了俄罗斯组织的"安全北极2023"救援演习。演习地点涉及俄罗斯的9个北极地区，自西部的摩尔曼斯克到东部的楚科奇；其内容包括化学品泄漏、人员疏散、直升机坠毁等16个场景。俄方试图通过演习活动展现其在紧急情况下在北极采取行动的能力，并表明其在安全领域加强合作的意愿。

2023年4月6日　美国将图勒空军基地（Thule Air Base）重新命名为皮图菲克太空基地（Pituffik Space Base），这表明其将在美国空中作战中发挥更重要的作用。皮图菲克是该基地所在地区的传统格陵兰语名称，这次重新命名也代表着美国对格陵兰文化遗产和基地历史的承认。美国希望与格陵

兰、丹麦人民共同致力于北极的集体防御，以应对北极地区日益增强的安全威胁。

2023年4月21日 北方论坛副执行主任、东北联邦大学代表达里亚娜·马克西莫娃（Daryana Maximova）表示，俄罗斯-亚洲北极研究联盟（The Russian-Asian Consortium for Arctic Research）和中国海洋大学计划在旅游、医药和北方海航道利用等多个领域开展合作项目。该联盟将俄罗斯和亚洲的科学、教育和其他组织联合起来，由来自俄罗斯和中国的16个机构组成。

2023年4月21日 美国和冰岛在华盛顿特区举行了一年一度的美国—冰岛战略对话（United States-Iceland Strategic Dialogue）。安全问题成为此次战略对话的重要议题，作为北约盟国，美国和冰岛讨论了一系列有关欧洲安全、北大西洋安全、持续支持乌克兰、北极安全、冰岛担任欧洲委员会主席国以及未来合作领域的问题。

2023年4月24日至25日 中国海警局与俄联邦安全总局在摩尔曼斯克举行高级别工作会晤。双方共同签署《中华人民共和国海警局和俄罗斯联邦安全总局关于加强海上执法合作的谅解备忘录》，并观摩了北极海警论坛下的"北极巡航2023"海上实战演习。

2023年4月25日至27日 北约最新成员国芬兰在图尔库主办北极安全部队圆桌会议，讨论北极安全相关问题。会议的主题包括：了解俄罗斯和中国在北极的利益和对该地区的态度，以及如何提高北约盟国和合作伙伴在战略关键地区的综合威慑实力。美国方面表示，当前各国在北极安全方面的合作空前重要。

2023年4月28日 俄罗斯总理米哈伊尔·米舒斯京（Mikhail Mishustin）签署"将北方海航道开发计划延长至2035年"的指令。北方海航道的开发是俄罗斯目前最大的现代项目之一。它为石油、天然气和其他矿产的运输以及北极地区的开发开辟了新的机遇。此次延长北方海航道开发计划的行动，将使俄罗斯远东与北极发展部以及俄罗斯国家原子能公司能够充分利用北方海航道，以促进俄罗斯的发展，目的是更好地抵抗外部制裁压力。

5月

2023年5月4日至19日　多国部队在阿拉斯加及其周边的埃尔门多夫-理查德森联合基地、艾尔森空军基地等多个地点联合举行"北方边缘23-1"演习（NE23-1）。英国和澳大利亚的服役人员加入美国印太司令部特遣队，目的是提升各国军方的联合作战能力。

2023年5月11日　俄罗斯联邦渔业署（Russia's Federal Fishery Agency）署长伊利亚·舍斯塔科夫（Ilya Shestakov）在阿尔汉格尔斯克举行的北极渔业资源会议上表示，如果不完全恢复俄罗斯在国际海洋考察理事会（ICES）的成员资格，俄罗斯将会退出这一组织，与中国等在科学研究领域签署协议的国家合作，并与挪威商讨捕捞配额。

2023年5月12日　作为北极理事会主席的俄罗斯与另外北极七国的北极官员举行了会议，这一会议标志着俄罗斯主席任期的结束和挪威主席任期的开始。会议结束后，北极理事会发表了一份联合声明，所有八个北极国家都承诺致力于维护和加强北极理事会。这份声明进一步表示，它承认北极原住民的权利、他们与北极的特殊关系以及该地区跨境和民间合作的重要性。

2023年5月14日　俄罗斯外交部巡回大使、北极理事会高级官员委员会主席尼古拉·科尔丘诺夫表示，在北极理事会"停摆"的背景下，与金砖国家和上海合作组织国家在北极地区的联系正在积极发展。各方在科学研究、物流、环境保护等领域开展了一系列双边合作。

2023年5月24日　世界上最大的航空母舰"杰拉尔德·福特"号（USS Gerald R. Ford）短暂访问挪威奥斯陆。按照计划，这艘航母将在奥斯陆停靠数天，随后将前往北极地区参加多国联合"北极挑战-2023"军事演习（Arctic Challenge Exercise 23，ACE 23）。俄罗斯大使馆对此强烈批评，表示："该地区没有需要武力解决或外部干预的问题，考虑到挪威政府曾表示俄罗斯不对挪威构成军事威胁，美军的这次展示不仅不合逻辑，而且十分有害。"

2023年5月29日至6月9日　"北极挑战-2023"演习在吕勒奥（瑞

典）、奥兰德（挪威）、罗瓦涅米（芬兰）和皮尔卡拉（芬兰）的四个空军基地同步进行，来自比利时、加拿大、捷克、丹麦、芬兰、法国、德国、英国、意大利、荷兰、挪威、瑞士和美国等 14 个国家的约 150 架飞机和 3000 名军人参加此次演习。演习目的是演练不同规模的空中行动，包括战术和指挥控制程序。同一时期，美国国务卿布林肯访问了瑞典、挪威和芬兰。

6月

2023 年 6 月 1 日起　俄罗斯终止与芬兰关于军事评估访问的协议。在疫情之前，双方每年都会进行此类访问。因此，该举措意味着俄芬两国在军事领域的另一项信任建立机制瓦解了，双方的外交关系也受到了影响。同时，美国和俄罗斯目前也退出了多个相关军事协约，认为侵害了本国的利益，比如《欧洲常规武装力量条约》和《新削减战略武器条约》，解除了对国家的军备控制。但这些行为会加剧军事威胁程度和不稳定因素，不利于保持地区长期稳定。

2023 年 6 月 1 日　美国白宫发布了一份简报，强调了美国和芬兰在安全联盟、能源与北极领域的持久伙伴关系。该简报指出，在安全联盟方面，芬兰加入北约代表着欧洲安全格局的重大变化，并加强了该区域和跨大西洋的安全。美国将通过国防合作协议谈判加强与芬兰的双边安全关系。在能源领域，美国支持芬兰投资核能，发展清洁能源项目。在北极地区，美国愈发重视北极，并将与芬兰加强合作，共同确定推动北极理事会运行的方法。

2023 年 6 月 1 日　美国国务卿安东尼·布林肯（Antony Blinken）宣布，美国将在挪威的北极城市特罗姆瑟设立一个外交派驻点，这将"加深美国在高北地区的参与度"。挪威外交大臣安妮肯·维特费尔特（Anniken Huitfeldt）对此表示欢迎。

2023 年 6 月 5 日至 6 日　由中国海洋大学和圣彼得堡国立大学联合举办，汉特-曼西自治区政府给予大力支持的第十二届中俄北极论坛在圣彼得堡和汉特-曼西斯克举行。会议包括"新形势下的北极合作"与"加强双边关系的构想"两个议题，与会中俄专家学者就新形势下的北极地区资源开发、北极航道开发及利用、北极地区安全等领域的合作及前景进行了坦诚友好的探索和交流，并就中俄未来北极合作的诸多问题进行展望和规划。

2023年6月22日　美国参议院参议员丹·沙利文与25名委员会同事投票通过了2024财年国防授权法案。该法案授权为阿拉斯加和北极地区的军事建设提供大约1.68亿美元投资。此外，国防部还宣布通过了由沙利文争取的埃尔门多夫-理查森联合基地（JBER）的价值2.03亿美元的军事建设项目。2024财年国防授权法案必须由参众两院通过内容相同的最后版本，才能送交总统签署成法。

2023年6月25日　中国开工建造第三艘极地破冰船。该船设计船长约103米，设计吃水排水量约9200吨，续航15000海里，载员80人，具备无限制水域航行、载人深潜、深海探测、综合作业支持等功能。这艘船可以帮助中国成为继俄罗斯之后第二个用深海潜水器将人们带到北极海底的国家。

2023年6月26日至7月2日　弗吉尼亚级快速攻击潜艇"特拉华"号（Delaware）抵达法罗群岛托尔斯港（Tórshavn）进行港口访问，这是美国海军核动力潜艇首次在法罗群岛停泊并进行访问，美国海军欧洲-非洲海上作战主任斯蒂芬·麦克（Stephen Mack）少将指出，法罗群岛和高北地区是潜艇作战的关键地区。

2023年6月30日　日本经济产业省表示，将俄罗斯"萨哈林-1"、"萨哈林-2"项目以及"北极LNG-2"项目排除在制裁之外。"萨哈林-2"项目约占日本液化天然气进口量的9%，考虑到制裁对在俄日本公司的影响，也为了确保对日本能源安全至关重要的项目稳定运行，日本政府已决定采取必要措施。

7月

2023年7月3日　欧盟和日本加强科技联系，计划通过北极铺设海底

电缆。在日欧数字伙伴关系理事会（Japan-European Union Digital Partnership Council）会议之后，双方签署了合作备忘录，计划在北极铺设安全、稳定和可持续的海底电缆，连接欧盟和日本，并有可能将其扩展到东南亚和太平洋更广泛的地区。

2023 年 7 月 6 日 俄罗斯驱逐了 9 名芬兰外交官并关闭了芬兰驻圣彼得堡领事馆，同时关闭俄罗斯在哥德堡的领事馆。自乌克兰危机爆发以来，俄罗斯与多国外交关系恶化，数百名俄罗斯外交官员被驱逐出欧洲，俄罗斯方面则驱逐了西方外交官作为报复。

2023 年 7 月 8 日 俄罗斯天然气工业股份公司（Gazprom）发言人表示，该公司通过苏德扎（Sudzha）天然气中转站向欧洲供应天然气，日供应量为 4080 万立方米，而此前乌克兰方曾以受不可抗力因素影响为由拒绝了通过索卡诺夫卡（Sokhanovka）中转站输送天然气的申请。

2023 年 7 月 8 日 巴西首次向北极地区派出科考队。在国家科技发展委员会和其他机构资助下，由巴西利亚联邦大学和米纳斯吉拉斯联邦大学的科学家组成的科考队在斯瓦尔巴群岛收集植物、真菌、微生物、沉积物和其他生物样本，以生成有关该地区的数据，这些数据将有助于科考队了解两极物种之间的关系。

2023 年 7 月 11 日至 12 日 北约成员国首脑峰会在立陶宛首都维尔纽斯召开。此次峰会聚焦三大议题：讨论乌克兰加入北约问题、扩大北约在亚太影响力、商定新防御计划。北约领导人表示欧洲-大西洋地区的和平已被打破，新防御计划将极大提高威慑和抵御威胁的能力。他们承诺为计划提供资源并定期演练，以备高强度、多领域的集体防御。然而，成员国是否愿意动员如此庞大的兵力仍未可知。

2023 年 7 月 12 日 中国第 13 次北极科考队乘坐"雪龙 2"号破冰船从位于上海的中国极地研究中心起航，此次北极任务的重点是考察北冰洋中部太平洋区和大洋中脊两大区域，研究大气、海洋、地下和海冰环境条件以及生物群落和污染物，旨在提高中国在北极保护、应对变化和海洋污染评估方面的能力。在完成了一系列水文、气象和物理实验后，该团队于 9 月 27 日返回上海。

2023 年 7 月 13 日　在赫尔辛基举行的美国-北欧峰会上，拜登与北欧领导人强调了北约团结。会议涵盖防务合作、乌克兰危机等多个议题，强调了美国和北欧对乌克兰的支持，并重申了对地区和跨大西洋安全的贡献。专家指出，美国将加强在北欧的军事存在，但避免直接与俄罗斯对抗，北约扩张被看作是美国遏制俄罗斯政策的一环，北欧成为北约关键地区。

8月

2023 年 8 月 10 日　俄罗斯交通部发布了北方海航道国家开发项目规范，计划扩大海上码头总容量，建设数字生态系统，构建北方海航道水域数字服务综合平台，进行科考船的现代化改造，建造一支破冰船队，并计划到2025 年实现北方海航道全年通航。

2023 年 8 月 11 日　俄罗斯外交部巡回大使尼古拉·科尔丘诺夫表示，在北极理事会现任轮值主席国挪威宣布 2023 年秋季恢复各工作组活动计划的背景下，俄罗斯对北极理事会的有效工作感兴趣，并将继续参与其活动。北极理事会曾成功应对了包括石油泄漏、生物多样性、处理海洋废物等非军事风险和挑战，有必要推动其继续运行。

2023 年 8 月 13 日　美国在冰岛部署空军轰炸机特遣部队，将与北欧盟国合作开展演习，冰岛当局对此表示支持。空军轰炸机特遣部队包括三架具有核打击能力的 B-2 幽灵（Spirit）飞机，以及大约 200 名飞行员。这是第三次将这种类型的美国空军轰炸机特遣部队部署到该国。此类部署的依据是1951 年冰岛和美国之间签署的《双边防御协定》。

2023 年 8 月 19 日　挪威海洋研究所（Norwegian Institute of Marine Research）与俄罗斯联邦渔业和海洋学研究所（Russian Federal Research Institute of Fisheries and Oceanography，VNIRO）开展在巴伦支海一年一度的联合研究航行，此次任务包括监测生态系统的状况和变化，并为咨询和研究

工作收集必要的数据。挪威和俄罗斯之间的海洋研究合作是两年前俄罗斯对乌克兰展开特别军事行动后仍然存在的为数不多的合作平台之一。

9月

2023 年 9 月 8 日 中俄两国北极外交官员讨论了在北极开展合作项目的问题。能源、科学、交通和基础设施是中心议题，包括北方海航道沿线基础设施的开发和使用，以及在北极关键政府间论坛——北极理事会框架内进一步互动的前景。俄罗斯想要与非北极国家，特别是与中国加强在北极地区的合作。

2023 年 9 月 11 日至 15 日 欧洲北方安全研讨会举行。泰德·史蒂文斯北极安全研究中心与乔治·马歇尔安全研究中心合作，汇集了来自超过 15 个国家的高级安全从业人员，探讨北极地区的跨国安全问题和新出现的挑战。与会者主张优先考虑人类安全问题，如食品安全、基础设施发展、环境问题以及原住民和当地社区的复原力，同时维护"基于规则的国际秩序"、主权和航行自由。

2023 年 9 月 12 日 八个北极国家通过了北极理事会的新指导方针，允许北极理事会的工作组恢复其活动。挪威北极大使莫滕·霍格伦德（Morten Høglund）认为俄罗斯正在发出建设性和积极的信号，并为北极理事会的重启工作做出贡献。

2023 年 9 月 14 日 俄罗斯天然气工业股份公司的子公司 Nedra 被列入了美国最新的制裁名单当中。Nedra 是俄罗斯最大的石油和天然气服务公司之一，运营着几个用于勘探俄罗斯北极大陆架的钻井平台，这一制裁将影响其获得技术以及与国际伙伴合作的能力。但制裁对俄罗斯天然气工业股份公司的影响不会太大。

2023 年 9 月 18 日 俄罗斯宣布退出巴伦支海欧洲-北极圈理事会，俄外交部声明，这是因为现任理事会并未确认 2023 年 10 月将轮值主席国权移交俄方，这违反了轮换原则，扰乱相关工作准备。该理事会的活动自 2022

年3月以来几乎陷入瘫痪。

2023年9月21日　两架挪威F-35A战斗机在芬兰的一条高速公路上完成起降。挪威空军司令罗尔夫·福兰德少将（Rolf Folland）表示，这不仅是挪威空军的一个里程碑，也是北欧国家和北约的一个里程碑。这展示了各国合作开展军事行动的能力。挪威国防大臣比约恩·阿里尔德·格拉姆（Bjoern Arild Gram）表示，北欧国家之间加强互动非常重要，他在近期的北约军事委员会会议上向盟国防务首长和瑞典武装部队首脑讲话时，强调了"北方的北约"这一核心主题。

2023年9月27日　法国攻击型潜艇和支援船首次访问格罗松德港口（Grøtsund）。在当前的俄乌冲突爆发的形势下，这两艘船的部署表明了盟军对北欧安全的承诺，以及法国希望更好地了解该地区的愿望。法国每年在挪威进行20多次港口停靠，其船只用于监视关键的海底基础设施、配合北约行动或与挪威武装部队开展双边合作。

10月

2023年10月5日　挪威联合总部司令伊格维·奥德洛（Yngve Odlo）会见了俄罗斯安全局北极西部地区的边境局局长斯坦尼斯拉夫。两国的边境合作基于1949年12月29日签署的边境协议。双方认为就边境和救援合作以及渔业管理方面的目标和必要措施达成一致是十分有必要的。保持这一渠道的畅通可以防止挪威和俄罗斯之间产生误解并造成意外冲突。

2023年10月7日　土耳其议会批准了《斯匹次卑尔根群岛条约》，土耳其公民可以在斯瓦尔巴群岛及其领海获得财产和居住许可，从事捕鱼和狩猎活动，同时土耳其公司能够在航运、工业、采矿和贸易等方面开展业务。此外，土耳其计划在斯瓦尔巴群岛（Svalbard）建立一个科学站，土耳其学生也有机会申请斯瓦尔巴大学（Svalbard University）。

2023年10月12日至13日　在北约国防部部长会议期间，13个北约国家和受邀国瑞典签署了一项跨境空域合作协议。这反映了与会国的承诺，即

确保盟国民事和军事当局能够合作利用领空进行北约训练和演习。北约使用大范围的国家领空需要民事和军事当局之间开展密切协调，以安全和灵活的方式推动空域合作。

2023 年 10 月 19 日至 21 日　北极圈论坛在冰岛雷克雅未克举行。来自北极国家、北极理事会观察员国以及其他国家的政界、学界、企业界等约 2000 人参加了会议，讨论北极面临的挑战和机遇，涉及北极污染治理、原住民文化、食品安全等多个议题，北约军事委员会主席鲍尔上将也出席了此次论坛并分享了北约对当前北极安全环境的看法。

2023 年 10 月 19 日　俄罗斯国家原子能公司与阿联酋物流公司迪拜环球港务集团达成协议，将成立合资企业——国际集装箱物流公司，旨在通过北方海航道开发一条新的海上集装箱运输贸易路线。该公司于 10 月 20 日注册成立，法定股本为 9.6 亿卢布（1030 万美元）。

2023 年 10 月 22 日　挪威与俄罗斯线上确定了 2024 年巴伦支海的捕鱼配额。2024 年北极东北部鳕鱼的总配额确定为 453427 吨，比 2023 年的配额低 20%，这也是自 2008 年以来的最低配额。挪威和俄罗斯当局还降低了黑线鳕和格陵兰大比目鱼的配额。2022 年春季，挪威政府出台了针对俄罗斯船只的港口禁令，但俄罗斯渔船除外——理由是应继续开展与俄罗斯的渔业合作。

11 月

2023 年 11 月 2 日　美国对俄罗斯的"北极 LNG-2"项目实施制裁，并将加强与伙伴的协作。制裁的目的是削弱俄罗斯未来的能源生产和出口能力，同时保证能源流向世界市场。日本经济产业大臣西村康稔 11 月 7 日表示，日本液化天然气业务将受到一些影响，但是日本将与七国集团国家合作，确保日本的稳定能源供应。

2023 年 11 月 3 日　俄罗斯北极与南极研究所所长亚历山大·马卡洛夫（Aleksandr Makarov）参加了俄韩"经济、贸易和资源"工作组专家会议，讨论的主要议题是"俄韩在北极地区的合作：北方海航道、造船及大陆架开发"。此次会议讨论的重点是俄罗斯和韩国在北极地区的合作前景。北极科考可以而且应该成为国际合作的新平台。

2023 年 11 月 9 日　俄罗斯联邦紧急情况部部长亚历山大·库连科夫（Alexander Kurenkov）在与时任越南公安部部长苏林举行的工作会议上提出邀请越南参加"安全北极-2025"国际演习。他还表示，今后也将考虑邀请越南参加"安全北极-2025"国际演习。越南有兴趣发展北方海航道沿线的运输业，以发展本国经济，这将有助于两国之间的经验交流。

2023 年 11 月 10 日　哥本哈根大学的科学家表示，全球变暖使格陵兰岛冰川融化的速度在过去 20 年中增加了 5 倍。如果古老的冰盖完全融化，其储水量足以使海平面上升至少 20 英尺（约 6 米）。欧盟科学家早些时候表示，全球气温已经比工业化前上升了近 1.2 摄氏度。

2023 年 11 月 15 日　丹麦王国的自治领格陵兰宣布正式加入《巴黎协定》。这一决定凸显了格陵兰应对和解决气候变化带来挑战的承诺。通过加入《巴黎协定》，格陵兰旨在申明其在全球气候行动中的作用，并为减少温室气体排放做出贡献。此举意义重大，因为它加强了国际合作，强化了在更大范围内应对气候变化的努力。

2023 年 11 月 17 日至 19 日　在"哈利法克斯"国际安全论坛（Halifax International Security Forum）上，加拿大宣布更新其国防政策，重点是扩大在北极地区的存在。新政策旨在加强加拿大在监控、国防基础设施和快速反应等关键领域的能力。加拿大强调伙伴关系的重要性，计划在北极地区与美国和其他北约盟国密切合作。

2023 年 11 月 27 日　因纽特人北极圈理事会在《联合国气候变化框架公约》第 28 次缔约方大会召开之前发布立场文件，表示海岸侵蚀、洪水、地面下沉以及海冰减少等因素对北极原住民社区造成了严重损失，第 27 次缔约方大会设立的损失与损害基金（Loss and Damage Fund）不应只面向全球南方较贫穷的国家，应将北极因纽特人和其他原住民囊括在内。

12月

2023 年 12 月 4 日 由中国极地研究中心主办的"第八届中国-北欧北极合作研讨会"在广州召开。本届研讨会主题为"面向可持续发展的北极：中国与北欧国家合作的作用"，来自中国、芬兰、冰岛、丹麦、瑞典、挪威等国的近百名相关领域的专家学者、政府官员、企业家代表齐聚一堂，通过主旨演讲、议题讨论、圆桌会议方式围绕极地科学、环境保护、可持续发展等领域的热点问题展开研讨。

2023 年 12 月 5 日 乌克兰组织 Razom We Stand 发布的一份报告显示，俄乌冲突发生近两年后，欧洲国家继续以创纪录的水平进口俄罗斯北极地区的液化天然气，每月向该国输送超过 10 亿美元。从 2022 年 12 月到 2023 年 10 月，俄罗斯液化天然气出口量的一半（总额为 83 亿欧元）直接流向欧盟市场。

2023 年 12 月 7 日 挪威国家石油理事会批准了在巴伦支海进行新一轮石油钻探。北欧绿色和平组织和挪威地球之友对挪威政府进行了审判。这些环保组织认为，最近批准的三个油田违反了挪威宪法和挪威的国际人权承诺。挪威宪法第 112 条旨在确保国家有义务采取措施，保障公民享有安全气候的权利，包括保障子孙后代享有安全气候的权利。

2023 年 12 月 7 日至 8 日 第十三届"北极：现状和未来"国际论坛在俄罗斯圣彼得堡召开，来自俄罗斯等国的 2000 多名代表围绕北极地区社会经济发展议题交流意见并制定策略。俄罗斯远东与北极发展部第一副部长侯赛因诺夫表示，俄罗斯 2020 年开始实施的支持北极地区发展战略已经吸引了 766 个投资项目，投资总额将达 1.75 万亿卢布（约合 190 亿美元）。

2023 年 12 月 6 日、12 月 18 日和 12 月 21 日 美国分别与瑞典、芬兰和丹麦签署了《防务合作协议》。美国武装部队将不受限制地进入这些国家的军事基础设施（空中、海上和陆地基地）。这三个国家已同意在各自领土上向美国武装部队提供后勤支持，放弃了对美国军事人员行使刑事管辖权的主要权利，美国宣布将承担开发军事基础设施的费用。这些协议将在瑞典、芬兰和丹麦议会批准后生效。

2023 年 12 月 19 日 美国国务院宣布推进北极大陆架的扩展主张。美国此举目的是在周边更大范围的海域开采矿物、油气等资源。美国宣称此举依据《联合国海洋法公约》，但美国并非该公约缔约国，其主张难以被相关国家接受，将进一步激化与俄罗斯在北极地区的地缘博弈。

Abstract

Bloc confrontation in the Arctic has intensified since 2023, and Arctic governance has come to a critical point of power consolidation and order reconfiguration. Arctic countries have adjusted their strategic layout, and the risks of Arctic governance has increased for the turbulence of the Arctic regional order. The trend of "NATO+" in the Arctic led by the United States is obvious, while Russia has adopted a "turn to the East and South" strategy to seek cooperation with extra-territorial countries. The return of traditional Arctic security issues is the main trend of Arctic governance, while Arctic resource development and Arctic humanities and environment issues are also the core issues of Arctic governance in 2023.

This general report provides a systematic and comprehensive overview of the consolidation of power and restructuring of order in the Arctic region in 2023. The Arctic region is affected by the spill over effects of the Russian-Ukrainian conflict, and geopolitical competition is intensifying. The United States has invited NATO to promote its strategic objectives in the Arctic region. To reduce the political and economic risks of Western suppression and sanctions, Russia's Arctic policy involves a political strategy of "de-Westernization," a military approach of "nuclear deterrence," and an economic strategy of "looking East". Arctic countries have challenged international law in their competition for Arctic resources, with the U. S claiming sovereignty over the extended continental shelf and Norway adopting a deep sea mining proposal. However, the Norwegian rotating chairmanship of the Arctic Council has played the role of "mediator", which has led to a limited maintenance of Arctic cooperation. At the same time, the shifting landscape has created opportunities for extra territorial engagement in

Arctic affairs.

In terms of country-specific dynamics, NATO's eastward expansion has accelerated the militarization of the Arctic. Finland and Sweden have joined NATO, leading to significant changes in the European security architecture. Russia is now the only non-NATO member in the Arctic Council, fundamentally undermining the fragile strategic balance in the region. This is manifested in the extensive military activities, the suspension of regional cooperation mechanisms, and an increased risk of nuclear conflict in the Arctic. The United States is also continuously adjusting its Arctic strategy to enhance control over the region. Arctic research has become crucial for the U. S. to address challenges and opportunities in the Arctic. In February 2023, the Arctic Research Commission released a report outlining the goals and objectives for Arctic research in 2023−2024, focusing on five main areas: environmental risks and hazards, community health and well-being, infrastructure development, Arctic economy, and research cooperation. Arctic security has consistently been a key aspect of the U. S. Arctic strategy. In 2023, the National Defense Authorization Act established a dedicated amendment allocating $365 million specifically for implementing the Arctic Security Initiative, which emphasizes readiness, logistics, training and doctrine, and multilateralism. In the context of comprehensive political isolation and economic sanctions against Russia by the West, Russia has timely adjusted its Arctic policy to emphasize its security interests while pursuing "de-Westernization." Meanwhile, the UK updated its Arctic policy, "Looking North: The UK and the Arctic," in 2023, clarifying its partner selections and exploring the potential to enhance its Arctic discourse through its NATO membership.

In terms of resource development, the "resource competition" among Arctic nations has begun, accelerating adjustments in policies for the development and utilization of traditional energy, critical mineral resources, and shipping routes. Driven by its own economic transformation and other practical needs, Norway has turned its focus to the extraction of seabed mineral resources in the Arctic, sparking widespread discussion within the international community. If Norway proceeds with seabed mining in the future, it could impact other activities in Arctic waters. To ensure the security of their critical mineral supplies, the U. S., Canada,

北极蓝皮书

Russia, Finland, and Sweden have strengthened their policy deployments and practices in the critical minerals sector. This includes increased support for innovation in critical mining technologies and enhanced cooperation with non-Arctic countries. However, to some extends they have significantly impacted the international energy and mineral markets. As an energy powerhouse, Russia is seeking to meet the energy demands of the Arctic region and achieve long-term energy transition goals. On one hand, it leverages energy resources to counter international sanctions and shifts its energy cooperation focus toward Asia. On the other hand, it is beginning to explore the development and utilization of new types of energy. Regarding Arctic shipping routes, Russia is vigorously developing the commercial potential of these routes to secure energy transport in the Arctic. However, balancing commercial development with environmental protection and addressing Arctic security challenges require further improvement in legal regulations.

In terms of the cultural and environment, the dual changes in the natural and geopolitical landscapes of the Arctic present new challenges for environmental protection, the rights of indigenous peoples, and scientific cooperation. Global climate change and the melting rapidly of polar ice have transformed the Arctic into a seasonally navigable sea. However, the increasing shipping activities are having negative impacts on the Arctic environment. The growing public pressure for green governance in Arctic shipping, the tightening of emission reduction policies, and the prospects for the development of emission reduction technologies are all expected to pose more severe challenges to emission reductions in Arctic shipping. Under the influence of broader security issues, the traditional pathways for Arctic indigenous organizations to participate in Arctic governance have faced significant obstacles. Therefore, support and assistance from the international community, national governments, and non-governmental organizations are needed to create favorable conditions for the involvement of indigenous organizations in Arctic governance. Interdisciplinary research and collaboration in the Arctic is a relatively low-sensitivity area in Arctic governance, less affected by the geopolitical environment, and encompasses a broader range of research topics with more diverse stakeholders. As a geographically close Arctic nation and a significant stakeholder in Arctic affairs, China has a legitimate and valid role in participating in Arctic governance through international scientific cooperation. Thus, in future Arctic governance, China can continue to engage in interdisciplinary research and collaboration, actively participating in Arctic governance through scientific diplomacy, and contributing to the peace, stability, and sustainable development of the Arctic.

Keywords: Arctic Resources; Arctic Governance; Arctic Law; Arctic Cooperation

Contents

I　General Report

　　Abstract: With the intensification of geopolitical competition in the Arctic region, the Arctic governance has entered the key node of power integration and order reconstruction. The integration of power is mainly manifested in the "NATO enlargement to Arctic" led by the United States, and the United States draws NATO to advance its strategic goals in the Arctic region. Order reconstruction mainly displays in the arctic countries challenge by relevant international law to build the arctic order, the United States to extend the continental shelf sovereignty claims and the Norwegian government's deep-sea mining proposal, challenge the continental shelf demarcation and seabed development of international norms and governance mode, also reflects the arctic governance mechanism remains to be improved. The turbulence of the Arctic regional order intensifies the risks of Arctic governance, but the Arctic governance also presents a positive side: Norway takes over the rotating presidency of the Arctic Council and plays the role of "mediator", actively promotes the limited recovery of the relevant work of the Arctic Council, to ease the geopolitical tensions in the Arctic and maintains the stability of the Arctic governance mechanism; in addition, Russia's "strategic eastward turn" strategy attracts many foreign countries to invest in the Arctic, and ushered in new opportunities for business cooperation in the Arctic.

Keywords: International Law; Deep-sea Mining; NATO Expansion; US-Russia Relations; Countries Outside the Arctic Region

Ⅱ   Arctic Policy Chapter

B.2   An Analysis of the "Militarization" Process in the Arctic
in the Context of NATO Expansion

Liu Huirong, Cao Dawang and Ding Fuqiao / 026

Abstract: On April 4, 2023, Finland formally acceded to NATO, becoming the alliance's thirty-first member. Subsequently, on March 7, 2024, Sweden joined NATO as its thirty-second member. This event marks a significant departure from both countries' long-standing policies of neutrality and non-alignment, described by Western media as "one of the most significant changes in Europe's security architecture in decades." The accession of these two countries not only signifies their abandonment of their "permanently neutral" status but also represents a profound shift in the European security framework. This decision leaves Russia as the only non-NATO state in the Arctic Council, fundamentally destabilizing the fragile strategic balance in the Arctic region. This development has been a pivotal event in the political and security landscape of the Arctic in 2023, triggering substantial changes. This paper thus focuses on the implications of NATO's eastward expansion on the "militarization" of the Arctic. It examines current tensions in the Arctic region from the perspectives of military activities, regional cooperation, and nuclear security. Furthermore, it provides a forecast of the dynamics of "militarization" in the Arctic and suggests strategic responses for China.

Keywords: Arctic Security; NATO; Finland; Sweden

B.3 Perspective on the Development of U. S. Arctic
　　　Research under the Guidance of the U. S. Arctic
　　　Research Commission　　　　　*Chen Yitong*, *Zhang Lu* / 045

Abstract: As the United States continuously adjusts its Arctic strategy to strengthen control over the Arctic region, Arctic research has become a key to addressing Arctic challenges and opportunities. The U. S. Arctic Research Commission (USARC) was established in response to this need. Since 2003, USARC has issued biennial Arctic research reports, indicating a trend towards increasing specialization, from laissez-faire to strengthened control, and from vague to clear and specific research goals. Environmental and health issues have long been priorities in U. S. Arctic research. The latest documents from USARC have identified current U. S. Arctic research priorities and goals, focusing on environmental risks and hazards, community health and welfare, infrastructure, Arctic economy, and research collaboration. Achieving these priorities and goals will advance various aspects of U. S. Arctic policy, strategy, and plans. In response to U. S. strategic adjustments and deployments in Arctic research, China, as an advocate and practitioner of the concept of a shared future for mankind, can deepen its participation in Arctic affairs through enhanced data management, information sharing, talent development, and respect for indigenous communities.

Keywords: United States; Arctic; Arctic Research; U. S. Arctic Research Commission

B.4 The Impact of the U. S. Arctic Security Initiative
　　　on Arctic Security and Its Future Direction　　*Wu Hao* / 069

Abstract: The security and governance of the Arctic region has always been an important part of the Arctic strategy of the United States. In recent years, the geostrategic importance of the Arctic region has been continuously highlighted, the complex security issues within and outside the Arctic region have interwoven, and the global and regional chain effects caused by the Russia-Ukraine conflict have made the security situation in the Arctic region rapidly change. Therefore, the United States has proposed and advanced the Arctic Security Initiative, which is committed to better pooling Arctic resources, maintaining Arctic security, and enhancing Arctic advantages, and pursuing the leadership of the United States in Arctic governance. The Arctic Security Initiative has a profound impact on the evolution and development of the security pattern in the Arctic region, NATO's strategic preference and practical participation in the Arctic, and the development of international relations in the Arctic region and its surrounding regions. In the future, in order to better advance the Arctic Security Initiative, the United States will enhance its capabilities and resources to maintain Arctic security, engage NATO Arctic States to carry out collective action, continue to deter Russia's Arctic strategic effectiveness and practical activities, and strive to control the security affairs and governance process in the Arctic region.

Keywords: Arctic Governance; Arctic Security; Arctic Security Initiative; Arctic Cooperation

B.5 Analysis of Russia's Arctic Policy Reorientation After
the Russia-Ukraine Crisis   *Li Zhaoqing /* 094

Abstract: The outbreak of the Russia-Ukraine Crisis has profoundly changed the geopolitical situation in the world, and its spillover effects have also spread to the Arctic. Against the backdrop of the Western countries' comprehensive political blockade and economic sanctions against Russia, Russia has timely adjusted its Arctic-related policies, further enhancing the strategic position of the Russian Arctic region, emphasizing Arctic security interests, and implementing 'de-Westernization' of Russian Arctic policies to counter the resistance behavior of unfriendly countries. In terms of international cooperation, it emphasizes in-depth and extensive cooperation with countries friendly to Russia. The adjustment of

Russia's Arctic-related policies has had a significant impact on the geopolitical and governance pattern of the entire Arctic. The factors of great power competition and Russia's emphasis on security interests have further deepened the 're-securitization' trend in the Arctic. Russia also hopes to promote the diversified developments of Arctic governance by strengthening cooperation with friendly countries, building a multilateral dialogue platform, and promoting the multipolar development of the world.

Keywords: Russian Arctic policy; Arctic Geopolitics; Arctic Governance; Russia-Ukraine Crisis

B.6　An Analysis of the Evolution and Benefits of the United Kingdom's New Arctic Policy Framework

Liu Huirong, Zhang Di / 112

Abstract: On February 9, 2023, the United Kingdom's Foreign, Commonwealth and Development Office released the latest comprehensive Arctic policy white paper, "Looking North: The UK and the Arctic." This document introduces a new Arctic policy framework and reiterates the UK's commitment to playing a pivotal role in promoting stability and prosperity in the Arctic. The white paper builds upon and advances the principles established in the 2013 "Adapting to Change: UK Policy Towards the Arctic" and the 2018 "Beyond the Ice: UK Policy Towards the Arctic" white papers. It outlines frameworks for cooperation on Arctic climate change and environmental protection, while also presenting new visions for Arctic defense and military cooperation. The 2023 white paper reflects an evolution in the UK's approach to selecting Arctic partners, with more clearly defined objectives for partner selection and a strategic exploration of enhancing the UK's influence in Arctic affairs through its NATO membership.

Keywords: UK Arctic Policy; Arctic Climate Change; Environmental Protection; Arctic Governance

Ⅲ   Resource Development Chapter

Abstract: As an Arctic State with long coastlines, Norway has rich marine resources. In 2023, Norway published a new Norwegian Mineral Strategy and simultaneously submitted a proposal to the Norwegian Parliament for mineral exploitation on its continental shelf located in Arctic seas. The five priorities of the Norwegian strategy for mineral exploration and development in the Arctic waters focus on the sustainability of the development of mineral activities, Norway's potential for the future exploitation of key raw materials, the legal framework and financing instruments for mineral exploration and exploitation in the Norwegian Arctic Waters and the forward-looking mineral policy. The Norwegian strategy for mineral exploration and exploitation in the Arctic waters has also generated controversy at the international level concerning environmental impacts and commercial value. At present, Norway still shows a relatively positive attitude towards mineral exploration and exploitation in Arctic waters, and it can be expected that it will continue to promote the exploration and exploitation of mineral resources in a prudent manner.

Keywords: Norway; Maritime Strategy; Mineral Strategy; Deep-sea Mining

Abstract: In the context of the era in which the world's major powers are increasingly competing for key minerals, the five Arctic countries of the United

States, Canada, Russia, Finland, and Norway (the Arctic Five) have strengthened their policy deployment and practice in the field of key minerals to ensure the security of the country's supply of critical minerals. The United States, Canada, Finland, and Norway continue to impose energy sanctions on Russia. For China, it must adhere to the concept of "respect, cooperation, win-win, and sustainability" to participate in the development of Arctic mineral resources, actively promote cooperation on critical minerals with relevant countries, and promote the construction of a sustainable Arctic mineral governance mechanism. At the same time, we will strengthen the construction of Arctic investment risk and early warning systems and emergency response mechanisms to protect the legitimate rights and interests of China's enterprises in the Arctic.

Keywords: Arctic Countries; Critical Minerals; Arctic Governance; China's Participation

B.9   Research and Judgment on the Development Trend
and Direction of Commercial Operation
of Arctic Shipping Routes   *Hu Ziyi*, *Cao Yawei* / 168

Abstract: In the context of global warming, geopolitical game and increasingly fierce competition between major powers, the advantages of Arctic routes compared with traditional routes have become more prominent. Thanks to its unique geographical location and abundant natural resources along the route, the Arctic route is not only strategically important, but also has huge potential for economic development. Taking the Northeast Passage as an example, Russia has taken a series of actions to vigorously develop the commercial value of this waterway, and European and Asian countries have also actively cooperated with Russia to jointly develop this waterway. However, there are different positions on how to balance commercial development with environmental protection and polar security challenges. At the same time, legal norms and international treaties for Arctic shipping are not yet perfect, and existing governance rules conflict with different value orientations. However, the general trend of further commercialization of Arctic shipping routes has not changed, so we should pay close attention to its development trend, and expect all parties to further strengthen international cooperation to achieve a balance between environmental protection, development and rule conflict, so as to promote the sound development of commercialization of Arctic shipping routes under the rules of international law.

Keywords: Arctic Shipping Routes; Commercial Development; International Cooperation; Conflict of Rules

B.10 New Adjustments in Russia's Arctic Energy
Development Policy   *Liu Huirong, Zhang Guihao* / 189

Abstract: Russia's energy policy for 2023 is generally consistent with that of the previous year, but has been partially adjusted in light of the new situation. On the one hand, in the face of the EU's energy sanctions as the key target of the fight and the continuation of sanctions, Russia maintains the use of energy leverage against international sanctions, and adjusts energy policy to shift the center of gravity of energy exports and cooperation to Asia; On the other hand, in the face of the eastward expansion of NATO, Russia's Europe strategic environment is extremely deteriorating. A new round of the Israeli-Palestinian conflict erupted, Yemeni Houthis blockaded the Red Sea, and the Suez Canal announced the upward adjustment of 15% increase in canal tolls for some ships, leading to increased risks and costs for traditional energy transportation routes. The above factors have prompted Russia to make partial adjustments to its energy policy and further strengthen energy development in the Arctic region. This is reflected in accelerating the development and utilization of the Northern Sea Route for Arctic energy transportation and expanding the production and transportation of Arctic LNG. At the same time, in order to meet the energy needs of the Arctic region and realize the long-term goal of energy transition, Russia has also begun to

explore the development and utilization of new energy sources. The adjustments of Russia's energy policy have had a far-reaching impact on the global energy market, transportation channels and energy structure.

Keywords: Arctic Engery; Energy Exploration; Energy Strategy; Energy Policy

IV   Human Environment Chapter

B.11   New Challenges for Arctic Shipping Emissions Reduction in the Context of Climate Change

Liu Huirong, *Mao Zhengkai* / 210

Abstract: Global climate change has led to the accelerated melting of Arctic glaciers and a reduction in sea ice coverage. Coupled with advancements in icebreaker and other ship technologies, the navigability of Arctic routes has significantly increased. Given the advantages of the Arctic region in terms of geographic transit and resource potential, various countries are actively taking measures to establish their presence in Arctic shipping. However, the rapid increase in Arctic shipping has brought severe and potentially irreversible negative impacts on the Arctic environment. In 2023, global temperatures reached record highs, resulting in new growth in the navigable window and vessel traffic along Arctic routes. Yet, under the ambitious temperature control goals of the Paris Agreement, the shipping industry, recognized as crucial for controlling greenhouse gas emissions, is drawing international attention and concern. Considering the unique and sensitive environment of the Arctic region, policies for Arctic shipping are accelerating the greening process to create sustainable Arctic routes. The uncertainty of climate change and the evolution of emission reduction policies present a series of new challenges for emission reduction in Arctic shipping.

Keywords: Climate Change; Arctic Shipping; Greenhouse Gas Emission Reduction; Black Carbon

Abstract: In 2023, the Russia-Ukraine conflict affected the geopolitics of the Arctic region, resulting in pan-security issues flooding the Arctic. The Arctic Council is the core mechanism of Arctic governance. Its shutdown has severely affected the participation and voice of indigenous organizations in Arctic governance. As competition and conflicts intensify within Arctic geopolitics, indigenous organizations are confronted with challenges such as obstructed governance pathways and disrupted transnational cooperation networks. Confronted with the intricate circumstances prevailing in the Arctic, indigenous organizations must harness their non-governmental organizational advantages to establish new consensus points that expand opportunities for cooperation in Arctic governance. They should also explore diverse avenues for participation under these novel circumstances and ultimately propel the development of an innovative model for cooperative governance among indigenous organizations.

Keywords: Arctic Governance; Arctic Indigenous Organizations; Pan-security Issues

Abstract: In recent years, interdisciplinary research and cooperation has been more and more widely used in Arctic governance, and has been more prominent in Arctic science diplomacy activities. This research summarizes the current status of interdisciplinary research and cooperation projects in the Arctic in 2023, identifies four successful project cases and analyzes the reasons for them, and concludes that

interdisciplinary research and cooperation in the Arctic has shown the development trend of increasing systematization under the trend of responding to global climate change, coexisting challenges and opportunities under the impact of the Russia-Ukraine conflict, and benign interaction with diversified Arctic governance. As an extraterritorial country in the Arctic, China needs to show a more active attitude and measures in the Arctic interdisciplinary research and cooperation in terms of scientific and technological strategy docking, scientific and technological project cooperation, as well as in-depth involvement in the Arctic observation network and data sharing, in order to enhance China's participation in the influence of the Arctic governance.

Keywords: Arctic Interdisciplinary Research; Arctic Science Diplomacy; Arctic Governance

权威报告·连续出版·独家资源

皮书数据库
ANNUAL REPORT(YEARBOOK)
DATABASE

分析解读当下中国发展变迁的高端智库平台

所获荣誉

- 2022年，入选技术赋能"新闻+"推荐案例
- 2020年，入选全国新闻出版深度融合发展创新案例
- 2019年，入选国家新闻出版署数字出版精品遴选推荐计划
- 2016年，入选"十三五"国家重点电子出版物出版规划骨干工程
- 2013年，荣获"中国出版政府奖·网络出版物奖"提名奖

皮书数据库

"社科数托邦"
微信公众号

成为用户

　　登录网址www.pishu.com.cn访问皮书数据库网站或下载皮书数据库APP，通过手机号码验证或邮箱验证即可成为皮书数据库用户。

用户福利

- 已注册用户购书后可免费获赠100元皮书数据库充值卡。刮开充值卡涂层获取充值密码，登录并进入"会员中心"—"在线充值"—"充值卡充值"，充值成功即可购买和查看数据库内容。
- 用户福利最终解释权归社会科学文献出版社所有。

数据库服务热线：010-59367265
数据库服务QQ：2475522410
数据库服务邮箱：database@ssap.cn
图书销售热线：010-59367070/7028
图书服务QQ：1265056568
图书服务邮箱：duzhe@ssap.cn

社会科学文献出版社　皮书系列
SOCIAL SCIENCES ACADEMIC PRESS (CHINA)

卡号：627546591118
密码：

基本子库
SUB DATABASE

中国社会发展数据库（下设12个专题子库）

　　紧扣人口、政治、外交、法律、教育、医疗卫生、资源环境等12个社会发展领域的前沿和热点，全面整合专业著作、智库报告、学术资讯、调研数据等类型资源，帮助用户追踪中国社会发展动态、研究社会发展战略与政策、了解社会热点问题、分析社会发展趋势。

中国经济发展数据库（下设12专题子库）

　　内容涵盖宏观经济、产业经济、工业经济、农业经济、财政金融、房地产经济、城市经济、商业贸易等12个重点经济领域，为把握经济运行态势、洞察经济发展规律、研判经济发展趋势、进行经济调控决策提供参考和依据。

中国行业发展数据库（下设17个专题子库）

　　以中国国民经济行业分类为依据，覆盖金融业、旅游业、交通运输业、能源矿产业、制造业等100多个行业，跟踪分析国民经济相关行业市场运行状况和政策导向，汇集行业发展前沿资讯，为投资、从业及各种经济决策提供理论支撑和实践指导。

中国区域发展数据库（下设4个专题子库）

　　对中国特定区域内的经济、社会、文化等领域现状与发展情况进行深度分析和预测，涉及省级行政区、城市群、城市、农村等不同维度，研究层级至县及县以下行政区，为学者研究地方经济社会宏观态势、经验模式、发展案例提供支撑，为地方政府决策提供参考。

中国文化传媒数据库（下设18个专题子库）

　　内容覆盖文化产业、新闻传播、电影娱乐、文学艺术、群众文化、图书情报等18个重点研究领域，聚焦文化传媒领域发展前沿、热点话题、行业实践，服务用户的教学科研、文化投资、企业规划等需要。

世界经济与国际关系数据库（下设6个专题子库）

　　整合世界经济、国际政治、世界文化与科技、全球性问题、国际组织与国际法、区域研究6大领域研究成果，对世界经济形势、国际形势进行连续性深度分析，对年度热点问题进行专题解读，为研判全球发展趋势提供事实和数据支持。

法律声明

"皮书系列"（含蓝皮书、绿皮书、黄皮书）之品牌由社会科学文献出版社最早使用并持续至今，现已被中国图书行业所熟知。"皮书系列"的相关商标已在国家商标管理部门商标局注册，包括但不限于LOGO（▨）、皮书、Pishu、经济蓝皮书、社会蓝皮书等。"皮书系列"图书的注册商标专用权及封面设计、版式设计的著作权均为社会科学文献出版社所有。未经社会科学文献出版社书面授权许可，任何使用与"皮书系列"图书注册商标、封面设计、版式设计相同或者近似的文字、图形或其组合的行为均系侵权行为。

经作者授权，本书的专有出版权及信息网络传播权等为社会科学文献出版社享有。未经社会科学文献出版社书面授权许可，任何就本书内容的复制、发行或以数字形式进行网络传播的行为均系侵权行为。

社会科学文献出版社将通过法律途径追究上述侵权行为的法律责任，维护自身合法权益。

欢迎社会各界人士对侵犯社会科学文献出版社上述权利的侵权行为进行举报。电话：010-59367121，电子邮箱：fawubu@ssap.cn。

社会科学文献出版社